深圳市科技计划资助（20231122160653002）
广东省哲学社会科学规划一般项目（GD24CGL11）
国家自然科学基金委员会青年科学基金项目（51908362）
中国工程院战略研究与咨询课题（2022-JB-02）

Urban Resilience
Planning for Risk, Crisis and Uncertainty

城 市 韧 性

为风险、危机和不确定性作出规划

[英] 乔恩·科菲　彼得·李◎著

邵亦文　况 达　张 立◎译

中国建筑工业出版社

著作权登记图字：01-2025-2087 号
图书在版编目（CIP）数据

城市韧性：为风险、危机和不确定性作出规划 /
（英）乔恩·科菲，（英）彼得·李著；邵亦文，况达，
张立译. -- 北京：中国建筑工业出版社，2025. 7.
ISBN 978-7-112-31286-3

Ⅰ．TU984

中国国家版本馆 CIP 数据核字第 20253SG437 号

责任编辑：徐昌强　李　东　陈夕涛　段　宁
书籍设计：锋尚设计
责任校对：王　烨

城市韧性　为风险、危机和不确定性作出规划
Urban Resilience　Planning for Risk, Crisis and Uncertainty
[英]乔恩·科菲　彼得·李◎著
邵亦文　况　达　张　立◎译

*

中国建筑工业出版社出版、发行（北京海淀三里河路9号）
各地新华书店、建筑书店经销
北京锋尚制版有限公司制版
北京中科印刷有限公司印刷

*

开本：880毫米×1230毫米　1/32　印张：12¾　字数：294千字
2025年6月第一版　2025年6月第一次印刷
定价：88.00元
ISBN 978-7-112-31286-3
（44858）

致

麦琪（Maggie）

和

极具韧性、令人钦佩的玛格丽特·肖（Margaret Shaw）

序言

《城市韧性　为风险、危机和不确定性作出规划》一书的中文翻译版终于面世了。这部由乔恩·科菲（Jon Coaffee）和彼得·李（Peter Lee）合著的作品，经过邵亦文、况达和张立三位青年学者的辛勤翻译，得以呈现给广大中文读者。

邵亦文邀请我为此书作序。他曾是我的博士生，我们共同完成了香港政府资助的研究项目"汶川地震灾后重建规划：走向基于韧性的方法"。在项目期间，亦文与我深入汶川县实地调研。面对震后废墟与重建社区形成的强烈对比，他对韧性研究产生了浓厚兴趣。在日本交流期间，他进一步受到当地韧性理念的启发。2015年，师徒二人首次在论文《城市韧性：基于国际文献综述的概念解析》中使用了"韧性"这一术语。当时许多学者仍在使用"弹性"一词，但二者存在显著差异——"弹性"强调系统在受到冲击后恢复原状的能力，而"韧性"则更关注系统在面对变化时的适应和转型能力，以应对未来的挑战。这篇论文在规划界引发广泛讨论，最终使"韧性"这一表述得到学界普遍采纳。随后，我与亦文发表了多篇关于韧性研究的学术文章，其中2019年的论文《国家在中国灾后重建规划中的作用：对韧性的影响》更被国际学术界评为世界领先的研究成果。这段默契的合作历程让我倍感温暖与欣慰。

"韧性"作为一个新兴的社会科学研究术语，其实践其实早已深深植根于世界各地的社区之中，并呈现出鲜明的情境特异性。例如：东南亚偏远村庄的浮桥设计不仅能够应对洪水和季节性变化，还能在灾害发生时迅速恢复功能，保障村民的出行和生活；日本的建筑设计中融入了防震技术，以应对频繁的地震；荷兰的三角洲管理方法，通过堤坝和运河系统来应对洪水风险；中国南方的梯田设计不仅能够防止水土流失，还能在洪水季节有效管理水资源。本书系统性地阐释了韧性理论和在地实践，并为韧性规划提供了一个新的综合视角，用以审视当前问题并提出新的规划解决方案。这种思考和规划方式鼓励对规划战略进行持续重新评估，并更加重视加强备灾战略和推进适应能力建设措施。本书提出的"韧性政治"概念也让我深有感触。韧性政治的讨论揭示了韧性政策和实践背后的复杂权力关系和责任转移问题。通过批判性研究，我们可以更好地理解和应对这些挑战，推动更加公平和包容的韧性政策和实践。

将英文原著翻译成中文是一项复杂而艰巨的任务，不仅涉及语言文化差异、专业术语与新概念的引入等技术性挑战，还面临着学术评价体系、个人成果认定等现实考量，更包含着译者心理与情感层面的多重考验。尽管如此，三位年轻学者凭借高度的专业知识和求索精神，克服了重重困难，最终完成了翻译工作。这不仅是对译者个人能力的考验，更是对他们理想主义精神的体现。他们在译后记中的真挚表述令我动容——在高校学术评价体系偏重原创研究的现状下，在繁重的教学科研压力之中，他们仍坚持完成了这项"吃力不讨好"的翻译工作，让更多中文读者得以领略科菲教授及其合著者在韧性规划理论建构方面的深厚造诣，以及其旁征博引、深入浅出的学术风格。

我对三位青年学者的辛勤付出和无私奉献深表感谢。正是他们的努力，使得这本重要的学术著作得以呈现给中文读者。我相信，这本书将为中国的城市规划和韧性研究提供宝贵的参考和启示。展望未来，城市韧性研究可以在以下方向继续深化：跨学科融合、国际合作、技术创新、社会和空间公正，以及政策和实践的结合。期待读者能从本书中获得新的灵感和洞见，共同推动中国城市韧性的建设。

香港中文大学地理与资源管理学系 教授 系主任
二〇二五年五月二十六日于
香港中文大学未圆湖畔

出版寄语

本书（*Urban Resilience: Planning for Risk, Crisis and Uncertainty*）是在2011年3月11日东日本大地震发生后构思而成，是在灾害应对与城市规划之间探索应有的知识桥梁过程中诞生的成果。作者——华威大学的Jon Coaffee教授与伯明翰大学城市与区域研究中心（CURS）的Peter Lee博士，在共享震灾冲击的基础上，致力于重新审视城市在面对风险与不确定性时应有的姿态。

2003年，我在CURS进行学术休假研究期间，有幸在Peter Lee博士的热情协助下参与了相关讨论。震灾发生后，以"突发性冲击"（Sudden Shock，即东日本大地震）与"慢变量"（Slow Burn，即逐步深化的社会性危机）这两个韧性概念为轴心，我们在重灾区——宫城县气仙沼市举办了一场汇集日英实务专家与研究者的联合研讨会，就阪神淡路大地震与东北地区的经验教训、核电事故的长期影响、地区重建的可能性与局限性等议题进行了令人印象深刻的交流。

然而，在地震发生后的重建支援工作以及我随后担任教务主任、学院院长等繁重事务的影响下，我未能将这些宝贵的知识充分转化为论文成果，及时、清晰地传达给受灾地区与政策制定者，进而直接反馈于地方重建（除个别例外）。这一点，至今仍是我内心的一份遗憾。尽管如此，宫城县气仙沼市却以"慢城"（Slow City）为理念，坚韧地展开了自主的韧性政策实践，以应对"突发性冲击"与"慢变量"的双重挑战，其政策整合与前行的姿态，令我深受感动。

此后，我持续围绕"社区韧性"这一关键词，将其与可持续发展乃至"脱开发"①视角相结合进行反思。在这一过程中，我与亚洲及欧盟的研究者之间的对话与合作也不断深化，重新审视韧性概念在实践中的意义。

本书不仅探讨了灾害应对与基础设施建设的技术问题，更是以"韧性为了谁"（resilience for whom）这一根本性问题为主轴，致力于推动社会包容性、治理模式与规划实践的重构。在当今社会面临愈发复杂与多样化风险和变迁的背景下，这一主张仍具有现实效力与挑战性。

"韧性为了谁"这一问题，不仅关乎技术性强化，更深刻涉及如何理解社区的语境、由谁以及如何构想未来图景这一结构性课题。其中涵盖了受灾当事者、行政机构，以及用于补充其局限的多元支援主体之间的关系。也就是说，韧性政策的核心在于：通过"社会叙事与关系可视化"来支撑地域循环共生圈的语境建构，并通过测量与链接多元行动者的关系资本，搭建共创平台。在这一过程中，"谁的视角被纳入、谁被排除"的问题，正是对地方未来设计与可持续性的正当性提出根本性追问的关键所在。

大地震发生十四年之后，借助邵亦文博士（浙江海洋大学）的努力，本书得以翻译为中文。邵博士曾在震灾后赴早稻田大学，率先投身于社区韧性的研究。他能够正视地域问题，不止于表面理

---

① "脱开发"（**だつかいはつ**）指摆脱过度依赖传统开发模式，转向以生态、社会可持续性为核心的规划与重建方式，注重社区韧性提升及人与自然和谐共生。——译者注

解，而是具备深入解析其背后结构与历史语境的能力。同时，他拥有比任何人都更为深刻的理论探究精神，兼具温柔与关怀，是一位真诚、难得的学者。我深信，这样的品格与研究姿态，已体现在本书翻译工作的方方面面。

我衷心希望，本书能成为中文读者在VUCA时代[①]共同行进中的一枚罗盘。

日本早稻田大学社会科学综合学术院　教授

[①]　即充满易变性（Volatility）、不确定性（Uncertainty）、复杂性（Complexity）和模糊性（Ambiguity）的时代。——译者注

致　谢

　　本书的构思始于2011年，当时日本东海岸在3月11日遭遇了毁灭性的地震及其引发的海啸。彼时，我们分别担任伯明翰大学城市与区域研究中心（Centre for Urban and Regional Studies，CURS）的主任和副主任，正在筹备举办2011年英国/爱尔兰（国际）规划研究会议，会议主题为"在充满挑战的时代规划韧性社区"（Planning Resilient Communities in Challenging Times）。这一主题反映了城市韧性在学术与实践规划领域日益凸显的重要性。

　　城市韧性的理念在我们自己的研究中也变得愈发重要。这一理念的形成源于规划界持续的学术对话——关于如何运用韧性思维框架来应对当下使社区持续暴露于多重风险、灾害与潜在威胁之中的各类挑战。这些挑战包括气候变化及其相关的环境问题、财政紧缩、信贷获取和经济不确定性、政治和安全动荡，以及社会极化和移民对社区凝聚力的影响。所有这些都对城市和区域规划产生了直接影响，尤其是在实施城市韧性战略时确保空间和社会公正方面。

　　在进行这项工作的过程中，我们与来自欧洲、北美和东南亚的规划及相关专业学者进行了广泛合作，他们试图应对城市风险的顽固性、城市和区域系统日益增加的复杂性，以及规划角色和功能的"变化"，尤其是规划专业如何在确保城市韧性方面发挥更大、更关键的作用。

　　本书中提供的数据和证据来自一系列创新的跨学科研究，这些研究旨在探讨韧性原则如何影响建筑环境的设计、建造、维护、管理和利用，以及这些表现如何与规划实践相结合。我们的研究是与一系列建筑环境专业人士合作进行的，包括规划师、城市设计师、建筑师、测量师、土木工程师、从事灾后重建工作的人员、各类应急响应人员、社区和志愿团体，以及越来越多的在日常工作中采纳韧性议程的地方、区域和国家政策制定者。我们的实证研究成果已融入英国新兴的规划及相关政策，以及规划师的职业培训和教育课程中，并试图鼓励新的思维和行动方式。这项研究的资金来自多种渠道，包括英国研究理事会（UK Research Councils，RCUK）、欧盟委员会，以及英国多个地方政府和规划机构。我们特别感谢以下资金来源的支持：

1. 艺术与人文研究理事会（Arts and Humanities Research Council，AHRC）——项目名称："在不断多样化的城市中实现韧性互助"（Resilient，Mutual Self-help in Cities of Growing Diversity）（项目编号：AH/J50028X）；

2. 工程与物理科学研究理事会（Engineering and Physical Sciences Research Council，EPSRC）——项目名称："通过创新实现韧性"（Resilience through Innovation）（项目编号：EP/I016163/1）；

3. 经济与社会研究理事会（Economic and Social Research Council，ESRC）——项目名称："城市的日常韧性"（项目编号：RES-228-25-0034）；

4. EPSRC/ESRC/AHRC 联合资助——项目名称："反恐韧性设计"（Resilient Design/RE-DESIGN for Counter Terrorism）（项目编

号：EP/F008635/)；

5. ESRC/日本学术振兴会（Japanese Society for the Promotion of Science，JSPS）联合资助——项目名称："应对'冲击'与'慢燃'事件的规划：冗余在区域韧性中的作用"（Planning Responses to 'Shock' and 'Slow-burn' Events：The Role of Redundancy in Regional Resilience）（项目编号：ES/J013838/1)；

6. 欧盟委员会第七框架计划资助（Seventh Framework Programme）——项目名称："整体韧性方法"（Holistic Approaches to Resilience）（项目编号：312013)；项目名称："设计更安全的城市空间"（Designing Safer Urban Spaces）（项目编号：261652)；

7. 社区与地方政府部（Department of Communities and Local Government）、利物浦市议会（Liverpool City Council）和东北地区议会（North East Assembly）资助并协助了关于住房市场的研究和咨询工作，这些研究构成了第九章的基础。

尽管本书的研究主要由我们自己完成，但在整个过程中，我们得到了许多学术同事、规划政策制定者和实践者的帮助，同时也得到了家人和朋友的支持。在此，我们特别感谢全球各地的研究同事们的协助与支持，包括：

• 罗布·罗兰兹（Rob Rowlands）和乔纳森·克拉克（Jonathan Clarke）（华威大学韧性城市实验室）；

• 李·波舍尔（Lee Bosher）和克谢尼亚·赫姆季娜（Ksenia Chmutina）（拉夫堡大学）；

• 保罗·奥黑尔（Paul O'Hare）（曼彻斯特城市大学）；

• 威廉·海因斯（William Hynes）（都柏林未来分析咨询公司）；

- 皮特·弗西（Pete Fussey）（埃塞克斯大学）；
- 理查德·布朗（Richard Browne）和伊福尔·琼斯（Ifor Jones）（伯明翰市议会）；
- 迈克·特纳（Mike Turner）和埃拉德·佩索夫（Elad Persov）（耶路撒冷贝扎雷艺术与设计学院）；
- 姥浦道生（Michio Ubaura）（东北大学）；
- 铃木浩（Hiroshi Suzuki）（福岛行动研究、全球环境战略研究所）；
- 早田宰（Osamu Sohda）及其同事（早稻田大学）。

最后，我们要感谢匿名审稿人提供的宝贵建议，感谢"规划、环境与城市"（Planning, Environment, Cities）系列编辑伊冯·赖丁（Yvonne Rydin）（伦敦大学学院）和安迪·索恩利（Andy Thornley）（伦敦政治经济学院）的指导，以及帕尔格雷夫（Palgrave）出版社高级策划编辑史蒂芬·韦纳姆（Stephen Wenham）的支持与建议。

乔恩·科菲（Jon Coaffee）

彼得·李（Peter Lee）

2016年1月

目 录

序言/徐江

出版寄语/早田宰

致谢

图片、表格与专栏索引

第一部分　构建韧性规划与城市生活的框架 1

　第一章　为什么城市韧性如此重要？　2

　　　1.1　对城市韧性的新要求　4

　　　1.2　开展城市韧性研究的方法　13

　　　1.3　本书的结构　16

　第二章　韧性的起源、演化与批判　19

　　　2.1　社会—生态平衡模型的主导地位　23

　　　2.2　迈向演进的方法　31

　　　2.3　谁的韧性？谁来构建韧性？对当代韧性的
　　　　　批判　39

　　　2.4　向演进韧性转变　49

第二部分　城市韧性的进程　53

　第三章　规划政策与实践中的韧性转向　54

3.1　城市政策中的韧性转向　59

3.2　新兴的城市韧性风格　63

3.3　迈向整体城市韧性　78

第四章　城市韧性是适应的还是不适应的？　83

4.1　从断裂临界的过去吸取教训　84

4.2　不适应规划　87

4.3　从规划与设计的缺陷中学习　97

4.4　韧性规划中的关键经验　110

第五章　评估城市韧性　114

5.1　评估城市的灾害准备情况　120

5.2　评估城市及都市的韧性　124

5.3　理解城市韧性评估：对方法与技术的反思　137

5.4　我们如何更好地评估城市韧性？　150

第三部分　实践中的城市韧性　157

第六章　适应气候变化与极端天气事件的韧性　158

6.1　构建气候变化适应的框架　163

6.2　从气候变化中恢复并减缓其影响　166

6.3　规划长期的气候变化适应　177

6.4　气候韧性与变革性规划　186

6.5　迈向气候变化下的变革性城市韧性议程　191

第七章　安全驱动型城市韧性　195

7.1　反恐规划与设计：历史背景　199

7.2　安全要素融入规划流程的主流化路径　206

7.3 规划安全驱动型城市韧性措施：从规避到
收编？ 222

第八章 应对大规模灾害 229

8.1 预测冲击：日本的规划与韧性背景 232

8.2 2011年3月的三重灾害 237

8.3 灾后重建与韧性规划 243

8.4 向东北地区学习：恢复、冗余与重建社区 253

第九章 应对"慢燃"冲击事件的准备 260

9.1 慢燃事件与自我恢复平衡动态 263

9.2 扰沌与区域住房市场 267

9.3 慢燃事件中的演进韧性及其代理人的作用 274

9.4 理解慢燃事件及其对发展城市与地区韧性的
影响 284

第十章 预见未来：规划韧性的明日之城 290

10.1 为风险、危机和不确定性作出规划 295

10.2 城市韧性作为一种新的规划范式 308

10.3 城市韧性的未来 311

10.4 后2015年的对话及其对规划实践的影响 321

译后记 327

参考文献 330

词汇表 371

图片、表格与专栏索引

图片

图2.1　韧性系统的适应性循环 / 26

图2.2　嵌套系统的扰沌框架 / 29

图2.3　各阶段密切协调的韧性循环 / 37

图3.1　城市韧性实践的跃进 / 70

图5.1　社会影响因素与伯明翰各行政区的韧性 / 134

图6.1　四种三角洲情景 / 180

图6.2　适应性三角洲管理与规划循环 / 181

图6.3　规划师在洪水风险管理中的作用 / 185

图7.1　伦敦北部酋长体育场的防冲撞车辆屏障 / 212

图7.2　可见安全设施的谱系 / 212

图7.3　伦敦九榆树地区美国大使馆新馆的初步设计 / 215

图8.1　2013年3月日本宫城县气仙沼市街道上的"第18共德
　　　　丸"渔船 / 242

图8.2　2013年3月气仙沼现存的海堤防御设施 / 246

图8.3　东北地区海堤防御设施的扩建与加高工程实施情况 / 246

图8.4　地震后东北地区的重建模式与规划方法 / 249

图8.5　抗海啸/韧性城市的规划 / 250

图8.6　石卷市港口的受灾搬迁地区 / 250

图8.7　石卷市附近"海啸淹没区"内的韧性住房，以及政府划
　　　　定该区域为海啸淹没区或灾害搬迁区域的标志牌 / 252

图9.1　1999年4月利物浦L8邮政编码区的格兰比，店铺与房屋被木板封住 / 269

图9.2　区域住房市场的"扰沌"现象：区域与国家住房系统级联反应中的低需求 / 274

图9.3　区域韧性与代理人在应对急性冲击与慢燃事件中的作用 / 288

图10.1　可持续性与风险管理平衡的替代方案 / 293

图10.2　将规划纳入韧性循环 / 320

表格

表3.1　规划实践中平衡型与演进型城市韧性的目标、重点与规划方法对比 / 79

表4.1　规划设计中的缺陷分析与韧性响应概述 / 109

表5.1　洛克菲勒基金会/奥雅纳城市韧性指数的框架 / 125

表5.2　社区韧性的领域与指标 / 128

表5.3　英国广播公司/益博睿的经济韧性指标 / 131

表5.4　英国地方经济战略中心的地方经济韧性框架 / 136

表7.1　《阿布扎比安全与安保规划手册》的八项规划原则 / 219

表7.2　利益相关者对设计反恐特征的新兴（且具代表性的）认知 / 223

专栏

专栏2.1　英国韧性治理的指导原则 / 45

专栏6.1　气候韧性发展的不同之处在哪里？ / 188

第一部分

构建韧性规划
与城市生活的框架

Part I

*Towards a Framework for
Resilient Planning and
Urban Living*

第一章
为什么城市韧性如此重要？

　　21世纪堪称城市发展的鼎盛时期，其城市化进程之迅猛与全球联系之紧密均史无前例，由此引发的城市挑战亦空前严峻。城市化进程的加速使得风险高度集中于城市，导致城市愈发容易受到各类冲击与压力的影响。在此背景下，城市管理者亟须为风险、危机及不确定性制定应对策略：提升城市韧性势在必行。在此过程中，城市与区域规划发挥着核心作用，它不仅界定了城市韧性的内涵，还致力于消除潜在风险因素，并通过构建韧性来降低人员与资产在当前及未来面临多重危害与威胁的暴露度与脆弱性。城市韧性为减轻城市与社区所承受的多重风险提供了一个可操作的框架，确保具备充足的资源与能力以缓解、准备、应对和从一系列冲击与压力中恢复。正如美国住房与城市发展部（Department of Housing and Urban Development，HUD）经济韧性办公室（Office of Economic Resilience）负责人、奥巴马总统任内的首席韧性官哈丽雅特·特雷戈宁（Harriet Tregoning）所强调的那样：

韧性并非针对某一特定冲击或压力,而是基于对未来将与过去截然不同的认知。韧性强调多样性、更多选择、创新以及社会联系与凝聚力。它必须关注最脆弱的地理区域和人群,因为人们在面对冲击时的处境会因其是否具备恢复资源而大相径庭(Mazur,2015)。

韧性理念与原则在调整乃至显著改变国际城市与区域规划议程方面具有深远影响。无论是应对地方的独特需求与特点,统筹短期、中期与长期问题,推进知识、目标与行动,还是认识到广泛参与韧性规划的利益相关者的重要性,韧性都发挥着关键作用。正如波特和达武迪(Porter,Davoudi,2012,第329页)所指出的,韧性话语的兴起已对传统规划方法与路径产生了深刻影响:

韧性思维为规划领域引入了强有力的概念与隐喻。从这个意义上说,它有望重构规划体系,打破枯燥的分析与僵化的保守干预,促使我们以全新的视角审视它们。

近年来,城市危机与各类灾害频发,促使人们更加关注如何提升城市韧性。在《避免灾难的设计》(*Designing to Avoid Disaster*)一书中,托马斯·费舍尔(Thomas Fisher,2013)重点分析了新奥尔良洪水、福岛核电站海啸破坏、华尔街投资银行倒闭以及住房市场崩溃等近期灾难性事件。他认为,这些事件的根源在于他提出的"断裂临界设计"(fracture-critical design)。他在前言中指出:

　　作为建筑师、规划师、工程师和公民，如果我们希望预测并应对下一次灾难，就必须认识到自身思维中的误区，并理解设计思维如何为我们提供一种预测意外失败的方法，从而提升我们所处世界的韧性（第ix页，着重号为本书作者所加）。

　　费舍尔提出了一个更具韧性的未来愿景，这一愿景与促成全球一系列高破坏性事件的路径依赖和文化假设形成了鲜明对比。因此，他阐述了为何需要基于韧性属性的替代发展路径以及全新的规划文化，并指出全球社会可以通过一系列以城市设计与治理为核心的相互关联的干预与创新，摆脱当前的断裂临界状态。此类创新与转型的"韧性"干预措施，及其对城市和区域尺度城市规划政策与实践的影响，正是本书的核心议题。

　　因此，本书既是对改进城市韧性方法的早期尝试的总结与指导，也是对这些尝试的批判性反思。鉴于未来100年内使用的大部分基础设施尚未建成，尤其是发展中国家的城市化率正在快速上升[例如，据联合国人居署（2011）预测，到2050年，全球新增人口的75%将集中在城市地区]，在日益复杂的城市系统中规划韧性方案，将从根本上重塑我们认知城市发展、构想城市空间及调控城市适应的思维方式（Rodin，2015）。

1.1　对城市韧性的新要求

　　在过去20年中，韧性不仅成为一个极为流行的政策隐喻，也逐渐演变为一个日益政治化的概念：它涵盖了广泛的当代风险，其理论基础主要根植于以"危机应对"和环境管理的技术治理为核心的主流范式。2001年9月11日纽约和华盛顿特区的破坏性事件（"9·11事件"），以及2007年联合国政府间气候变化专门委员会（Intergovernmental Panel on Climate Change，IPCC）发布的第四份报告（该报告强调了气候变暖的确凿证据），使得韧性逐渐成为城市与地区政策制定过程中的核心组织隐喻，并更广泛地成为国家安全与应急准备体制框架中的核心概念（Coaffee，2006）。随着韧性原则在国际政策中的发展与采纳，其核心理念也开始渗透到一系列与城市和地区相关的、联系更为松散的社会与经济政策中。韧性在范围与重要性上的提升，得益于政治层面对组织、社区及个人安全与安保的优先关注，以及对一系列已知危害与威胁（包括恐怖主义、地震、流行病、与全球变暖相关的洪水、经济危机及社会崩溃）的防范加强。这些优先事项主要集中在城市，因为城市化进程持续且迅速，而城市作为人口密集的政治、经济与文化中心，往往表现出特别的脆弱性。

城市韧性与变化

城市韧性的核心在于应对变化。从城乡规划实践的角度来看，要实现城市韧性，规划相关从业人员必须提升规划设计技术，并发展新的规划实践方法体系，从而使城市及其关键基础设施和社区能够更好地抵御和适应复杂的内外生冲击与压力。2012年"桑迪"飓风袭击纽约市前后的规划实践便是典型案例。

尽管在"9·11事件"后的几年中，城市韧性的论述常以确保安全与安保、加强应急准备的名义应用于城市，但直到2012年以

5

纽约为中心的另一场灾难发生，城市韧性的重要性与迫切性才在全球范围内得到凸显。正如斯科特在《规划理论与实践》（*Planning Theory and Practice*）特刊中关于洪水风险与城市韧性提升的论述：

> 2012年10月"桑迪"飓风过后，纽约部分地区被洪水淹没，这一全球城市与金融中心的自然灾害应对场景令人震撼。许多居民区，尤其是曼哈顿地区，一度陷入瘫痪。这不仅直接影响了许多家庭和企业，还对整个城市产生了广泛影响：关键基础设施遭到破坏，电力变电站故障导致医院停电并被迫疏散，公共交通网络关闭以及汽油短缺严重影响了市民的出行。尽管此类洪灾事件后的初期讨论往往聚焦于即时恢复工作，但洪水风险的日益加剧（以及气候变化可能带来的更大风险）提出了一个更为根本的问题：城市与社区应如何做好准备或进行转型，以应对日益频繁的洪水事件（Scott，2013，第103页，着重号为本书作者所加）。

"桑迪"飓风为纽约市民敲响了警钟，迫使他们直面气候变化引发的极端天气现实："它提供了强烈而具体的证据（如果需要的话），证明极端天气已然来临，海平面正在上升，城市必须比以往任何时候都更加紧迫地采取适应措施"（Wainwright，2015）。"桑迪"飓风过后，一种以韧性为核心的新型风险管理逻辑应运而生，500亿美元的资金被投入韧性行动中。因此，纽约正通过一系列创新举措和最佳实践（best practice），成为城市韧性的典范。2013

年，在"桑迪"飓风灾后恢复期间，纽约市长办公室成立了"韧性构建特别工作组"（Building Resiliency Task Force），旨在制定保护城市免受类似事件影响的措施。随后，该工作组建议修订州建筑规范，并推动"更科学的规划"，以确保开发项目选址的合理性（Urban Green Council，2013）。一些情景模拟表明，类似"桑迪"飓风（约相当于百年一遇事件）的风暴潮可能每3至20年发生一次，而在未来100年内，大型灾难性事件的发生间隔可能会缩短一半（Aerts等，2013）。因此，城市与区域规划正日益转向预防性方向。这种对未来风险缓解与适应战略的迫切需求，促使纽约州成立了"2100委员会"（New York State 2100 Commission），并提出了基于备灾、适应以及最关键韧性建设的长期规划提案（NYS，2013）。此外，委员会报告还概述了该州面临的一系列"挑战"，强调需要更智慧地重建，并根据风险与脆弱性评估土地使用的适宜性；推广绿色基础设施，包括可渗透路面和软质海岸线修复；确保"综合规划"（integrated planning）；加强"机构协调"，包括设立州级"风险官员"（risk officer）以建立风险管理框架；最后，确保提供足够的"激励"以推动韧性建设与教育计划（同上）。

为避免极端天气事件造成进一步重大影响，纽约还采取了其他重要的规划举措，例如"以设计推动重建"（Rebuild by Design）计划，旨在通过创新规划提升城市韧性。该计划通过一场国际设计竞赛吸引了大量新颖的提案，其中一些已进入可能的实施阶段，最著名的案例是BIG建筑事务所（BIG Architecture）的干线（Dryline）项目（Rebuild by Design，2014）。受高线公园（Highline，即建于曼哈顿西区历史货运铁路上方的公共公园）的启发，干线项目旨在将曼哈顿长约16千米的硬质海岸线及其桥梁和基础设施改造为连续的景观缓冲区与"防护公园"（protective park）网络。该设计将堤坝、水坝和防洪墙系统与线性公共公园相结合，不仅提升了洪水事件的缓解能力，还为这些空间赋予了富有想象力的用途，从而带来了显著的社会与环境效益。

在不同的实践尺度上，起源于英国的转型城镇运动（Transition Towns Movement，简称"转型运动"）已将其核心理念——通过社区主导的变革实现脱碳化与经济本地化——推广至全球范围（Bailey等，2010）。这一运动为韧性思想在城市范围内的实际应用提供了另一个范例。其宣言《转型手册：从石油依赖到本地韧性》（*The Transition Handbook: From Oil Dependency to Local Resilience*，Hopkins，2008）详细阐述了如何利用韧性思想应对石油峰值与气候变化的共同影响。在转型运动中，韧性被定义为"系统在经历变化时吸收干扰并重新组织的能力，从而保持其基本功能、结构、身份与反馈机制"（同上，第54页），即"为更加精简的未来做好充分准备，增强自力更生能力，并优先考虑本地资源而非进口"（同上，第55页）。该运动设想的韧性系统具有以下特征：多样性（使其组成元素与连接可互换）、内置冗余、模块化（使系统的各部分在受到冲击时能够重组，从而降低因网络中断而受到的广泛影响），以及紧密的反馈回路（使系统的一部分能够对另一部分的变化作出反应）。在这一构想中，日益本地化的系统被视为最具韧性，因其能够以自我组织的方式更好地应对干扰，并促使社区对自身环境承担更多责任。后来的著作尤其是《转型指南：让你的社区在不确定的时代更具韧性》（*The*

Transition Companion: Making Your Community More Resilient in Uncertain Times),进一步阐述了社区韧性的重要性,并强调了决定社区韧性强弱的关键因素:自我决定(self-determination)与本地民主结构、社区内的技能多样性,以及达成并实施集体变革愿景的能力。正如《转型指南》所指出的,韧性不仅仅是"维持"现有模式与实践,而是具有变革性,其核心在于改变并重新审视以往对基础设施与系统的假设,从而实现更具可持续性与韧性的低碳经济。

规划城市韧性

在上述案例所展现的变化与适应背景下,本书探讨了城市韧性政策的兴起、演变及其职责范围,并分析了规划及相关专业如何被日益要求为这一议程贡献力量。从地理与政治视角出发,我们梳理了城市韧性在学术与政策文献中的发展脉络,以及城市与区域规划师如何与建筑环境领域的其他专业人员协作,将韧性原则融入城市规划与管理制度。这一过程揭示了关于地方规划与国家角色的新思路,并强调了通过前瞻性适应策略来预见和缓解(或消除)一系列风险需要改变现有城市和区域规划体系的作用和功能。

城市韧性规划已成为一项国际议程。新兴的城市趋势加剧了城市在保障市民安全、健康、繁荣、信息获取及基本服务供应方面的压力,也催生了近期一系列全球治理合作与私营部门尝试制定的战略评估框架,旨在评估城市与地区的韧性水平。值得注意的是,联合国减少灾害风险办公室(United Nations Office for Disaster Risk Reduction,UNISDR)于2012年发起的"如何使城市更具韧性"

（How To Make Cities More Resilient）运动（UNISDR，2012a）以及世界银行（World Bank）的《建设东亚城市韧性》（*Building Urban Resilience in East Asia*）指南（Jha，Brecht，2012），均致力于通过基于风险的方法引导规划决策，从而提升城市应对灾害与气候变化影响的能力。此外，2013年，洛克菲勒基金会高调启动了"100韧性城市"（100 Resilient Cities，100RC）倡议，旨在"帮助全球城市提升韧性，以应对21世纪日益严峻的物质、社会与经济挑战"（Rockefeller Foundation，2013）。这一倡议借鉴了洛克菲勒基金会亚洲城市气候变化韧性网络（Asian Cities Climate Change Resilience Network，ACCCRN）的经验。该网络于2008年启动，旨在帮助亚洲城市提升应对气候变化的韧性，并将城市韧性定义为"城市中的个人、社区、机构、企业和系统在经历各种慢性压力与突发事件时，能够生存、适应并发展的能力"（同上）。"100RC"计划的关键举措是为每个城市任命一名首席韧性官（Chief Resilience Officer，CRO），任期两到三年，其职责是与城市行政长官合作，推动政府、私营部门及非营利组织之间的协作。正如洛克菲勒基金会"100RC"计划首席执行官迈克尔·伯考维茨（Michael Berkowitz）所言，一名有效的首席韧性官应具备"跨部门协调、整合资源、倡导韧性理念，并将韧性议题与观点融入城市所有决策中"的能力（着重号为本书作者所加）（Clancy，2014）。

　　洛克菲勒基金会还与奥雅纳（ARUP）等私营部门组织紧密合作，开发了城市韧性工具包，为城市提供了评估其韧性水平的工具，以指导城市规划、实践与投资（ARUP，2014；另见Siemens，2013）。这些新兴合作表明，为理解和应对城市风险、危机与不确定性而开发的韧性框架，在一定程度上是由全球机构基于商业收益与机会塑造的。总之，这些新方法还强调，对城市韧性的整体与战略视角不仅需关注物质建筑环境，还需考虑支持潜在干预措施的治理与决策过程：包括干预措施的实施地点、实施方式、受益群体，以及更重要的是，哪些群体未能从中受益。

为规划师定位城市韧性

本书的定位恰处于新兴政策实践文献与大众学术文献关于韧性本质研究的交汇点。近年来，学术界对城市韧性的兴趣显著增长，并对韧性作为社会政治流行语与操作概念的兴起及其影响提出了一系列批判性观点（Walsh，2013）。尽管针对城市韧性的实证研究普遍不足——有学者认为这导致"对如何在城市特定背景下操作韧性隐喻的理解不够深入，[并]削弱了城市韧性概念的潜力"（Chelleri等，2015，第1页）——但学术引用数据库的数据显示，自2005年以来，这一术语在城市规划及相关学科（如城市地理学）中的学术使用呈显著上升趋势（Serre，Barroca，2013）。这一不断增长的文献既揭示了韧性的潜力，也指出了其潜在的局限性。在全球政策网络中，"韧性思维"（Walker，Salt，2006）的广泛应用日益凸显出韧性作为治理日益复杂世界的卓越方法。在这个世界，新的"韧性规程"本质上是和"与威胁、不安全及脆弱性共存"紧密联系在一起的（Chandler，2014；Evans，Reid，2014）。正如佐利和希利（Zolli，Healy，2014）所强调的，在一个日益动荡的世界，韧性愈发关注"人、社区和系统在不可预见的冲击与意外中保持核心目标与完整性的能力"（卷首）。

　　在城市与区域规划文献中，本书借鉴、补充并扩展了2005年到2009年出版的一些重要著作，这些著作对推动城市韧性的早期关注具有重要影响。在《韧性城市：现代城市如何从灾难中恢复》（ *The Resilient City：How Modern Cities Recover from Disaster* ）中，维尔和坎帕内拉（Vale，Campanella，2005）从历史视角探讨了城市灾难恢复问题，将韧性隐喻为城市在灾后阶段自我更新的内在"精神"。通过一系列城市案例研究，他们试图从历史经验中汲取教训，揭示抗灾韧性叙事的形成原因、过程，以及规划师和其他建筑环境专业人员如何实践这些叙事。

　　同样，《危险与建成环境：实现韧性嵌入》（ *Hazards and the Built Environment：Attaining Built-in Resilience* ，Bosher，2008）强调了新兴韧性辩论的广泛性与跨学科性质，探讨了如何在建成环境中通过专业人士与社区网络的协作降低灾害风险。该书还指出规划专业人员与灾害风险管理者之间的行动差距，并主张在新的韧性时代应采取更加综合的方法。

　　这一时期的另一部重要著作是《城市的日常韧性》（ *The Everyday Resilience of the City* ，Coaffee等，2008b）。该书追溯了韧性话语的兴起，强调了韧性如何被融入影响城市地区的政策实践中，并由此引发了一系列围绕城市韧性的批判性学术讨论。这是第一本明确将韧性政策、实践与政治同城市联系起来的著作，系统审视了韧性话语对城市专业人士（包括规划师）和当地社区的影响，并通过国家、公民与市场的互动，阐明了机构在城市韧性系统中的作用与权力。《城市的日常韧性》提出了一个关键问题：与韧性相关的政策究竟是赋予公民及其他本地行动者权利的合法尝试，还是国家进一步缩减职能并试图重构政府与公民社会契约的手段？此外，该书还为后续衡量与评估韧性的新方法奠定了基础。

1.2　开展城市韧性研究的方法

本书借鉴了上述文献中提出的城市韧性理论，描绘了过去10年中不同"风格"的韧性规划实践的出现与发展。这些实践呈现出越来越强的预见性、地方化与责任化特征。然而，这些实践并非没有争议，因此本书的前几章将围绕公共政策中使用城市韧性论述的利弊展开持续的学术与政策辩论。

本书基于作者开展的一系列研究，调查了城市韧性政策的多维度演变，试图揭示规划及规划师在城市与区域韧性政策和实践组合中日益重要的作用。我们的研究聚焦于规划专业如何在当前与未来确保城市韧性方面发挥关键作用，并强调了城市风险的棘手性（intractable nature）、城市与区域系统日益增加的复杂性，以及最值得注意的，空间规划不断变化的作用与功能。本书提供的数据与证据展示了韧性原则如何影响建筑环境的设计、建设、维护、管理与利用，以及如何通过新的治理形式推进城市韧性并将其与规划实践相结合。

随着本书的深入，我们进一步探讨了城市与区域规划师在实施韧性思维时面临的一系列重要问题，例如：为什么我们需要城市韧性？如何实施韧性？谁来承担韧性建设的任务，以及为了谁的利益？值得注意的是，韧性建设的重点正逐渐从国家机构转向公民与社区的响应。

在城市与区域规划领域，随着地方与社区的脆弱性日益加剧，我们对韧性规划在充满挑战时期的作用与职权范围产生了浓厚兴趣。然而，社区是否具备做出影响其韧性决策的能力？是否能够平等倾听所有声音？此外，在财政紧缩的背景下，规划工作如何应对挑战，找到既能"少花钱多办事"，又能平衡未来需求与资源的解决方案和空间战略？规划如何在实施韧性战略的过程中确保空间与社会公正？更广泛的城市与区域规划知识共同体（the wider epistemic urban and regional planning community）——"在特定领域拥有公认专业知识与能力，并对该领域或问题领域的相关政策知识拥有权威主张的专业人士网络"（Haas，1992，第3页）——如何将城市韧性作为一种概念与方法？这对城市与区域规划不断变化的作用与责任有何影响？

韧性理念如何创造新的规划想象、行动剧目（repertoires of action）和合作关系是本书的核心主题。在我们看来，韧性是什么并不重要，重要的是韧性做了什么（Coaffee，Fussey，2015），尤其是韧性如何被诠释并转化为多样化和本地化的规划实践。具体而言，我们认为，城市韧性实践的变化既是时间的函数，也与一系列不断变化的社会政治与经济压力相关。随着城市韧性的发展，这些压力重新定义了城市韧性的含义与运作功能。

城市韧性在21世纪初作为一种政策出现，最初是为了应对国际恐怖主义威胁的安保化措施，同时也是对气候变化这一复杂问题的回应。如今，"城市韧性"作为一种政策隐喻，已进一步扩展至将"前瞻性"、稳健性、包容性、成本效益与适应性嵌入各类场所营造与规划活动中。直到最近，城市与区域规划无论在概念上还是实践中，都倾向于将这些挑战视为短期问题，并基于预先确定的技术与孤立的治理结构和方法来应对。总体而言，所采取的战略往往依赖于特定的"锁定"（locked in）方法、技术以及基于当前趋势的简单外推预测情景。然而，新兴的城市韧性理念对城市与区域规划的范围与性质提出了越来越多的质疑，并提出了一系列适应性路径，为城市未来提供了多种可能的轨迹与情景（Pike等，2010；White，O'Hare，2014）。

尽管"韧性"一词源自拉丁语resilire，意为"恢复原状"，且"反弹"（bouncing back）到稳定状态被视为其核心功能，但更为细致的理解正逐渐转向前瞻性视角，并聚焦于一种全新的、日益不可预测的常态。例如，爱德华兹在其广受好评的《韧性国家》（*Resilient Nation*，Edwards，2009）中指出，基于"恢复原状"的韧性理解具有局限性；肖（Shaw，2012a）也建议，我们需要考虑更积极的方法，将（城市）韧性视为"跃进"（leaping forward）。

本书还探讨了其他相关问题，例如城市抗灾实践在多大程度上代表了变革或激进的变化，是对现有实践（如风险管理、减少灾害风险或可持续性）的表面重塑，还是为新自由主义和后政治学等长期进程服务。我们还反思了以下问题：城市韧性作为描述城市系统应对当代与未来破坏性事件的核心组织概念的实用性，未来城市韧性实践将采取的形式，以及这些实践在未来几年如何与规划专业衔接并对其产生影响。

我们的分析涵盖了规划的物质与参与两个层面，并探讨了规划如何与当地社区合作并增强社区韧性。在本书中，我们始终关注城市韧性中的人文维度，特别是"社区抵御外部冲击对其社会基础设施影响的能力"（Adger，2000，第347页）。在更广泛的规划与韧性叙述中，我们将阐述当地社区如何通过个人与社区的"适应潜力"（adaptive potential），学会更好地应对一系列影响当地的破坏性挑战。这将有助于平衡韧性政策，使其从对确定性立法与技术过程的依赖中摆脱出来，转而更多地立足于公民对世界的更有意义的体验——这种体验在城市韧性文献的讨论中往往被忽视（Coaffee等，2008b）。

1.3　本书的结构

本书分为三个主要部分，介绍了更广泛领域城市韧性的来龙去脉，并强调了正在发挥作用的关键城市和区域规划进程，以及在现在和未来可以发挥有益作用的领域。

本书的第一部分题为"构建韧性规划与城市生活的框架"（Towards a Framework for Resilient Planning and Urban Living），界定了研究领域，并突出了韧性定义的多样性及其对规划师的重要性。该部分阐述了韧性作为规划与管理城市风险的重要考量因素的出现，并将城市韧性与生态学、工程学、灾害管理学、经济学及规划学等相关学科联系起来。这些学科为韧性概念的发展与理论化提供了基础（Holling，1973；Rutter，1985；Thoits，1995；Adger，2000；Simmie，Martin，2010）。我们进一步将这些观点与稳健性、适应性和冗余性等概念相结合，这些概念被视为提升城市系统韧性的关键属性与手段。同时，我们还将探讨与城市韧性交替使用的竞争性政策论述，如可持续性与可持续发展。从更概念化的角度，我们还将关注社会—生态系统（socio-ecological systems，

SES）韧性模型的传统主导地位。这一模型在21世纪之前相对无争议，直到城市韧性新方法的出现。这些方法对我们理解当代规划政策与实践的社会政治复杂性具有日益重要的意义（Bosher，2008；Coaffee等，2008b）。然而，城市韧性论述的采用并非没有争议，因此本书的这一部分将强调关于韧性概念实用性的多种观点，以及可用于理解不同时空范围内韧性政治的观点。

本书的第二部分题为"城市韧性的进程"（Processes of Urban Resilience），旨在对城市韧性学术研究的"现状"进行调查，并强调韧性规划在不同国家背景下的新兴特征。在这一部分，我们通过批判性地梳理现有文献，围绕两个主要且相互关联的议题展开讨论为何城市韧性被需要：一是城市设计和土地使用规划的变化所带来的物理或物质改变如何增强韧性，二是新的治理与管理解决方案如何更好地准备并应对一系列破坏性挑战。我们进一步强调，许多城市地区在治理与管理方面存在的固有缺陷使得提升韧性成为必要。同时，我们还将论证，当城市韧性涵盖由民间机构、公共部门与公民个人共同组成的责任网络时，其效果最为显著。与此相关，我们还将解读一系列衡量与监测城市韧性的国家与国际方法，并强调对城市韧性的整体与战略视角如何改变城市与区域规划的性质与功能。此外，我们进一步审视现有城市韧性评估工具在多大程度上能够提供可扩展的方法论体系与实用的（且日趋专业化的）风险评估工具，这些工具可直接指导城市层面的投资决策。

尽管"城市韧性"这一术语已被广泛接受并日益重要，但在新兴的城市韧性领域，大部分研究尚未与规划师的日常实践紧密结合。正如威尔金森（Wilkinson，2012，第319页）所指出的，"一方面是科学文献中对韧性的倡导及其作为政策论述的采用，另一方面是在实践中对韧性的管理能力的展示"，两者之间仍存在显著差距。因此，本书的第三部分题为"实践中的城市韧性"（Urban Resilience in Practice），重点探讨规划政策与实践如何缩小城市韧性中的"实施差距"（implementation gap）（Coaffee，Clarke，2015）。在这一部分，第六章至第九章通过一系列专题案例，展示了城市与区域规划实践中韧性部署的不同方式。这些实证章节借鉴了国际经验，首先分析了迄今为止城市与区域规划师采用的两种主要韧性实践方式（气候变化适应与城市安全），其次借鉴文献中关于城市韧性在减少大规模灾害或突发性事件（sudden shock events）影响方面的作用的讨论，特别是2011年袭击日本的三重灾害（triple disasters），以及长期内发生的较为隐蔽的事件或慢燃事件（slow-burn events），例如当前的住房危机与相关的信贷紧缩。

在本书的结尾部分，我们整合了前几章提出的观点，并强调如何推进与增强城市韧性，同时为未来的研究、政策与实践方向提供建议。这包括采纳2015年签署的关于可持续发展、减少灾害风险与适应气候变化的国际协议。我们还探讨了如何将多种韧性视角整合为一个有效的全系统韧性战略，并强调如何将城市韧性作为未来本地场所营造活动的核心原则。例如，这包括以长期视角应对或预测重大挑战（Connell，2009），重新思考风险评估与缓解策略，更加关注促进适应性人类行为及发展个人与机构的应对策略，并为建筑环境领域的专业人员提供适当的培训。我们通过一个主题框架呈现了一系列城市韧性问题，该框架可用于审视现有及未来的城市韧性干预措施。

第二章
韧性的起源、演化与批判

在当代社会，"韧性"这一概念已广泛渗透至各个领域，并迅速成为政治话语中的核心框定工具。它不仅频繁出现在政治家的言论中，而且各类国家机构正积极资助相关研究，城市规划师也被赋予了纳入韧性考量的职责，学者们更是全身心投入于对该概念的深入探讨（Neocleous，2013，第3页）。这一术语已牢固地嵌入政策制定者、媒体和学术界的语汇之中，不仅用于评估和理解个体、家庭和社区面对冲击事件的抵御能力，还用于描述生态、技术（例如工程）、社会与经济系统在遭遇失败时的适应性和变革能力。正如英国利华休姆信托基金（Leverhulme Trust）在2010年发起的研究倡议中所强调的那样：

在21世纪，人类面临着一系列重大挑战，这些挑战包括对环境变化的应对、实现可持续与公平的社会结构、人口比例的变动、文化模式的相互冲突，以及全球经济不确定性的加剧。这些挑战之间存在着一个共同的纽带，即风险评估的概念，以及为了引导适应性人类行为所必须进行的变革。我们迫切需要开发出缓解措施，并制定个人与机构应对这些挑战的战略方案。而所有这些战略的核心，正是韧性这一概念（着重号为本书作者所加）。

鉴于"韧性"这一术语的应用范围极为广泛且使用方式极为灵活，我们有必要对其词源进行深入反思。同时，也需要考虑在如此多样的背景下对该术语的过度使用是否会削弱其原有的意义和价值，并思考如何更恰当地将其应用于实践之中。例如，尽管"韧性"已成为政治家和政策制定者关注的重要概念，但其使用往往针对特定议题。然而，这一概念为我们提供了一种新的视角，用于理解一系列破坏性挑战（Buckle等，2000）。正如弗农（Vernon，2013）所强调的那样：

> 韧性是一个绝妙的隐喻。它在单个词汇中就传达出了弯曲而不折断、受伤后能够自我修复、具有柔韧而非易碎的力量等特质……有韧性的人在被击倒后能够重新站起来，依靠他们储备的思想和力量去应对艰难的挑战，或者在狂风肆虐时暂时蛰伏，等待风暴平息。有韧性的经济能够迅速恢复，而有韧性的生态系统在经历了火灾或洪水之后能够自我修复。

韧性已成为一个包罗万象（all-encompassing）的隐喻，可以在多种国内和国际情境中应用——这一转译性术语既允许各类研究分支采用共同术语和分析框架进行对话，又无须预先假定所研究的现象是脱离文化背景的同一性过程产物（Gold，Revill，2000，第6页；Coaffee，2006）。然而，对另一些人来说，韧性在过去几年中已成为一个"万能"（catch-all）短语，被模糊地用来表达对各种威胁（包括社会的、经济的、安全相关的、心理的、生态的、政府的，等等）的广泛反应。明确韧性的确切操作性含义已被证明是困难的，并导致了混乱，尤其是在术语方面。对某些人而言，这可能表明韧性是一个毫无意义或毫无帮助的行话（例如，参见Hussain，2013）。

　　另有学者指出，"韧性"这一概念已逐渐演变为一种宽泛却常态化的认知框架，渗透于日常生活的各个领域（Coaffee等，2008b）。这一现象引发了一个核心议题：如何将应对破坏性挑战（如洪水）的广泛"韧性政策"、针对公民领域的紧急社会政策（如社区赋权，现普遍称为社区韧性）以及个体、家庭和社区抵御冲击和慢性事件（如全球经济衰退）的能力联系起来。部分学者认为，韧性术语的模糊性及其应用是一个积极现象。对政治家而言，这提供了意识形态的灵活性，并开辟了理解横跨多个行动层面的复杂破坏性挑战的新途径（Coaffee，2013a）。在学术研究中，韧性可以被视作自然科学与社会科学之间的"边界对象"（boundary object）（Brand，Jax，2007）或"桥接概念"（bridging concept）（Davoudi，2012），现已适用于各种具体的国家和国际情境。正如贝林和威尔金森（Beilin，Wilkinson，2015，第1213页）所指出的，"韧性的复杂性和挑战在于其'特定性''地方性'，以及将韧性实施作为一项进程的重要性"（另见Anderson，2015）。

关于韧性概念和话语的某些混淆，部分源于其与可持续发展或可持续性的联系。许多人宣称韧性正在取代可持续性，成为新时代的核心组织概念，因为面对日益增加的波动性（volatility），需要不同的框架和应对策略（Vale，2014；Zolli，Healy，2013）。本质上，可持续性倾向于假设现在与未来的平衡，而韧性则基于变化的模式，使其在管理复杂和不确定的未来方面特别有用："可持续性旨在恢复世界的平衡，而韧性则寻求在不平衡的世界中进行管理的方法"（Zolli，2012）。我们还可以观察到，这两个概念在政策话语中的转变。与韧性相似，可持续性自联合国发布《我们共同的未来》（*Our Common Future*，Gro Harlem Brundtland，1987）以来，被理解为应对环境变化的核心政策隐喻，但随后在一系列政策论述中被过度使用，逐渐失去了其原本的含义。正如已故的杰出学者彼得·霍尔（Peter Hall，2002，第412页）在《明日之城》（*Cities of Tomorrow*）中所描述的20世纪90年代初围绕可持续城市发展的"圣杯"（holy grail）热潮：

> 该问题的核心在于，尽管人们普遍认同其重要性，却鲜有人能够精准地阐释其深层含义。即便他们能够熟练背诵1987年《布伦特兰委员会报告》中对可持续发展的经典定义，仍难以明确这一概念如何具体应用于日常的城市环境决策中。总体目标本身是易于理解的，然而真正的挑战在于如何将这些宏大目标转化为可操作的实践路径。因此，人们往往会根据自身的理解和需求来定义这些概念。这种个性化的解读虽然体现了概念的灵活性，但也带来了应用上的不确定性和多样性。

"韧性"一词是否会因为其在政策领域的频繁使用而沦为新的"可持续性",这一问题值得我们深思。在本章中,我们旨在探讨韧性概念在当今世界的可操作性与实际效用,并承认不同学科对韧性概念及其理论的多元研究方法。我们将通过三个主要部分展开讨论。首先,我们将审视并批判所谓的社会—生态系统韧性平衡模型。自20世纪70年代初以来,这一模型一直主导着关于韧性的讨论,它特别强调系统在面临压力或干扰时恢复至预先定义状态的能力。其次,我们将关注韧性文献中出现的更具演进性的方法。与平衡模型相比,这些方法更加侧重于跃进(bounce forward)和"新常态"(new normality)的韧性模式,致力于构建一种更适合应对日益复杂和非线性系统的框架。随着本章的深入,我们将这两种韧性方法与一系列相关概念联系起来,如稳健性、灵活性、适应性和冗余性,这些概念被认为是增强系统韧性的关键属性和策略。最后,第三部分通过三个关键且相互关联的视角——预见性(anticipation)、本土化(localism)和责任化(responsibilisation)——对当代韧性政策进行批判性分析。这些视角均基于对韧性的整体评估,即韧性已被新自由主义及其相关的政府化议程(governmentalising agendas)所纳入。通过一系列有组织的治理实践,政府试图塑造出最符合其政策优先事项的、缺乏批判性的公民群体(uncritical citizenry)。

2.1 社会—生态平衡模型的主导地位

韧性(源于拉丁语resilire,意为"反弹"或"弹回")这一概念，其字面含义是"跳回原处"（to leap back）。这一隐喻已在学术文献中得到了广泛且深入的探讨，众多学科及其子领域均主张这种词源演变，并将其应用于各自不同的实证研究和理论背景之中（Coaffee，2013a）。生态学家、心理学家、灾害管理专家、地理学家、经济学家以及社会科学家等，都为韧性的学术讨论做出了显著贡献。然而，这一概念在过去10年中进一步渗透到一系列政策辩论之中（综述参见Coaffee等，2008b；Walker，Cooper，2011），并逐渐影响到城市和区域规划的实践（详见第三章）。尽管如此，直至近期，韧性的文献研究仍主要受到生态学和工程学方法的主导和深刻影响。

"韧性"这一概念的使用和应用，普遍被认为起源于克劳福德·斯坦利·霍林（Crawford Stanley 'Buzz' Holling）在20世纪70年代对系统生态学（systems ecology）的开创性研究，以及他与韧性联盟（Resilience Alliance）（一个由多学科科学家和实践者组成的研究网络，他们共同探索社会—生态系统的动态）的合作。霍林的思想在其1973年的经典论文《生态系统的韧性和稳定性》（*Resilience and Stability of Ecological Systems*）中得到了最为精确的阐述，这篇论文标志着思维范式的一次重大转变。霍林提出了一个更加动态的生态系统过程理解，他将其命名为"适应性循环"（Adaptive Cycle），这与传统上对生态系统稳定性的假设形成了鲜明对比。适应性循环理论将焦点放在了破坏（destruction）和重组（re-organisation）的过程上，这些过程在经典生态系统研究中常常被忽视或边缘化，而传统研究更倾向于关注增长（growth）和保存（conservation）。纳入这些过程对于提供一个更全面、更深入的系统动态视角至关重要。

适应性循环本质上是一种平衡模型，描述了系统资源在生产、消耗和保存阶段的循环过程。在这一模型中，韧性体现为系统在遭遇冲击事件时恢复到稳定状态的能力，以及在压力下持续存在和运作的能力。根据霍林（Holling，1973，第14页）的定义，韧性指"系统吸收变化和干扰，同时仍能维持种群（populations）或状态变量（state variables）之间相同关系的能力"。这一定义强调了系统在面对变化时维持其基本结构和功能的重要性。霍林的模型进一步提出，像森林火灾这样的外部冲击虽然看似具有破坏性，但实际上为资源的重新分配和开发创造了新的机会。物种和系统能够在这种不可避免的循环中持续存在，是基于它们在面对这些循环时仍能保持核心功能的适应能力。这种适应能力不仅涉及对冲击的直接响应，还包括系统结构和功能上的长期适应与演变，从而确保系统在动态变化环境中的持续性和稳定性。

韧性系统的适应性循环通过四个阶段描绘系统的发展轨迹：资源的开发、保存、释放和重组。在开发—保存阶段，系统资源经历缓慢积累，为后续的释放—重组阶段奠定基础。这一适应性循环的各个阶段通过系统潜力（potential）和连通性（connectedness）两个维度进行细致描述（图2.1）。在开发—保存阶段，随着系统内部连接的增强和资源生产能力的提高，系统的连通性和潜力也随之增长。沃克和库珀（Walker，Cooper，2011，第147页）总结了这一过程，并将其与经典生态研究联系起来：

经典系统生态学仅关注快速连续增长阶段（r），随后是稳定平衡的保存阶段（K），而韧性联盟认为，这些阶段不可避免地会出现崩溃（Ω），然后是自发重组，进而进入新的增长阶段（α）。

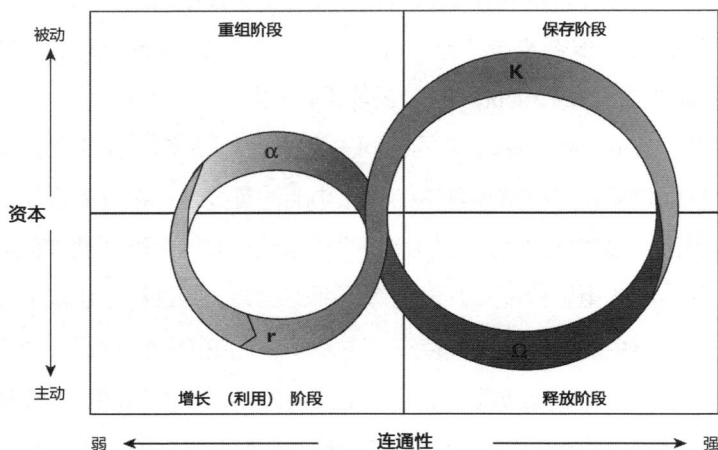

图2.1 韧性系统的适应性循环
（图片来源：作者自绘/自摄。此后如无特殊说明，均为作者自绘/自摄）

霍林（Holling，1996，第33页）指出，适应性循环所体现的生态韧性是对一个系统在发生"翻转"（flip）并转变为另一个"稳定域"（stability domain）之前所能承受的变化的度量。在此定义中，生态韧性关注的是变化与不可预测性，同时致力于恢复系统的平衡状态。在与生态韧性的对比中，霍林（Holling，1996）进一步提出了工程韧性的相关定义。这一概念集中于系统的稳定性和平衡状态，特别强调对干扰的抵抗能力以及恢复到正常状态的速度。在此视角下，生态韧性被理解为系统在结构发生改变前能够吸收的扰动量，而工程韧性则体现为系统在受到扰动后迅速恢复至原始平衡状态的能力。尽管工程韧性在技术系统的性能和韧性评估中得到了广泛应用，但也有人认为，它仅是对系统整体韧性的一个部分度量（Walker等，2004）。

现代的韧性方法在很大程度上受到了霍林（Holling，1973）以及冈德森和霍林（Gunderso，Holling，2002）提出的韧性适应平衡模型（adaptive-equilibrium models）的启发。佐利和希利（Zolli，Healy，2013）指出，适应性循环的理解不仅适用于生态系统，同样可以应用于商业领域，例如企业如何开拓新市场。费舍尔（Fisher，2012）也提出，设计师可以借鉴这种模式，以增强建筑环境的韧性。沃克和库珀（Walker，Cooper，2011）进一步指出，新自由主义经济学家利用适应性循环的理念来宣扬一种自我调节的金融体系。例如，罗斯（Rose，2007，第384页）将经济韧性定义为"在受到冲击时，实体或系统维持其功能（例如继续生产）的能力"，这一定义在本书第九章中也有所体现。贝林和威尔金森（Beilin，Wilkinson，2015，第1206页）更广泛地指出，工程韧性通常通过技术理性方法进行风险评估和管理，其目的在于控制未来，确保系统的稳定运行。与此同时，福尔克（Folke，2006）也指出，在灾害管理文献中，以恢复到一个（假想中的）稳定状态为目标的工程韧性占据了显著地位，并且继续影响着预期的规划成果。

随着其在适应气候变化等领域应用的扩展，与社会—生态系统相关的均衡方法逐渐受到越来越多的批评。普遍观点认为，这种社会生态系统方法本质上是保守的，以维持系统稳定性为核心目标。它倾向于关注系统的内生（endogenous）压力，而对外生（exogenous）因素的考量则相对较少，这些外部因素可能会干扰或对系统造成冲击。从更广泛的视角来看，基于均衡理念的社会—生态系统发展可能并不适用于那些涉及复杂社会动态的模型系统，因为这些系统的动态性不易用传统的理论模型来概念化（Davoudi，2012；Alexander，2013）。对许多人而言，社会—生态系统的韧性方法未能充分解释复杂社会系统中的政治和权力关系，而这些关系决定了哪些需求得到满足（谁的韧性？）（resilience for whom？），以及资源分配是如何通过政治行动来调节的。布朗（Brown，2013，第109页）指出，社会经济地位对韧性方法的推动"体现了一种类似'强加的理性'（imposed rationality）的科学和技术方法，这种路径与普通人的实践不相容……是去政治化的，未能充分考虑实践和管理所嵌入的制度背景"（另见Cannon，Müller-Mahn，2010）。与城市和区域规划相关的早期研究也对韧性术语的使用提出了质疑，批判性地探讨了"什么对什么的韧性"（resilience of what to what）这一问题（Beilin，Wilkinson，2015，第1206页；另见Carpenter等，2001），并更广泛地质疑了韧性思维在社会科学中的适用性（详见第三章）。

　　为了将更广泛的社会关切和复杂性融入对生态韧性的理解，社会—生态系统方法经历了一次"更新"，特别是通过冈德森和霍林（Gunderson，Holling，2002）提出的"扰沌"（Panarchy）概念。扰沌被置于适应性循环的层级结构之上，其名称源自希腊神潘（Pan），象征着"不可预测的变革"（Holling，2001，第396页）。这一方法试图提供一个概念框架，用以阐释所有复杂系统所共有的双重且看似矛盾的特性：稳定与变革，从而解决早期理论的一些局限性和矛盾。扰沌模型描述了一系列并非固定或连续的阶段，而是作为多个嵌套适应性循环运作，这些循环既相互独立，又相互影响（Davoudi，2012；又见第九章）。此外，扰沌模型还认识到内部功能可以引发变革，正如在社会系统中所观察到的那样，这些变革实际上是通过自下而上和自上而下的方式共同作用的（图2.2）。

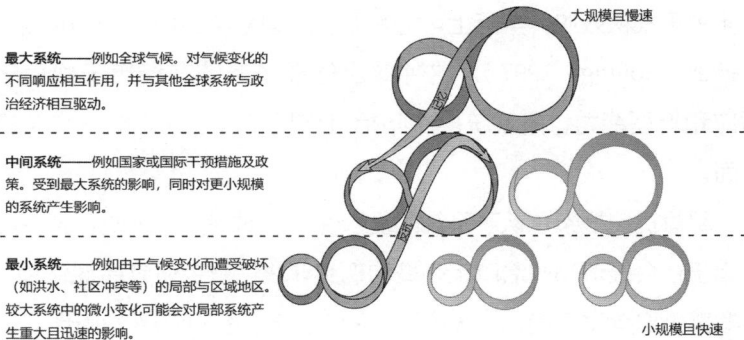

最大系统——例如全球气候。对气候变化的不同响应相互作用，并与其他全球系统与政治经济相互驱动。

中间系统——例如国家或国际干预措施及政策。受到最大系统的影响，同时对更小规模的系统产生影响。

最小系统——例如由于气候变化而遭受破坏（如洪水、社区冲突等）的局部与区域地区。较大系统中的微小变化可能会对局部系统产生重大且迅速的影响。

大规模且慢速

小规模且快速

图2.2 嵌套系统的扰沌框架

扰沌框架特别强调不同系统层次之间的相互联系，无论是在规模上的最小与最大，还是在速度上的最快与最慢。在这个框架内，较大和较慢的循环为较小和较快的循环提供了运行条件，尽管这些小而快的循环同样能够对大而慢的循环产生影响。在这些相邻层次之间存在着众多可能的相互作用点，其中两个尤其值得关注。首先"反抗"（revolt）发生在快速、小规模的事件压倒了大型、慢速的事件。例如，一次小规模的地方性停电可能通过一系列相互依赖的基础设施系统引发连锁反应，从而导致更广泛的破坏。其次，"记忆"（remember）通过利用在更大、更慢的循环中积累和储存的潜力，有助于恢复稳定。例如，在大规模停电之后，"记忆"可以指那些帮助引导系统恢复到正常运行状态的过程和资源，包括对先前事件的知识、经验和回忆。然而，有时这种恢复并非回到之前的状态，而是沿着一条不同的路径进行，这被称为"滞后效应"（hysteresis effect）。滞后效应描述了系统在韧性丧失后如何响应，即恢复路径如何因某些干扰或变化而转向不同的方向。这些干扰或变化由于累积效应，实际上可能有助于增强系统的韧性（Ludwig，Walker，Holling，1997）。这种效应体现了系统在经历干扰后的适应和转型能力，是系统层次间相互作用和复杂动态的一个关键方面。

　　尽管扰沌框架承认了系统的复杂性，但对许多人来说，当将其应用于社会经济和政治政策领域的现实非线性复杂适应性系统时，该框架仍显得过于简化。该模型未能充分考虑空间的不均衡性、不平等性、权力关系，以及社会系统中代理人的主体性。因此，尽管韧性这一概念最初源于物理科学（物理学和工程学）和自然科学（生态学、生物学和生物科学），它现在越来越多地被视为一种"政治、文化和社会建构"（White，O'Hare，2014，第943页），并不适合直接从自然科学领域大规模转移到社会科学领域。正如科特和南丁格尔（Cote，Nightingale，2012，第475页）所主张的，社会—生态系统中的韧性概念"通过将生态概念应用于社会而发展，假设社会和生态系统动力学本质上是相似的"，并进一步指出韧性思想已在"与批判性社会科学文献显著隔离"的环境中发展（Brown，2013）。正是在这一关键的社会科学文献中，我们现在开始探索新兴的"演进"方法，以理解和增强韧性。

2.2 迈向演进的方法

韧性的概念和实践正面临着日益增长的争议，促使众多研究者提倡采纳一种更为演进的方法，以思考那些不断演变的非平衡系统的特性（Carpenter等，2005）。正如梅杰（Majoor，2015，第257页）所指出的，"平衡或常态的存在已被对世界本质上的复杂性、不确定性和不可预测性的认识所取代"。因此，一种更为细腻的韧性观念已逐渐摆脱盲目接受的平衡方法，转而将适应性和变化视为确保系统持续运作的手段（Prior，Hagmann，2013）。爱德华兹在其著作《韧性国家》（*Resilient Nation*）（Edwards，2009，第17页）中提出，基于"反弹"的韧性理解是"过于狭隘、过于短期且过于反应性的"，而肖（Shaw，2012a）则建议我们需要考虑更为积极主动的"跃进"概念。在这种观点中，与追求恢复到（预先存在或新的）稳定状态的平衡模型不同，韧性被视为一个持续的过程，其目标是理解和适应不断变化的复杂性（Coaffee，2013a）。在演化经济学（Simmie，Martin，2010）和城市规划领域的工作中，适应性循环和扰沌模型的重要方面已被采用并调整，以拓展对韧性方法的理解，使其超越传统的"反弹"方法（Folke等，2010），并纳入"持久性、适应性以及跨多个尺度和时间框架的可转化性之间的动态相互作用"（Davoudi，2012，第310页）。

在政策制定的广阔舞台上，拓展韧性隐喻及其应用是顺理成章的，这一做法与那些具有"全球性"或"全球重大"特征的事件的复杂性和相互依存性高度契合。这些事件汇聚了外部和内部的力量，例如气候变化和环境灾害，以及这些力量如何在各个空间尺度上对人类系统产生影响。21世纪初期的一系列重大事件，如2005年的"卡特里娜"飓风、2008至2013年的全球经济衰退和信贷紧缩，以及2011年的东日本大地震，均突显了跨机构协同应对的需求。这种协同需要在垂直和水平方向上实现整合，并跨越全球、国家、区域和地方等不同尺度。这些初始冲击不仅对整体"系统"构成威胁，还经常在地方和区域层面暴露出更深层次的持续性压力。

一方面，所谓的演进韧性方法的发展是对平衡模型公认局限的直接回应，该方法通常通过强调差异来构建二元对立。另一方面，我们应避免陷入忽视平衡模型相关属性的误区，因为这些属性在许多方面已被最新的理论、思想和实践所吸收并加以扩展。因此，我们认为当前正处于平衡主义方法与演进方法之间的过渡阶段，这一过渡基于一些关键属性的演变：准备与持久性，适应性、响应能力与资源利用能力，冗余与多样性，以及循环与反馈。接下来，我们将更深入地探讨这些属性。

准备与持久性

准备工作正越来越多地被纳入韧性方法中，以预测潜在的冲击和压力，并为应对此类事件做好充分准备。这种"预期规划"（anticipatory planning）也常用于减少未来的不确定性，通常以增强关键"响应者"的核心能力的形式呈现。例如，伦敦韧性伙伴关系（London Resilience Partnership）的2013年战略文件强调了一些"核心"职能能力，这些能力支撑着其准备性韧性工作，帮助其识别漏洞并积累知识：

- 风险评估：评估对伦敦的危害和威胁，并了解其可能产生的影响，从而确定需要发展的能力；
- 培训与演习：所有预案和流程都必须经过实际演练，以确保其可操作性，同时使应急响应人员通过培训具备履行其职责的能力；
- 协调和信息共享：确定并商定多机构响应和事件恢复的协调原则；
- 与公众沟通：确保在伦敦生活、工作和访问的人们了解风险以及如何做好准备，并在紧急情况下向其提供准确、及时的信息（London Resilience Partnership，2013，第8页）。

对风险和脆弱性的深刻理解与持久性（persistence）这一相关概念紧密相连——即在一定压力水平下保持承受能力（Davoudi，2012）——这通常与基础设施和人类系统相关。在此背景下，持久性可与工程学中韧性的经典模型相提并论，并从系统的"稳健性"角度加以理解。此类定义在关键基础设施韧性研究领域尤为普遍。正如美国最近的一项研究所指出的：

韧性的稳健性是指系统在危机面前保持关键运作和功能的能力。它与系统吸收危险影响以及防止或减轻这些危险可能引发的严重事件的能力密切相关。稳健性可以视为对系统进行保护和准备，以应对特定威胁（Argonne National Laboratory，2010，第6页，着重号为本书作者所加）。

尽管在大多数情况下，稳健性可以被视为一种短期保护措施，但系统在面对长期压力或挑战时，或在动态社会背景下的物理和技术持久性可能会受到达武迪（Davoudi，2012）所称的"制度僵化"（institutional rigidities）的影响。这种制度刚性可能会在短期和长期内抑制适应性和创新能力。冈德森和霍林（Gunderson，Holling，2002）在扰沌模型中提出了"僵化陷阱"（rigidity trap）的概念，指出当制度内部高度关联却缺乏多样性、难以适应变革时，特定的适应性循环会因不适应而衰退。因此，在演进韧性的框架下，对韧性的制度化和治理给予了极大重视，这包括在提升公众意识的同时，培育组织的灵活性和学习能力，并鼓励个人采取适当的风险缓解措施以维护其韧性。这些措施以及对紧急情况的准备，对于确保系统在长期挑战中保持稳定和有效至关重要（Coaffee，Clarke，2015）。

适应性、响应能力与资源利用能力

适应性是演进韧性中的一个核心概念，它"捕捉了系统学习、整合经验和知识的能力，并调整其对不断变化的外部驱动因素和内部过程的反应"（Folke等，2010，第18页）。适应性（通常从适应能力的角度来看，见第四章）常被视为网络联系和多尺度合作的类型与质量的函数。例如，派克等（Pike等，2010）认为，更灵活的联系可以增强系统的响应能力，并允许出现多种演进轨迹，从而促进更大的系统韧性。相反，过于紧密的联系可能加强路径依赖性。可以说，地方一级最需要这种适应性，因为当地政府在满足韧性需求时最为依赖适应能力和资源：

在灾害发生时，地方政府承担着第一线响应者的角色，其责任范围可能极为广泛，但往往面临处理能力不足的问题。这包括灾害风险的预测、管理和减轻，早期预警系统的建立，应急行动的实施，以及具体的灾害或危机管理架构的构建。在许多情况下，需要对任务分配、责任界定和资源配置进行重新审视，以提升地方政府应对这些挑战的效能（UNISDR，2012b，第7页）。

为激发适应性，演进韧性中的另一个关键要素——资源利用能力（resourcefulness）——显得至关重要。这被视为一种跨越多重尺度的行动者网络，其作用在于更好地协调和调动各种资源，从而提升应对风险、危机和不确定性的行动能力。在新兴的韧性文献中，资源利用能力可能具有两层不同的含义。首先，从技术角度来看，它指的是系统迅速恢复正常运作的能力，以及在面临危机或破坏时高效地准备、响应和管理的能力。在这种情况下，资源利用能力涵盖了为可能的威胁做好准备的预防措施，以及事件发生后实施培训和计划的应用。其次，资源利用能力也被视为韧性的替代概念，特别是对于那些批评韧性概念缺乏社会正义的学者而言。例如，麦金农和德里克森（MacKinnon，Derickson，2013，第263页）将资源利用能力视为"社区有能力参与真正的协商民主对话，制定有争议的替代议程，并以一种有意义地挑战现有权力关系的方式开展工作"的能力。

冗余与多样性

平衡论与演进韧性方法之间的一个关键区别在于对冗余在社区

吸收冲击能力中的作用以及其对支撑韧性系统假设的不同理解。冗余被认为是提升系统韧性的重要属性和手段，它与提供备份功能的替代来源、子系统、角色或策略相关联，这些功能在增强整个系统的韧性方面发挥着作用。冗余还被定义为"在功能中断、退化或丧失的情况下，能够满足功能要求的可替代元素、系统或其他分析单元的存在程度"（Bruneau等，2015）。在自然和工程系统中，冗余提供了吸收冲击并持续存在的容量和能力。相比之下，社会系统中的冗余往往被视为效率低下的表现，这主要是由于城市经济系统对效率的极致追求。

然而，冗余在恢复过程中可以成为重要的资源，是适应能力所必需的。用韧性理论的术语来说，这涉及通过利用资源减少对既定路径的依赖，并优化路径，以增强替代路径的开发。在技术系统中，由于优化的驱动，制定后备计划往往被视为浪费。而在更具演进韧性的方法中，拥有多种选择作为"后备"则被视为促进适应性、创新和自组织的重要资产。

循环与反馈

韧性正逐渐被理解为一个无尽的旅程——一个包含多个重叠阶段的循环过程，每个阶段都有其独特的重点和政策优先事项（Coaffee，2013a）。这一理解呼应了社会—生态系统对适应性循环和反馈回路（feedback loops）的强调，同时将其植根于对复杂适应性系统更现代的理解之中。因此，韧性已成为政策制定过程中日益重要的组织隐喻，涵盖了"韧性循环"（resilience cycle）的各个阶段，包括缓解、准备、响应和恢复（图2.3）。这一循环促使我们对计划和战略不断地重新评估。韧性循环的不同阶段关注了演进韧性的不同属性（如上文所述）。从多方面来看，韧性循环在很大程度上借鉴了传统应急管理或风险管理的"预防—准备—响应—恢复"循环模式，但更为强调装备阶段。

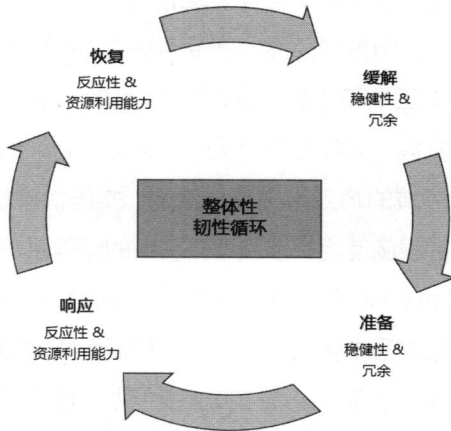

图2.3　各阶段密切协调的韧性循环

韧性循环的缓解（mitigation）阶段专注于强化系统的抗干扰能力，以有效应对未来潜在的剧烈变动，这通常涉及提升系统的稳健性和冗余度。缓解措施涵盖了一系列连续行动，旨在减轻或排除各种压力因素对人员和基础设施的长期性威胁。作为韧性循环的开端，缓解策略应在任何紧急情况发生之前纳入规划之中，并与其他阶段相融合，以形成一种全面而持续的策略。典型的缓解技术将用于保护人员和建筑，降低响应和恢复的成本，并进行风险评估。

准备（preparedness）阶段则集中于预测可能发生的事件，并建立与稳健性和冗余原则相一致的响应机制。此阶段致力于提升对颠覆性变化（disruptive changes）的预见能力，并构建管理体系，以便有效应对并从当地颠覆性变化中恢复。虽然无法消除每一个风险事件或威胁，但充分的准备活动可以通过预先采取特定措施来减轻事件的潜在影响。准备活动与响应和恢复行动紧密结合，通常涉及一系列利益相关者以及多个相互关联的层级——包括地方、区域和国家级别的机构、组织和公民。准备活动往往在地方层面得到执行，可能涵盖以下工具和措施：进行潜在威胁和风险评估的分析；制定针对已识别危害、风险及应对策略的韧性计划；构建响应管理结构，并对关键领域的响应人员进行培训；实施情景规划和演练；确定紧急状态下的设施使用，以及建立有效的预警系统。

响应（response）阶段包括在事件发生期间及其后立即采取的措施，其核心目标是最小化损害和中断，确保系统能够迅速恢复其功能。响应阶段通常强调反应能力和应变能力，涉及采取行动将危险或威胁的影响降至可接受水平，或完全消除。在灾害发生时，这可能包括疏散潜在受害者、为有需要的人提供紧急护理，以及恢复关键的公共服务和基础设施。在这一阶段，许多措施集中于收集关键信息，包括救生需求（例如疏散和搜救）、关键基础设施的状态（例如交通、公用事业、通信系统、关键设施的状态）以及可能的连锁反应（即作为初始事件的直接或间接结果而发生的事件）。换言之，响应阶段涉及将准备阶段制定的计划付诸实践，并且通常需要进行态势评估（situation assessment）以确定最合适的响应活动。

恢复（recovery）阶段则利用响应能力和应变能力的属性，涵盖短期或长期的重建和恢复工作，使个人、企业和政府能够恢复功能并抵御未来的破坏性挑战。恢复阶段的最终目标是在更准确地评估风险的基础上，使系统和活动恢复到正常状态或达到"新常态"。恢复工作从事件发生后立即开始，例如进行损害评估；部分恢复活动可能与响应工作同步进行；长期恢复则包括经济活动的恢复、社区设施和住房的重建，以及采取缓解措施以确保对未来挑战的应对。

2.3　谁的韧性？谁来构建韧性？对当代韧性的批判

这种韧性研究范式的转变——即从平衡观转向进化与变革理论，以应对日益加剧的不确定性和波动性时代——并非没有受到质疑。此类批评主要针对韧性理念在新自由主义及后政治（或去政治化）语境下被持续规训过程所异化的现象。这种语境特征包括：通过共识机制构建不可置疑的道德（而非政治）秩序（Mouffe, 2005；Hay, 2007；Swyngedouw, 2009），专家话语取代实质性政治辩论（Žižek，2008；Fischer，2009），超国家治理的兴起（参与式治理、专家决策或跨国网络），以及正式政治对经济全球化等议题的宿命论（fatefulness）倾向。所谓后政治，可理解为政治选择权的消弭、决策权向技术专家的让渡、公众政治参与的持续萎缩，最终导致政治辩论与能动性的彻底终结（Flinders, Wood, 2014）。

一系列跨国组织和治理联盟已经意识到，韧性可作为一种工具，以推进明确的新自由主义议程（Swyngedouw, 2005）。许多人认为，当前流行的韧性理念主导了关于如何在不可估量和不稳定的风险中生存的辩论——这些辩论聚焦于培养一种完全符合新自由

主义理性的公民身份，这种身份可被政治动员，却往往未能触及更
具想象力以及更激进的社会和政治变革的可能性。因此，韧性在
当代已经成为讨论不断变化的社会和政治历史的核心议题，也成
为以国家安全和减灾为名运作的代理人和代理机构框架的核心，
并作为一种支撑在危机下施行治理工作方法（modus operandi）
的积极理论依据（Buckle等，2000）。从更实际的角度来看，通过
韧性政策的视角，我们可以规划新的预防性治理（precautionary
governance）形式，尝试培养具有韧性的公民，吸引一系列利益相
关者参与韧性议程，并在实施政策优先事项时相应地承担新的角色
和责任。

　　因此，"批判性韧性研究"这一新兴领域致力于审视和批评韧
性政策和实践，指出它们已成为"新自由主义分权"（neoliberal
decentralisation）的手段（Amin，2013）。这反映了国家政策的转
变，体现出一种责任转移的愿望：在危机期间保护民众的责任不再
由国家承担，而是被委托给专业人士、私营公司、社区以及个人。
这种福柯式（Foucauldian）的解读认为，韧性鼓励个体在危机或
灾难面前自主行动 [作为更广泛的治理术（governmentality）——
或"行为引导"（conduct of conducts）的一部分]，这促使公民根
据规定的道德标准采取行动或进行适应，而这些标准通常由新自由
主义的要求所驱动（参见Joseph，2013；Zebrowski，2013）。正
如韦尔什（Welsh，2014，第16页）所指出的，他在探讨韧性话语
通过不同治理模式的问题化部署（problematic deployment）时强
调，韧性被视为"一种后政治意识形态，强调持续适应以应对新自
由主义经济的不确定性，其中韧性主体被认为是通过适应而非抵抗

其苦难条件来体现韧性"。本章将转向围绕预见、本地化与责任化等相互关联的主题来组织这些关键问题。

预见、预防与殖民未来

目前，风险缓解的各种形式已被证明是催化与韧性相关的政策讨论的关键因素，即便它们并非总是处于决策的优先位置。这一趋势促使政策制定者和专业实践者转变思维，采纳新的工作定义和思考方式，从而以新的视角看待和应对各类危险与灾害所带来的风险。

此类政策——通常被明确标记为韧性政策——本质上愈发具有预见性和预防性（pre-emptive），对许多人而言，它们似乎被恐惧所笼罩。例如，安德森（Anderson，2007，第159页）指出，"恐惧、忧虑和焦虑伴随着预见性治理逻辑的出现"，并且"对几乎每个可想象的思想和生活领域中一系列风险的高度关注被认为催生了一种恐惧文化"。特别是关于所谓的"9·11事件"后的"反恐战争"，埃尔默和奥佩尔（Elmer，Opel，2006，第477页）强调，与美国受到攻击可能性相关的"假设性"（what if）情景已被"当出现时"（when，then）情景所取代。换言之，进一步的风险被视为不可避免且需要预先规划。这种预见性逻辑通常为国家层面的积极性（affirmative）和预防性行动提供了正当性。许多评论家认为，这种新兴的恐惧政治（politics of fear）正被政府通过"应急规划"指导或公共"威胁评估等级"所操纵（例如，参见Mythen，Walklate，2006）。值得注意的是，马苏米（Massumi，2005，第33页）指出，美国针对恐怖主义的公共威胁警报系统旨在"调节公众的焦虑"，并"使政府大肆宣扬的反恐战争承诺变得可见"。这并非新问题。马苏米早期关于恐惧政治的著作（Massumi，1993，第8页）强调，在一段时间内，特别是在第二次世界大战之后，"恐惧的社会景观"已经加剧，一种低水平的"环境"恐惧如今正在日常生活中潜移默化地影响着人们（另见Deleuze，1992；Hardt，Negri，2002）。

对许多作者而言，这种持续的恐惧状态等同于一种永久性的紧急状态，在这种状态下，特殊情境被常态化为日常生活的一部分，而新的话语体系（在此背景下指韧性）应运而生，旨在向公众保证其安全（Coaffee，Wood，2006）。正如阿甘本（Agamben，2005）在"9·11事件"之后所指出的，在试图预见未来风险和威胁的过程中，这种特定地区的例外主义（exceptionalism）逐渐被正常化，而几乎没有受到社会的审视。阿里阿斯（Arias，2011，第370页）也指出，这种"生命政治（biopolitical）范式以一种被视为持续偶发性（constant contingency）的方式组织生活，因此不断需要特殊的措施"。明卡（Minca，2006）进一步评论说，例外主义深深植根于危机概念之中，并已成为新的生命政治规则的"政府主导范式"（Agamben，2005，第3页）。曾经被认为是不可接受的或暂时性的特殊风险与安全的扩散，在特定的空间背景下以及在韧性的语境下，已经变得司空见惯、日常化且未受质疑（被正常化）。

在制定应对灾害的政策时，通常会通过一系列具有前瞻性的文件、展望性的安全战略、对未来潜在威胁的评估以及风险清单（risk registers）来实现特殊性措施的常态化。这些措施还伴随着相关的模拟演练，旨在将时刻准备应对各种风险和威胁的重要性融入其中：

　　从象征意义上讲，韧性话语的运用将危机和不确定性重新定义为并非不可控制，而是主动应对威胁甚至实现整体改善的机会。特别是在个人、社区和企业几乎无法完全规避风险的情况下，韧性——嵌入在一种保证与安慰的语言中——提供了希望和信心。因此，韧性被适时地定制（opportunistically tailored）以填补危机后或应对新兴威胁时产生的"政策窗口"（policy windows）（White，O'Hare，2014，第939页，着重号为本书作者所加）。

这种以预见性和预防性为核心的治理方式，往往聚焦于可能出现的最糟糕情况。这也引发了对政治话语在政策制定中的影响力以及公民和其他利益相关者在决策和政策制定过程中作用的深刻质疑。韧性政策倡导并鼓励——

　　一种准备文化。如今，国家认为其一项关键任务是去想象最坏的情况、即将到来的灾难、未来的危机、迫在眉睫的袭击、可能会发生甚至很可能发生的紧急事件，所有这些都是为了更好地做好准备（Neocleous，2013，第4页）。

通过这种试图以准备活动来预见未来的要求，韧性思维已经被嵌入一系列相互关联的政策目标中——从健康到住房，从环境到城市和区域规划——而这些在过去是国家无法做到的。正如尼克劳斯（Neocleous）进一步断言的那样，"韧性"是"促进这种联系的概念：这无异于国家对政治想象力的尝试性殖民化"（同上）。

本地化与韧性治理的尺度重构

　　近年来，韧性理念与实践在各级政府行动中经历了显著的演变与广泛应用：一方面，国家层面制定了一系列政策指导与战略；另一方面，执行责任在表面上被下放至地方层面。在大多数实施韧性类政策的国家中，此类政策的推行基于中央政府的指挥与控制模式，并通过与国家安全或应急管理相关的宏观战略加以落实。在此过程中，中央政府通过资源分配、合规机制以及详细和总体规划的制定，对利益相关者和社区的行动方式施加影响。例如，在英国，集中化的韧性政策包含众多指导原则（专栏2.1），这些原则影响了韧性在多尺度治理中的实施方式（Coaffee，Wood，2006）。

　　英国和许多其他国家一样，辅从性（subsidiarity）原则在不同层级推行韧性政策的过程中发挥着核心作用（专栏2.1）。这一持续的权力下放进程引发了诸多问题，包括韧性实践的能力与连通性、现有层级结构在地方层面的转变程度，以及在新构建的地方实践网络中如何形成新的层级制度。这里发生了根本性的转变：从传统的欧几里得（Euclidian）、笛卡尔（Cartesian）和威斯特伐利亚（Westphalian）模式——将尺度和领土视为固定、稳定、有界限的容器——转向更加多样化的安排，其中网络关系不断被重新调整与重新协商。新兴的机构和网络不断涌现，填补了日益扩展的韧性实践领域，这反过来又带来了多样化的组织优先事项和方法论。尽管受到全球化和分权等趋势的推动，与韧性相关的"尺度政治"与更传统的安全问题在新兴和流动的地缘政治格局中产生了强烈的共鸣（Coaffee，Fussey，2015）。例如，在过去10年中，对一系列安全威胁的应对措施越来越突显了次国家和地方化应对新兴安全挑战的重要性。这需要通过与现实主义国家中心安保研究正统（realist state-centric security studies orthodoxy）截然不同的分析框架来理解，即"将个体的需求而非国家置于安全话语（security discourse）的中心"（Chandler，2012，第214页）。正如学术讨论所指出的，"安全正变得更加公民化、城市化、家庭化和个人化：安全正在回归到家园"（Coaffee，Wood，2006，第504页）。类似的，韧性政策的重点也越来越倾向于更小的空间尺度和日常活动。

专栏2.1　英国韧性治理的指导原则

- 准备性（Preparedness）：所有可能需要应对紧急情况的个人和组织都应做好充分准备，包括明确各自的角色和职责。
- 连贯性（Continuity）：应对紧急情况的行动应基于组织现有的功能和熟悉的工作方式，尽管在更快速的节奏、更大规模和更具挑战性的情况下实施。
- 辅从性（Subsidiarity）：决策应在最低适当层级做出，同时在必要时在最高层级进行协调。无论规模大小，地方响应者都应是应对行动的基础。
- 指向性（Direction）：通过明确的战略目标和支持性目标，为所有参与者提供清晰的行动目的，以优先考虑和聚焦应对行动。
- 整合性（Integration）：在组织之间和各级响应之间进行有效的协调，并及时获取适当的指导以及对地方或区域层级的适当支持。
- 沟通性（Communication）：良好的双向沟通对于有效的应对行动至关重要。可靠的信息必须在需要了解的各方之间准确且及时地传递，包括公众。
- 合作性（Cooperation）：基于相互信任和理解的积极互动将促进信息共享，并为出现的问题提供有效的解决方案。
- 预见性（Anticipation）：需要对潜在的直接和间接发展进行风险识别和分析，以预测并管理其后果。

来源：英国韧性指引（UK Resilience Guidance，2005，第4页）。

　　这种地方化的韧性实践在许多方面反映了过去20年公共治理的更广泛趋势，即规制型国家通过战略进行"引导"（steers），而具体的"实施"（rowing）则由地方完成（Osborne，Gaebler，1993）。在此模式下，韧性实践被嵌入地方区域，与更广泛的政府目标相契合，创造一种新的、更具社区驱动性的公民与国家之间的社会契约（Coaffee，2013a）。因此，韧性方法的实现并非通过国家机构，而是依赖于地方化的网络化响应，治理权力被更广泛地分散到关键利益相关者和各个部门。然而，增强公民韧性通常仍然通过紧急规划的视角来表达，其信念是"社区和个体通过利用当地资源和专业知识在紧急情况下自助，以补充紧急服务的响应，实现更大的韧性"（Cabinet Office，2011，第4页）。在英国，这种对韧性的推动还与政府在"大社会"（Big Society）承诺下倡导的基于场所的韧性理念相联系，即"减少阻碍人们自助以及增强应对冲击韧性的障碍"（同上，第3页）。此类倡议鼓励发展社区或机构韧性，以及"负责任的公民"，这符合新的治理技术：用强调"自组织"的人类安全取代以国家为中心的"保护性"安全方法。

　　尽管目前对韧性的关注倾向于本土化和个体的主观行动，远程国家治理的持续作用（Joseph，2013）仍旧保持了现有的层级体系和任务分工的有效性。与此同时，随着韧性话语的扩散，形成了日益广泛的实践联盟，也带来了组织环境的复杂性（Coaffee，Fussey，2015）。因此，在韧性实践的治理和责任不断本地化和多样化的进程中，引发了一系列关于危机时刻决策影响力归属的问题。

责任化：韧性实践中角色与责任的变化

与对韧性的尺度重构和本地化的批判相关，批判性韧性文献中另一个常见论点涉及将应对各种干扰的韧性责任转移至个体行为者和地方运作层面。在一项尤为尖锐的批评中，这种将责任和治理重新分配到地方层面的过程被标记为"新自由主义公民身份"（neoliberal citizenship）的一种形式（Neocleous，2013，第5页）。还有观点认为，这种韧性实践的重新定位是一种手段，用以使经济和政治精英免于对弱势群体（无论是人类还是非人类）承担应有的责任（Walker，Cooper，2011，第156页）。

随着对能够灵活应对多尺度、多重风险的演进性韧性政策的推动，以及对高可能性或高影响"事件"的具体规划，韧性制度化的演变过程受到了密切关注。特别是增强韧性的新治理方法强调了协同决策的重要性，这涉及更多个人和组织参与战略韧性工作。换句话说，韧性的兴起打破了国家与个人之间传统的"远程治理"关系，正如罗斯（Rose，2000，第324页）所指出的，这将责任置于个人和社区身上，要求他们"再生和重新激活其伦理价值"，以"规范个人行为"。这种重点转移对公民作为行动者的参与和责任产生了广泛影响，他们被期望将韧性融入日常生活，并通过韧性话语所鼓励的行为模式来展现韧性，"我们现在都是风险管理者和韧性主体"（Coaffee，2013a，第8页）。

韧性的治理，尤其是公民与国家之间的互动，因此正逐渐走向"责任化"（Garland，1996）；将预防和应对破坏性挑战的责任从国家——传统上公民安全需求的提供者——转移到机构、专业群体、社区和个人身上（Coaffee等，2008b，2013a；Welsh，2014）。因此，越来越多的地方性、面向公众的个人和机构被纳入韧性角色。正如近期关于晚期现代性（late modernity）中韧性主体性的研究也指出，韧性政策似乎是"一套基于科学的自我技术的一部分，这些技术对于在高度不确定的时代优化自主主体是必要的"（O'Malley，2010，第488页）。此类针对所谓"神经质公民"（neurotic citizens）（Isin，2004）的"优化"项目如今已广泛存在，其目的在于将韧性和风险管理的责任转移到一般的地方治理实践和非政府主体身上。本质上，韧性政策和实践将外生冲击的责任转移，并将其应对方式内源化。

随着韧性从政府行动的边缘走向核心，其在公共政策制定中的影响力也日益增强。这推动了韧性政策从被动吸收冲击的表述向更具主动性的立场转变，并将韧性思维融入日常和本土化活动中。与此同时，安全和风险管理的责任在各级政府之间不断分散，并促成了基于本地、以韧性为重点的专业人员和社区（如城市和区域规划师）协作网络的增长。越来越多的非国家行为者被新的治理模式所"捕获"，并通过实施激励措施、目标和法律义务来管理韧性。从意识形态角度看，"韧性已经成为一种有价值的政治策略，有助于新自由主义将风险治理责任从国家转移至私营部门和社区，特别是考虑到风险管理成本不断上升的现实"（White，O'Hare，2014，第940页）。

然而，这种为实现韧性目标而推行的责任分散化进程，却始终伴随着通过持续发布国家指导方针来重塑议程、使权力重新向中央政府集中的并行趋势（MacKinnon，Derickson，2013）。与之前强调的公民和地方行为者的责任相比，这种责任变得更加普遍和广泛（例如，见Dean，1999），并且它隐藏在更温和、更易被接受的韧性语言之中，这促进了主导安全话语在干预尺度上的"转变"（Chandler，2012）。此外，许多人认为，这得益于韧性的政治中立性外观，正如韦尔什（Welsh，2014，第21页）所指出的，韧性可以由"一系列共识的社会科学知识来定义，这些知识将政治简化为对变革的监管"，从而将注意力从权力、正义或可设想的（社会—自然）未来类型的问题上转移开来。

　　从这一视角来看，每个人如今都在政府框架内发展韧性方面承担着道德责任，无论这种责任是模糊的还是明确的。其隐含的议程是公民责任化，以及将风险管理的接力棒从国家传递给公民。随着国家和机构逐步失去全面管理当代风险的能力，它们将责任分散到众多的"权威机构""组织"和"社区"，而这些实体则在所谓"非政治化专家"的微妙引导下运作。在许多人看来，这被视为"新自由主义治理术"的一种表现，并代表了国家、相关跨国网络以及民间社会行动者之间的一种新型关系。

2.4　向演进韧性转变

　　尽管已有多种尝试对韧性进行衡量和评估（详见第五章），这一概念仍难以实现精确校准，其应用和效果高度依赖于特定的环境背景。然而，韧性概念的可塑性和灵活性使其在政治上具有可接受性和持久性，从而推动了基于平衡的韧性方法的出现。此类方法主要关注在扰动后维持系统的稳定性，以便实现反弹，它们侧重于短期和反应性措施，主要针对内生风险。尽管普遍认为这种韧性方法不能完全适应从自然系统分析到社会系统分析的转移，但其重要性在于为更复杂和更具变革性的韧性方法的发展铺平了道路，尽管这些方法也受到了一定程度的批评。正如韦尔什（Welsh，2014，第17页）所强调的，"将理论与概念在不同知识共同体间转译的风险与困难，对那些在生态学核心领域之外推动该话语发展的研究者而言并不陌生"。然而，韧性术语的混淆并不一定削弱其实用性（Strunz，2012）。正如派瑞和哈格曼（Prior，Hagmann，2013，第2页）所指出的，"鉴于社会面临的许多威胁或扰动必须越来越多地以跨学科的系统方式来解决，混乱和矛盾对韧性方法的实施构成了方法上的限制"。政策制定面临的挑战在于如何准确把握不同尺度问题的本质，并选择适当的机制来支撑韧性政策的实施。

　　演进性方法——通常被描绘为平衡方法的二元对立面——关注适应性和灵活性，其功能是恢复到一种新的常态，并应对日益复杂和动荡的世界："演进韧性倡导将地方视为复杂的、相互联系的社会空间系统，而非分析单位或中性的容器，这些系统具有广泛且不可预测的反馈过程，它们在多个尺度和时间框架内运作。"（Davoudi，2012，第304页）此类方法倾向于具有主动性，主要关注中长期的外生风险。然而，我们认为，由于向韧性转变始终处于一种"成为"的状态（a state of becoming），这种不断变革的方法对于帮助我们理解社会如何应对动荡和不可预测性至关重要。我们进一步认为，就当前实践形态而言，真正的演进韧性范式仍属罕见。更准确地说，我们观察到的是从平衡方法向演进方法的持续性范式转换。在此转型过程中，韧性既体现为一系列变革性学习过程，也同样体现在具体产出与结果之中。正如我们在本章中所强调的，韧性实施并非没有挑战，尤其是其作为一种政策隐喻的频繁使用似乎正在改变国家与公民之间传统的社会契约，导致责任分散到各级政府以及越来越多的地方专业人员和社区。

然而，此类韧性话语往往模糊且不精确。韧性的可塑性在人文地理学和社会政策中都有类似之处。例如，"社会排斥"（social exclusion）这一概念是无可争议的——没有哪位政治家会主张增加社会排斥！但当关注点从分配性劣势（贫困）转向关系性劣势（社会排斥）时，该概念成功营造出政客关切弱势群体的表象，却无需政策制定者明确界定相对剥夺的阈值或贫困线。社会排斥的可塑性掩盖了其政治本质（raison d'être）——即减少国家的作用，强调市场和社区（以及家庭）在社会包容中的角色（Lee，2010）。同样，韧性的可塑性使国家得以摆脱责任，通过将受危机事件影响的社区置于解决方案的核心，来掩盖其关于韧性和关怀的咒语。怀特和奥黑尔（White，O'Hare，2014，第947页）也将韧性的兴起与20世纪90年代可持续发展的兴起相提并论，每个术语都成为"时代的完美象征，而如果那些促使其兴起的模糊（fuzzy）特质仍未得到解决，可能会削弱这一有希望的观念在不确定的世界中管理变革的效果"。然而，韧性如同此前的可持续性一样，无疑具有激发我们对城市发展方式的变革性思考的潜力，无论是在当下还是在未来：

　　　　如同此前的可持续性概念一样，韧性是一种具有潜在变革力量的理念。韧性关乎我们面对各种干扰时的生存与繁荣能力。如果我们认真对待韧性（在我们这个日益充满干扰的世界中，这是非常推荐的），我们将在生活方式上做出一些深远的改变（Mazur，Fairchild，2015）。

尽管韧性及其政策受到诸多批评——它引入了预见性和预防性的逻辑，被视为一种去政治化的、反应性的政府工具，且将责任转移给专业群体和个体社区——但我们与其他许多人一样，更倾向于关注其使用及其"原则"的实施如何被重新政治化，从而揭示并改变其不均衡且有问题的部署，并"最终将韧性重塑为一种潜在的解药，而不是对持续新自由主义脆弱性和不安全感的补充"（Paganini，2015）。正如我们将在下一章关于城市韧性转型中看到的，韧性作为一种可能的积极力量，能够改变现状，并为应对未来脆弱性提供思路，它对城市和区域规划产生了显著影响，也为评估和适应一系列当代及未来的风险提供了一套积极主动且乐观的框架和想象。

第二部分

城市韧性的进程

Part II

Processes of Urban Resilience

第三章
规划政策与实践中的韧性转向

沃克和库珀（Walker，Cooper，2011，第143页）在关于韧性政治的研究中指出："韧性作为一种风险管理的操作策略，近年来已被金融、城市和环境安全话语所采纳。"在过去10年中，韧性理念及其基础原则也逐渐渗透到城市政策制定领域。在城市和区域规划中，韧性视角愈发根深蒂固，政策制定者和公众在面对风险、危机和不确定性时，愈发依赖规划师提供抵御不稳定未来的保障：

> 随着城市区域的不断扩展，如何规划韧性将持续成为城市政府和规划师面临的重大挑战。那些能够识别这些挑战，并致力于在市政府、规划专业人士、灾害科学家、民间组织、私营部门、居民以及其他关键利益相关者之间实现协同效应最大化的城市规划方法，将在风险管理中发挥重要作用，并成为韧性建设的关键组成部分（Valdes，Purcell，2013，着重号为本书作者所加）。

韧性可以被视为自然和生态隐喻在规划理论与实践中的最新应用（Evans，2011）。作为规划实践的框定工具，韧性话语的影响十分显著。怀特和奥黑尔（White，O'Hare，2014，第3页）指出："从最初相对独立的起点出发，韧性如今已对空间规划的理论和实践产生了潜在的深远影响。"麦金农和德里克森（MacKinnon，Derickson，2013，第258页）进一步提出，"将城市视为展示自然特征（如增长、竞争和自我组织）的系统的有机观念，已被证明具有特别的影响力"，尽管这给城市治理带来了严峻的挑战。正如第二章介绍的社会—生态系统方法所展示的那样，这种生态建模方法往往以内部为中心，人为地将城市系统与更广泛的外部力量（如资本流动）割裂开来，并假设社会系统会模仿自然的韧性过程。

从这种角度来看，城市韧性"有陷入一种将政治和经济纳入生态系统管理的中性领域的风险，这种做法会导致人们处于风险之中的因果过程被去政治化"（Cannon，Müller-Mahn，2010，第633页）。认识到将社会—生态系统韧性框架移植到规划中的不足，促成了一系列演进韧性方法的出现，并将关注点聚焦于新兴复杂的城市状况。这种状况以政治优先保障社区免受各种感知到的危险和威胁的侵害为基础，同时也涉及对社会凝聚力和经济紧缩的关切。

在本章中，我们将探讨城市政策与实践中最近出现的韧性"转向"（Coaffee，2013a），这种转向试图通过一系列可能的适应性措施来应对多种当代城市问题（Edwards，2009；Coaffee，Fussey，2015）。在城市语境中，韧性从最广泛的意义上来说，既涉及场所的实践性设计，也包括对持续性压力的管理和对灾难性事件的响应协调（Coaffee，Rogers，2008）。城市韧性发生在众多相互重叠的空间和时间尺度上，并可以通过多种方式实现：

> 一些强调长期战略，而另一些则针对当前的发展提案做出反应。一些试图减少在危险区域的开发，而另一些则接受此类开发，但专注于场地和建筑设计以降低脆弱性。一些通过重新引导公共投资来实现韧性，但大多数则试图通过法规或政策影响私人开发。一些采取强制性措施，而另一些则基于自愿性原则（Burby等，2000，第100页）。

直到最近，关于实施城市韧性的学术研究和实践方法往往倾向于将不同的韧性研究领域视为独立的个体，而研究方法和学科结构阻碍了综合方法的采用（Bosher，Coaffee，2008；见第一章和第二章）。然而，最近的研究表明，整合多元研究方法不仅具有可行性，更能积极有效地探究不同情境下、针对各类风险的城市韧性议题。在本章中，我们将探讨为什么传统上与危机管理相关的韧性方法已成为城市和区域规划师实践框架中日益流行的方式，并且被纳入正式的规划政策中（Coaffee等，2008b；Shaw，2012a）。通过引用一系列国际城市和区域规划实践的案例，我们展示了韧性理念在过去10年中的演变，以及城市韧性如何从一种主要的被动应对、管理和技术方法，转变为一种积极主动的系统间社会技术性和本地化方法。通过这一转变，城市韧性不仅在政策制定过程中以及在一般意义上的应急准备的扩展性制度框架内，逐渐成为越来越重要的组织性隐喻，而且成为城市和区域规划中的关键想象。具体而言，我们认为韧性正在缓慢但稳步地扩展其影响力，并在某些情况下取代可持续性话语，成为当前城市时代的关键规划政策驱动力。

城市韧性的时代精神

现代主义建筑大师密斯·凡·德·罗（Mies van der Rohe）曾有一句名言，建筑是"将时代精神转化为空间"（will of the epoch translated into space），强调了建筑风格及其创造过程在每个时代都有所不同，常常反映出那个时代的特征（Coaffee等，2008b；Fisher，2012）。在21世纪——即"城市世纪"——由于城市人口的聚集、关键基础设施的集中以及以往发展模式缺乏远见，韧性优先事项已聚焦于当代城市（Coaffee等，2008b；Fisher，2012）。韧性重要性的提升及其在城市事务中的嵌入，与风险观念的进步以及风险管理实践密切相关。贝克（Beck，1992a）在其以环境为焦点的《风险社会》（Risk Society）一书中，以乌克兰切尔诺贝利核灾难为背景，生动揭示了全球社会如今所面临的巨大且无边界的风险，以及这种风险如何改变对风险的想象、评估、管理和治理方式，但并未消除风险。自该书出版以来，许多评论家已相继记录了城市灾难和灾难事件的发生频率和成本的显著增加，这些事件不仅影响局部地区，还具有全球性影响。例如，戈兹查克（Godschalk，2003）指出，2001年全球自然灾害的影响导致了2.5万人死亡、360亿美元经济损失以及115亿美元保险损失。而更近期的研究中，费舍尔（Fisher，2012，第3页）强调了与天气相关的灾难（如洪水、风暴和干旱）的显著增加，这些灾害的发生频率在1900年至2005年间增长了超过400倍。在这种背景下，加强建成环境的韧性、开展充分的风险规划以及推进城市韧性实施的商业合

57

理性论证，已成为亟须关注的核心议题。从后政治学的视角来看，塑造公众对可接受风险水平态度的所谓"专家"的兴起（Beck，1996），以及超国家治理模式的出现（无论是参与式治理还是跨国网络），也标志着韧性作为关键城市政策驱动力的兴起。

　　近年来，一些大规模、低概率、高影响的灾难事件，如2005年的"卡特里娜"飓风、2011年的东日本大地震以及2012年的"桑迪"飓风对纽约的影响，生动地揭示了当代城市在设计、规划和管理中存在的脆弱性和潜在弱点。这些事件还强调了我们可以通过考虑不同城市系统之间的关联性、适应性响应的创新以及社区知识的增强利用，以提升未来的韧性。此外，这些"冲击"事件也揭示了一系列潜在的社会经济结构、不平等和权利剥夺（disempowerment），这些特征通常与"慢性"状况相关，其中长期存在的持续性脆弱性和不均衡的空间地理格局被暴露出来。从城市和区域规划以及其他建成环境专业的角度来看，将韧性作为行动方式往往需要增强规划和设计技术，以使城市及其相关关键基础设施更具抵御外生冲击的能力，同时也要敏锐地意识到那些通常在较长时间内才会显现的内生路径依赖。

　　本章的其余篇幅分为三个部分。首先，我们探讨城市韧性政策的兴起及其角色和职责的变化，并分析城市和区域规划以及相关规划专业如何越来越多地被要求为这一议程作出贡献。其次，我们梳理过去10年中不同"风格"的城市韧性的出现与发展，强调韧性在城市和区域政策中核心技术和治理原则的进展及其日益被接受的程度。最后，我们阐释城市韧性转向如何促成更具整体性的韧性规划形成。

3.1　城市政策中的韧性转向

尽管韧性话语有着悠久的发展历程，但直到千禧年之际，它才开始在公共政策辩论中显著浮现（综述参见Coaffee等，2008b），并且在规划实践中更是如此（Coaffee，O'Hare，2008；Davoudi，2012；Wilkinson，2012）。最近，韧性原则和实践在城市和区域规划领域的最初缓慢采用逐渐加速并"扩散"，部分原因是该术语的灵活性和政治化。正如奥黑尔和怀特（O'Hare，White，2013）在《规划实践与研究》（*Planning Practice and Research*）杂志关于韧性的特刊中所指出的：

> 该术语的被动接受以及对其表述和应用的相当模糊性，反而促进了韧性在多种政策和实践议程中的迅速扩散。韧性被奉为一个核心的动员性概念，众多策略可以在此基础上汇聚，以帮助社会和城市在区域、国家和全球尺度上更好地应对各种风险（第275页，着重号为本书作者所加）。

城市韧性理念与实践在学术和政策辩论中的兴起，与特定地区的制度背景以及所面临的新兴风险密切相关。在城市和区域规划领域，早期的研究指出，各级政府为实现城市政策和实践中的韧性目标，通常会结合运用一些元进程（meta-processes），主要包括：对风险的预见性判断、整体性灾害管理以及综合性的治理和/或响应机制。

首先，城市政策和实践中的韧性转向带来了对前瞻性与准备性的更高要求。从这个意义上说，韧性是主动的、预见性的，而不是被动的。正如奥布莱恩和里德（O'Brien，Read，2005）指出的，"'韧性'一词将灾害周期的各个组成部分——响应、恢复、缓解和准备——整合在一起"（见第二章）。同样，传统上用于评估城市环境中风险的方法通常已被取代，新的方法和模型更加关注不可预测且后果严重的"假设性"事件，以应对不确定的未来。因此，韧性将风险的普遍性置于首位，要求对风险进行广泛的规划。这同时也促成了所谓的"预防性治理"的兴起。在此框架下，预防性的风险管理活动得以开展，以绘制城市脆弱性地图（通常侧重于最坏情况的场景），规划并测试高影响的"冲击"事件，并在一系列建成环境和城市管理专业领域（尤其是规划领域）中发展和增强实践与技术专长。这一过程旨在减轻和从破坏性挑战中恢复，同时为所需的进一步适应性调整提供支持。

其次，在城市韧性的转向中，需要以整体的方式考虑多种风险和灾害。传统的风险管理模式正在被重新配置为林科夫等（Linkov等，2014）所称的"韧性管理"（resilience management）。这种模式超越了传统风险管理的范畴，采用社会技术方法，应对大型综合基础设施和服务交付系统的相互依赖性和复杂性，并以未来威胁的不确定性为前提。这促进了城市韧性政策和实践的发展，使其能够以灵活和综合的方式应对不同社会经济情境和尺度上的多种风险。正如戈兹查克（Godschalk，2003，第137页）所言：

> 韧性城市被设计为坚固且灵活，而非脆弱易碎……其道路、公用设施和其他支持设施等生命线系统被设计为能够在面

对洪水、强风、地震以及恐怖袭击时继续发挥作用。

尽管某些风险——无论是恐怖袭击、流感大流行还是大规模洪水的发生——可能在特定时间点或特定地区推动城市韧性议程的前进，但这并不意味着不应为其他更有可能发生但影响较小的风险做好充分的应急准备。此外，关注多种风险还突显了对额外适应能力及相关资源的需求，以及对系统优化思维方式的转变。具体而言，迫切需要纳入冗余设计，以在出现问题时提供适应能力（多样性/可替代性）。冗余是增强城市韧性规划的核心原则，被视为：

> 多种选择共存以实现同一目标，并在其中一种选择失败时确保功能的持续性……冗余还可以通过识别看似不同领域或部门之间的协同效应来实现，这反过来又促使建筑设计、空间和基础设施能够被用于（或能够适应被用于）多种用途（Caputo等，2015，第13页）。

冗余或可替代性是城市和区域规划中韧性讨论的一个关键方面，但在许多讨论中常被忽视，规划师也往往未能将其纳入城市规划中。为了实现"愿景"，并纳入"A计划"（即认为的最佳路径）以创造确定性，规划界常常忽视替代路径或在规划中纳入"B计划"。由于需要额外的咨询以及维持市场信心和"确定性"，路径优化往往受到规划师的限制，替代路径被忽略。

最后，与之相关的是，韧性应对的制度化变革已成为将韧性原则嵌入城市政策和实践的核心。因此：

建成环境应通过设计、选址、建造、运营和维护的方式，使建成资产、相关支持系统（物理和制度）以及在建成资产中居住或工作的人们抵御、从极端自然和人为灾害的影响中恢复以及减轻这些影响的能力最大化（Dainty, Bosher, 2008, 第357页）。

增强城市韧性的新治理方法强调协同合作式的决策模式，这与《协作规划》（*Collaborative Planning*）中的制度主义方法原则相一致（Healey, 1997, 2006）。在这些方法中，代理机构的重要作用被纳入复杂系统功能的分析中，并且所有利益相关者都在规划决策中得到认可，并学会在差异中达成共识。传统城市风险应对方法依赖于一小部分技术导向的利益相关者，而当代及未来的韧性框架则致力于在不同空间尺度上，将广泛的专业群体和社区团体纳入决策过程，从地方协调系统到中央和次国家组织。正如联合国国际减灾战略（UNISDR, 2012b, 第9页）在其《让城市更具韧性》（*Making Cities Resilient*）行动中指出的：

这些（韧性）问题提出了相互依存的挑战，需要协作、综合的策略、强有力的治理以及创新的技术和金融解决方案。这一点在城市中表现得尤为明显（着重号为本书作者所加）。

如果我们将城市和区域规划的核心目的视为通过与众多利益相关者和社区合作来协调空间和创造场所，那么韧性规划可以被视为既包括物理设计和战略性空间干预，也包括为应对一系列潜在破坏性挑战而对治理和管理功能进行重组。最后一点要求城市和区域规划师越来越多地将其活动与其他众多建成环境专业人员进行整合："我们需要将韧性城市的目标融入城市规划师、工程师、建筑师、应急管理者、开发商以及其他城市专业人员的日常实践中。"（Godschalk，2003，第142页，着重号为本书作者所加）

城市和区域规划可以通过在规划过程中促进不同利益相关者之间的合作，识别当前和未来的风险，并推进潜在的减灾解决方案，从而增强城市韧性。确保这些"解决方案"在城市发展项目和服务提供的最适当阶段被纳入，以及促进民间社会通过社区规划活动为其自身的风险管理作出贡献，将需要"长期的协作努力以增加对韧性城市规划和设计的知识和意识"（同上，着重号为本书作者所加）。

3.2　新兴的城市韧性风格

在当代城市中，城市韧性的原则正越来越多地被用于建成环境的设计，并嵌入规划师以及其他负责城市系统建设和管理者的行动和实践中。在过去15年中，城市和区域规划界对韧性思维的参与经历了一个缓慢的演变过程，这一过程以一系列相互重叠的阶段或"浪潮"呈现，以下将详细阐述。在本节中，我们通过灾害、安全和应急规划的视角，探讨21世纪城市中韧性原则的演变。这一议题最初是规划师在设计和规划过程中需要考虑的关键问题，但随着时间的推移，它也推动了更具广泛性和以地方及社区为导向的城市韧性政策与实践的发展（Coaffee，O'Hare，2008）。

韧性城市规划政策的开端

尽管韧性已成为许多人用来描述和应对风险、危机和不确定性的新隐喻，但其许多特征并非新近出现，实际上可以追溯到第一批城市的兴起。城市始终在寻求抵御其所面临的不确定性和压力的韧性。从这个意义上说，韧性一直是城市主义的核心。在历史上，城市曾部分或完全被摧毁，其原因既包括自然灾害和政策的有意为之，也包括战争。城市曾在诸多威胁和事件面前消失、迁移、重建和设防，并且仍然是战略性和机会主义暴力行为（strategic and opportunistic violence）的场所（Coaffee等，2008b）。正是由于城市在21世纪生活中的持续核心地位，它们才容易受到多种风险的威胁，因为"城市的建筑结构、人口密集程度、集会场所以及相互关联的基础设施系统使它们面临洪水、地震、飓风和恐怖袭击的高风险"（Coaffee，2003，第136页）。

在21世纪，城市韧性作为一种政策和实践，随着一系列不断变化的社会政治和经济压力而演变。这重新定义了城市韧性在特定情境中的意义和运作功能，即将"远见"、稳健性和适应性嵌入各种场所营造和规划活动中。当前被称作韧性规划的实践正日益被视为具有情境依赖性。正如拉科和斯特里特（Raco，Street，2012，第1066页）所强调的，"韧性与恢复的话语呈现出路径依赖的、具体的形态，反映了它们所处的特定政治、情境和环境"。

在2000年之前，"韧性"这一术语很少出现在城市和区域规划的话语中。尽管保护城市免受特定威胁的脆弱性常常是应急管理体制的基础，但城市规划师很少参与这些讨论。例如，尽管许多国家长期以来一直将保护城市区域免受国际恐怖主义或灾难性事件的侵害视为优先事项，但这一议程几乎完全由国家安全部门和应急规划师主导，对建成环境专业人员的实践几乎没有影响。尽管如此，20世纪70年代和80年代的规划理念——例如可防卫空间（defensible space）和通过环境设计预防犯罪（crime prevention through environmental design，CPTED）——常常是实施这些保护和领土控制策略的核心（Brown，1985；Coaffee，2004；Coaffee，O'Hare，2008）。简而言之，21世纪的城市韧性转向要求将规划师纳入应对一系列威胁、风险和紧急情况的决策核心，作为城市韧性政策整体战略发展的关键支柱。这需要一种思维方式的转变。正如第二章所强调的，韧性传统上被理解为一种平衡状态，即抵抗和从自然灾害和灾难中恢复的能力。当建成环境专业人员传统上使用"韧性"一词时，它通常指的是环境如何被调整以确保潜在的毁灭性压力能够被击退、抵抗或纠正，或者理想情况下是这些品质的结合（Bosher，2008）。

从2000年开始，强调适应性、整合性和准备性的城市韧性语言和实践逐渐渗透到规划实践的工具库中，尤其是在英语国家，通常明确与新兴的社会和政治关切以及更广泛的应急或灾难管理政策领域相关联。这一进程在英国最为先进，韧性概念已被多个政策和实践群体在不同空间尺度上广泛采用。在英国，对"冲击"事件的应急响应传统上由地方组织负责，中央政府"很乐意让地方机构处理紧急情况"（O'Brien，Read，2005，第353页）。2000年，针对燃油价格的全国性交通网络抗议活动对国家经济产生了重大影响。这些抗议活动也引发了关于"谁负责"协调石化行业和紧急服务响应的关键问题（Coaffee，2006）。近几十年的私有化浪潮、机构重组以及国家职能的普遍弱化，共同导致了应急指挥链的混乱，缺乏权威的领导核心，这表明应急规划程序的改革早已迫在眉睫（同上）。

2000～2001年口蹄疫（foot and mouth disease）的暴发以及多次严重的洪涝灾害也推动了改革。这些事件暴露了类似的组织缺陷，而在洪涝问题上，更突显了增强内生韧性的紧迫性（White，Howe，2002）。随后发生的"9·11事件"，以及对英国城市及其周边关键场所可能成为恐怖袭击目标的担忧，加速了这一进程，并使应急准备的改革成为一项关键的政治优先事项。在此背景下，"韧性"一词被推向前台，成为这一物质和制度变革的代表，并最终通过2004年的《民事应急法案》（Civil Contingencies Act，CCA）得到正式确认。该法案旨在为韧性的发展提供中央战略指导，英国内阁办公室（UK's Cabinet Office，2003）将韧性定义为"应对可能导致或引发危机的破坏性挑战的能力"（第1.1段）。此后，包括城市和区域规划在内的多个政策群体被纳入准备、响应、减缓和从破坏性事件（包括但不限于恐怖主义风险）中恢复的各个方面，同时也有大量其他政策活动运用了韧性原则。

同样，在美国，"韧性"的话语最初是在"9·11事件"之后被引入的。在《灾难边缘》（The Edge of Disaster）一书中，斯蒂芬·弗林（Stephen Flynn，2007）描绘了一个尚未准备好应对重大灾难的美国。他认为，恐怖主义不可能总是被阻止，因此必须投入更多的努力和资源用于准备性培训、基础设施保护以及社区和经济韧性的建设；本质上韧性应该成为"国家座右铭"，因为美国人正试图将保护性安全和灾难管理原则嵌入国家组织和集体意识中（尽管直到2007年，在《国家安全战略》（*National Strategy for Homeland Security*）第二版中，"韧性"一词才真正被纳入安全政策）。最近，韧性概念被进一步扩展，聚焦于综合灾害韧性。2012年，美国国家科学院发布了一份详细报告《灾害韧性：一项国家要务》（*Disaster Resilience: A National Imperative*），其中将韧性定义为"准备和规划、吸收、从不利事件中恢复并更成功地适应的能力"（National Academies，2012，第1页）。报告指出，该术语正越来越多地被地方、州和联邦政府、社区团体、企业和应急响应者使用，以表达通过集体方法减少社区和国家每年因灾害（无论是传染病暴发、恐怖主义行为、社会动荡、金融危机还是自然灾害）所面临的人道和经济损失的需求。报告特别强调了持续投资以增强韧性的必要性，并为国家韧性提供了目标、基线条件和绩效指标。它还明确指出，土地利用规划的"合理性"（soundness）与建筑规范、标准、基础设施保护和服务交付一起被视为增强韧性的关键。此外，从治理的角度来看，政府各部门以及社区各部分之间的"共同责任"（shared responsibility）被强调为构建未来更大韧性的基础。

与英国和美国最初以安全为导向的韧性方法不同，西欧的城市韧性及其与城市和区域规划活动的联系，往往更关注气候变化和内陆或沿海洪水的影响，对安全问题的关注较少（Fünfgeld，McEvoy，2012）。例如，在德国，韧性讨论的兴起是由于2002年德累斯顿发生的严重洪水（Fleischhauer等，2009），这促使德国从2004年起开始制定防洪方案，并探索危机治理的新方式（Hutter等，2014）。然而，德国最近在城市语境中对韧性的探索已开始更多地关注民防和安全问题，尽管通常是从过于技术化和管理化的角度出发（National Academies of Science and Engineering，2014）。同样，在法国，"韧性"一词进入城市政策词汇是由于对20世纪90年代防洪方案可能存在的不适应设计进行了深刻反思，这一反思是受到"卡特里娜"飓风造成的破坏的启发。在荷兰，鉴于其长期的水管理历史，"韧性"一词是由关注气候变化的政策制定群体引入的，与荷兰三角洲计划（Dutch Delta Programme，2008）相关的适应性三角洲管理（Adaptive Delta Management，ADM）方法密切相关。该计划旨在以适应性的方式确保洪水防护和淡水供应直至2100年。适应性三角洲管理方法试图确保政策制定者和决策者采纳"韧性"的世界观，使水管理者明白，在日益复杂和整合的系统中增强韧性需要适应能力和灵活性（Klijn等，2015；另见第六章）。值得注意的是，直到最近，一些欧洲国家的语言中甚至没有"韧性"一词。例如，在意大利，近年来resilienza（意大利语中的"韧性"）一词才进入关注安全和洪水问题的城市规划师的词汇表。这个词意为"材料对压力的抵抗力"，主要关注技术工程任务。相比之下，芬兰则基于影响城市区域的多重压力，采纳了更为广泛的韧性视角。

在更广泛的地区，日本由于日常面临自然灾害的风险，传统上一直强调将灾害管理和土地利用规划相结合。国家应急解决方案由中央制定，城市在灾害发生时是主要的协调和响应单位。然而，"韧性"这一术语只是在2011年以东日本地区为中心的三重灾害之后才进入规划语言的词汇表。关于韧性的细微差别以及强调平衡或演进方法的土地利用管理实践之间的张力的讨论，突显了空间规划领域存在的显著空白，即高度技术化干预与社会社区主导型干预之间的断层（见第八章的详细分析）。此外，在澳大利亚，当前极端天气的影响以及对气候变化适应的需求，从根本上改变了应急规划的讨论，使其更加注重韧性。正如麦克沃伊等（McEvoy等，2013，第287页）所指出的：

> 澳大利亚联邦政府认识到，应对措施需要更加全面，考虑所有灾害类型，并超越应急管理部门，采用全政府方法（a whole of government approach）。这与韧性框架在澳大利亚的迅速兴起密切相关，即从保护性思维转变为促进社区准备和韧性的思维。

这种理念体现在2011年的《国家灾害韧性战略》（The 2011 National Strategy for Disaster Resilience，COAG）中。正如麦克沃伊等进一步指出的，该战略倡导自力更生：

> 其特点是责任从联邦和州政府向家庭、企业和社区下放，尽管也认识到，对"共同"或"集体"责任的新关注需要通过加强合作伙伴关系、更好地理解风险与影响（包括沟通）以及赋能适应性强的社区来实现（同上，第288页）。

正如上文所述，自20世纪初以来，韧性政策及其相关实践的推行以及其在城市和区域规划系统和流程中的嵌入，呈现出逐步发展且具有情境特异性的方式，反映了不同政策优先事项的出现。然而，从各种不同的国际经验来看，我们可以梳理出城市韧性演变的四个重叠阶段（或浪潮），以及这些阶段如何促进了城市和区域规划师与那些负责相关国家层面议程（如国家安全、应急规划、经济繁荣、住房、地方主义和社区发展）的人之间更复杂、更精细的互动。这一发展历程表明，韧性规划政策的核心从以国家驱动的宏观目标和主要关注技术与工程考量的"规划中的韧性"（planning in resilience）转向越来越注重协作、本地化和综合的基于场所的成果，即"为韧性规划"（planning for resilience）。这与第二章中描述的从注重平衡的韧性方法向更具演进性和变革性的方法转变相呼应。图3.1示意性地展示了韧性随时间的跃进过程，指出其运作方式如何受到变化的环境、技术创新以及学习过程的影响。接下来的部分将更详细地剖析这一框架。

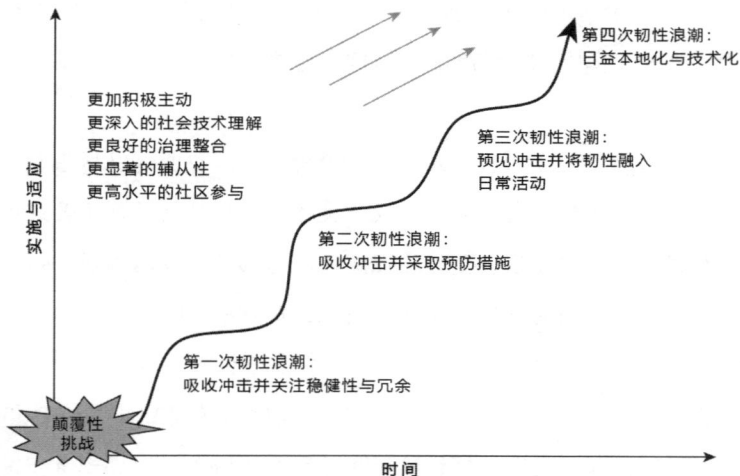

图3.1　城市韧性实践的跃进

推进城市韧性

在许多情境中，城市韧性的初始空间和治理特征是对大规模冲击事件的自上而下的反应。这些特征通过技术、管理和工程导向的解决方案得以体现，其目的是通过在建筑结构和关键基础设施中增加物质稳健性，甚至在某些情况下增加冗余度，来吸收未来的冲击事件。这些关键基础设施是国家基础设施的核心要素，对持续提供基本服务至关重要。正如肖（Shaw，2012a，第311页）指出的，"应对安全'威胁'的传统自上而下的反应，以及基于灾害或风险降低策略的管理和技术解决方案对问题的主导作用"是对冲击事件最常见的反应方式。针对国际恐怖主义对城市地区的威胁而设计的安全系统所表现出的物理稳健性，或许是第一波韧性最明显的体现。这种韧性体现在高风险场所的要塞式安全设施上，如防撞栏和防撞柱（Coaffee，2004；Benton-Short，2007），这些设施展示了工程学对吸收冲击的韧性关注（另见第七章）。第一波城市韧性的其他例子通常表现为大规模的防洪工程方案，这些方案以工程方法为主导，专注于通过干预措施使系统在受到干扰后恢复到平衡状态。例如，在21世纪初期德国发生严重洪水之后，胡特等（Hutter等，2014，第3页）观察到，"主要基于自然科学和土木工程的技术知识在防洪中发挥了主导作用"，而牺牲了更多以社会为重点的努力。

与第一波韧性本质上是被动的、以物质和缓解为重点不同，随着时间的推移，人们开始更多地关注韧性循环中的准备阶段。在此阶段，韧性实践开始与规划系统越来越多地接轨，因为政策优先事项从吸收冲击的能力转向企业和政府以及社区吸收冲击和采取预防措施的能力，即社会的社会经济敏捷性（socio-economic agility）。在某些情境下，这促成了一个跨越国家、区域和地方层面的多层次韧性治理系统的形成（例如在英国），地方政府采取行动，针对各种风险量身定制自己的韧性战略，以及国家政府试图教育公民做好应急准备（Rogers，2011）。第二波城市韧性还以试图将更多利益相关者纳入城市韧性努力为特征，尤其是城市和区域规划师。在此，城市韧性越来越多地被表述为一个集体治理问题，需要通过建立新的关系以及应对新兴风险和脆弱性而创造新的规划想象，从而扩大和深化规划知识共同体。

　　因此，城市环境风险的普遍存在促使人们重新关注在规划实践中消除脆弱性，并增强建筑环境专业人士考虑自然和人为风险的责任。这一要求通常通过专门的设计指导、建筑规范和专业培训活动得到支持，以确保韧性考量不会被"遗忘"——或者不会成为规划过程中的事后考虑——从而避免造成延误和额外的费用。例如，在英国，以安全为导向的城市韧性得到了战略框架——《携手保护高密度场所》（*Working Together to Protect Crowded Places*）的支持。该框架设想，包括地方政府、警察、企业和规划专业人士在内的一系列关键合作伙伴应协同工作，以降低人员密集场所对恐怖主义的脆弱性（Home Office，2010a；另见第六章）。

　　随着城市韧性重要性的提升，人们尝试对基于合规的城市韧性模式进行补充。在这种模式下，需要满足法定要求和实践规范，同时鼓励将城市韧性思维作为"最佳实践"并将其嵌入城市和区域规划师的既定工作实践中。这标志着第三波城市韧性：企业和政府以及社区能够预见冲击，并最终将韧性融入日常活动（即社会经济、政治和技术韧性方面的协同作用）。例如，在最近发布的《英国国家规划政策框架》（*UK National Planning Policy Framework*）中，地方规划当局应当：

> 与当地顾问及其他相关人员合作，确保他们掌握并考虑其区域内高风险场所的最新信息，这些场所可能面临恶意威胁和自然灾害，包括可以采取的降低脆弱性和增强韧性的措施（Department for Communities and Local Government，DCLG，2012，第40页，着重号为本书作者所加）。

　　随着时间的推移，城市韧性实践变得更加积极主动、灵活、反思性和综合化，因为越来越多的利益相关者被赋予了实施韧性议程的责任。然而，更为关键的是，正如第二章所指出的，这种集体合作的更广泛影响是，规划师在某些情况下可能会感到被赋予责任或被纳入执行国家驱动的韧性议程，而没有足够的资金或培训支持。正如科菲和奥黑尔（Coaffee，O'Hare，2008）所指出的，这为规划专业提出了与规划的角色和新兴功能相关的一系列问题。它也引发了关于规划体系内是否有足够的强制力（即立法）来鼓励开发商承担通常成本高昂的韧性措施嵌入费用的一系列问题。

　　上述城市韧性的发展进程为政策制定者揭示了一些新兴的经验教训，这些教训目前正在被不同政策领域和不同空间尺度所采用。最初的城市韧性理念主要由应对冲击事件的保护需求所驱动，然而，近年来环境和经济变化对城市政策制定者提出了不同程度的风险挑战。这促使规划实践文献中涌现出大量关于韧性原则应用的新

研 究（例 如，Coaffee，2010；Albers，Deppisch，2012；Lewis，Conaty，2012；Porter，Davoudi，2012）。正如第二章所讨论的，传统理解的韧性——以应急管理的形式出现——是基于中央政府的指挥与控制方法，并通过国家级战略得以实现。在这种模式下，"中央政府能够通过资源分配和合规机制影响其方法"（Edwards，2009，第79页），并通过对具体和一般性计划的制定来实现。以往，大部分规划决策主要集中在管理快速且不均衡的经济增长带来的经济和环境影响，然而，全球经济衰退越来越多地将活动聚焦于可能增强韧性和恢复规划的社区基础和本地化努力，尤其是在那些被认为表现不佳的地区（Raco，Street，2012）。因此，城市韧性政策的焦点正越来越多地转向更小的空间尺度和本地活动（Coaffee等，2008b）。

因此，在许多地方规划政策中，人们更加注重以长期视角应对重大挑战，重新思考风险评估和缓解策略，并更加关注促进适应性人类行为以及发展个人和机构的应对策略。值得关注的是，韧性原则已被证实能够推动地方自主策略的发展——作为国际社会对2008年经济危机的应对举措之一，这些策略持续催生政策响应，因为各国政府及城市管理者正试图以"少花钱多办事"（more for less）的方式实现政策目标。在这种情况下，增强城市韧性可能会受到可用资金的严重限制。例如，尽管佛罗里达州迈阿密市是美国最容易受到气候变化严重影响的城市，但财政紧缩导致人员短缺和规划优先事项的预算有限，迈阿密市无法实施旨在提高气候韧性的政策（Hower，2015）。

这种地方化的城市韧性方法越来越多地不再以国家机构为中心，而是以网络化响应为中心，治理更广泛地分布在关键利益相关

者和部门之间，尤其是在当地社区（Edwards，2009）。正如英国
顶尖政策智库杨氏基金会（Young Foundation）所观察到的：

> 在社区和个体层面的"韧性"模式，将有助于政策制定和
> 地方资源优先级的决策，并使当局能够更好地适应不利事件
> （Young Foundation，2010，第1页，着重号为本书作者所加）。

通过将文化和社会进程纳入城市韧性的讨论中，许多城市政策
的平衡可以重新调整，使其不再侧重于定量分析，而是更多地基
于那些在传统危机文献中被忽视或沉默的公民和社区的日常现实
（Durodie，Wessely，2002）。此外，正如第二章所强调的，以往关
于社区韧性的研究大多被认为具有保守性和结构性决定论的倾向
（通常基于系统理论），过于关注"实际使用的规则"（the rules in
use），而对规范性因素（如主体性、文化以及制度动态和决策过
程中的权力/知识关系）的关注则远远不足（Cote，Nightingale，
2012）。例如，在城市环境风险的背景下，佩林（Pelling，2003，
第62页）指出，个人和社区的"适应潜力"可以通过制度变革来调
动，这种变革"旨在通过政治影响力改变城市的制度框架，为面临
风险的行动者创造政治空间，让他们能够为自己发声"。此外：

> 在全球城市中，国家退却以及私营部门和民间社会的扩
> 张，为新的制度形式和网络的形成创造了条件。这些新形式
> 和网络能够增强城市应对脆弱性和环境风险的能力（同上，
> 第63~64页）。

在这种意义上，城市韧性中所强调的社区韧性被看作公民参与使国家更具韧性这一进程的重要部分，其目的是帮助应对威胁和"不确定性条件"。这里的论点是，通过共享和协调的行动可以降低集体脆弱性。近年来，政策制定者和民间社会组织在利用韧性概念方面无疑经历了"社会转向"（social turn），以一种积极且具有变革性的方式，将重点从"国家变量"（state variables）转向社区和地方议程（Brown，2013）。这不仅表现在地方赋权和主体性的增强，还体现在地方营造议程中领导模式、社会互动、治理和制度安排的变化（Folke等，2010；Coaffee，2013b）。

在韧性文献以及其原则在城市实践中被应用的方式中，"社会转向"也越来越体现在对新可能性的更多关注上——包括学习、创新（包括技术创新）和新颖性——这些都展示了韧性方法如何被那些渴望在社区中有所作为的民间社会组织所接受（Hopkins，2011；Goldstein，2012）。在这种背景下，社会后果或"社区抵御对其社会基础设施（social infrastructure）外部冲击的能力"才是最重要的和最令人关注的（Adger，2000，第316页）。正如韦尔什（Welsh，2014，第20页）所指出的，这种方法：

> 基于一种规范性假设，即社区能够并且应当自我组织以应对不确定性。不确定性是一种既定事实，而非具有政治维度的问题。政府的角色仅限于促进、塑造和支持，但不应直接介入或为这些过程提供资金。

与城市韧性演变中的地方主义趋势并行的是数字化技术日益增

长的重要性，这为城市管理者以及城市和区域规划师提供了增强韧性的诸多机会。通过利用新兴的信息通信技术（information and communication technology，ICT）基础设施以及先进的系统监测和分析能力，城市管理者可以更好地协调多个公共机构之间的信息流动，并更快速地利用更多的数据和信息来辅助以韧性为重点的实践——即所谓的"智慧型城市韧性"（smart urban resilience）（Coaffee，2014）。城市韧性的益处应当远远超出对灾难情境的准备和响应。韧性规划可以通过收集和分析城市脆弱性的数据来增加知识储备，例如，通过将技术和社交媒体纳入这些规划努力中，创建（至少在理论上）一个易于获取的实时地理参照数据库，以帮助应对复杂挑战。具有象征意义的是，里约热内卢在2016年奥运会筹备期间，投资于战略层面的技术，以协调和控制其各种安保和灾害管理流程，将智慧城市建设理念与城市韧性相结合。2010年启用的由IBM建造的"运营中心"如今整合了该市绝大多数管理功能，包括安保功能，这被许多人誉为"更智慧的城市"发展的典范（*New York Times*，2012）。不过，里约控制中心并非独一无二，也不是同类中的首创。其他面临更大冲击事件风险的国家也建立了类似的运营中心，并随着新技术的出现对其进行了升级改造。例如，1991年启用的东京大都市防灾中心是东京大都市区灾害管理组织的核心联络设施。2007年2月，日本启动了一个由联邦政府资助的紧急预警系统，以有效应对自然灾害（见第八章），这表明借助移动网络，城市当局可以在突发冲击事件或其他危机出现时短时间内联系到大多数市民。

3.3　迈向整体城市韧性

正如本章所展示的，城市和区域规划最近已经被韧性视角、框架和思维方式所渗透，以至于现在被认为对规划的未来角色至关重要：

> 城市规划和设计在定义一个城市和城市地区的韧性方面发挥着关键作用。它可以解决一些与自然灾害以及相关技术和其他灾难相关的潜在风险因素，并在快速城市化的背景下减少人员和资产的暴露程度及其脆弱性（Valdes，Purcell，2013，着重号为本书作者所加）。

如今，韧性原则在调整国际城市和区域规划议程方面具有巨大的影响力——无论是在处理地方的独特需求和特征，审视短期、中期和长期问题，推进知识、目标和行动方面，还是认识到参与韧性城市和区域规划的广泛利益相关者（他们应该参与）方面，或者最终"打破规划对秩序、确定性和静止状态的痴迷"方面（Porter，Davoudi，2012，第330页）。

尽管韧性思维的原则越来越有影响力，以新的和令人振奋的方式重塑和重构规划，但到目前为止，很少有尝试将社会的宏观层面结构性变化（例如国家或区域经济结构调整）与微观层面的韧性策略（社区层面的变化）联系起来。这种未能解决尺度整合的问题，既反映了学科之间的分离，也反映了对韧性的两种持续存在的张力和区别：一种是高度平衡和保守的方法，侧重于反应性和短期措施；另一种是更具演进性的社会文化渐进式方法，关注中长期，并以预期、适应性和灵活性为核心属性。怀特和奥黑尔强调了这两种方法之间的二元对立（White，O'Hare，2014，第11页）（表3.1）。

规划实践中平衡型与演进型城市韧性的目标、重点与规划方法对比　表3.1

	平衡型	演进型
目标	• 平衡论的（Equilibrist） • 现有常态（Existing normality） • 保持（Preserve） • 稳定性（Stability）	• 适应性的（Adaptive） • 新常态（New normality） • 变革（Transform） • 灵活性（Flexibility）
重点	• 内生的（Endogenous） • 短期的（Short term） • 被动的（Reactive） • 原子化的（Atomised）	• 外生的（Exogenous） • 中长期的（Medium-to-long term） • 主动的（Proactive） • 抽象的（Abstract）
规划方法	• 技术理性（Techno-rational） • 垂直整合（Vertical integration） • 以建筑焦点（Building focus） • 同质性（Homogeneity） • 演绎法（Deductive） • A计划—重视优化（Plan A - Optimisation）	• 社会文化（Sociocultural） • 水平整合（Horizontal integration） • 以社会焦点（Societal focus） • 异质性（Heterogeneity） • 归纳法（Inductive） • A计划和B计划—重视冗余（Plan A and B—Redundancy）

资料来源：基于怀特和奥黑尔（White，O'Hare，2014）改编（本书表格资料来源若无特殊说明，均为作者整理）。

　　我们认为，当前的规划实践正处于这两种元方法（meta-approach）之间的过渡阶段，这既体现了韧性理念在城市和区域规划中的倒退，也体现了其进步。这里的过渡被表现为一个持续的变化过程，从一个相对稳定的系统状态通过市场、网络、制度、技术、政策、个体行为以及其他趋势的共同演化，过渡到另一个相对稳定的系统状态。尽管一次性事件（如"9·11事件"和"卡特里娜"飓风等对连续性的重大中断）可以加速这种过渡，但它们并非由这些孤立事件引起。更缓慢的变化也会产生一种持续的潜流（persistent undercurrent），推动根本性的变化。

在城市和区域规划方法方面，城市韧性无疑已经从技术理性方法转向社会文化理解，并从侧重于标准化和自上而下的方法转向多样化且与地方相整合的方法，在这些方法中，不仅仅存在一个"A计划"。同样，对建筑的稳健性和刚性的主要物理关注也已经减少，转而更多地关注以社区为中心的努力。然而，这些分类并不是相互排斥的，向更具变革性的城市韧性实践的转变应该被视为一个持续的进程，帮助规划师定义手头的问题，并开发应对突发和复杂问题的流程。这一框架将被用于我们在第六章至第九章中对城市韧性实践的探讨。

如今，城市韧性可以被视为一种涉及多个尺度的综合性活动，涵盖一系列旨在塑造和管理建筑环境的活动，以减少其对各种风险和威胁的脆弱性。它既关注建筑环境的空间形态及其重新设计，也关注塑造这些形态的过程。然而，尽管韧性在城市政策和实践中的重要性日益增加，在优先考虑韧性方面，尤其是在协作工作方面，仍然存在一种惯性——一种实施上的差距（Coaffee，Clarke，2015）。

尽管如此，随着城市韧性政策和实践的发展，越来越多的利益相关者被纳入其网络，规划师和其他建筑环境专业人士被赋予了越来越重要的角色和更大的责任。城市和区域规划越来越被视为应对当代社会日益多样化社会经济问题、政策优先事项和风险的良方，这些问题都需要韧性化的应对措施。在许多国家，规划专业的职责范围现在明确或隐含地包括应对气候变化、洪水、能源安全和反恐等问题，同时在其形成性角色中平衡发展的各种形式对社会、经济和环境的影响。

然而，从关于城市韧性的辩论中可以清楚地看出，规划师不能孤立地运作，而必须成为更具整合性的城市管理网络的一部分。当然，这意味着规划师与警察以及气候科学家之间必须形成并运作新的关系。然而，这种为实现韧性目标而推行的责任分权化进程——虽由规划专业人员受政府委托推进——却与权力再集中化趋势并存：国家通过持续发布全国性韧性指导文件，将议程主导权重新收归中央。正如第二章所指出的，韧性的治理，尤其是公民与国家之间的互动，正逐渐"责任化"，并将应对破坏性挑战的预防和准备责任越来越多地推给一系列机构、职业、社区和个人——尤其是城市和区域规划师——而非传统上作为公民安全与应急规划需求保障者的国家主体。

韧性不仅仅是一个政策流行语（buzzword）。对许多城市管理者来说，它正在成为一个应对不确定未来的框定工具。正如NextCity.org的多伊格（Doig，2014）所指出的，无论我们是否喜欢，韧性正在"成为一种生活方式——任何希望在未来一百年繁荣发展的城市的主要关注点"。随着作为一种政策和实践的发展，有人认为城市韧性听起来不再像是一种"在厄运和黑暗中进行的演习"（an exercise in doom and gloom），而更多地展示了许多城市地区是如何设想一个不确定的未来 —— 一个"将要求它们具备敏捷性、灵活性以及愿意随着我们这个不断变化的世界进行转型"的未来（同上）。

自2000年以来，作为一种与应对危机和灾害相关的国际政策话语，城市韧性如今已完全融入规划政策隐喻之中，成为规划师日益采用的行动模式的一部分，用以构想未来的场所营造活动。城市韧性并非处于城市和区域规划的边缘，而是在许多情况下，已被主流化到规划政策和实践中。越来越多的城市地区开始认真对待韧性这一挑战，投入精力和资源，战略性地实施计划，以应对冲击事件和缓慢累积的压力所带来的风险和脆弱性。通过这一过程，韧性与可持续性和可持续发展相结合，在某些情况下甚至取代了后者，成为城市和区域规划的关键理由。

城市韧性的演变及其在城市和区域规划议程中的嵌入，不仅引发了关于在风险、危机和不确定性新时代重新构想规划的根本性问题，还揭示了政府的优先事项和政府化的倾向。一方面，这突显了一种自上而下的修辞，规划师被引导认真对待韧性；另一方面，它突出了韧性作为一种维持活跃公民社会的潜力，通过增强公民参与，聚焦于本地化问题，以发展社区在逆境中更好地应对和繁荣的方式。正如韦尔（Vale，2014）在讨论《韧性城市的政治：谁的韧性和谁的城市?》（*The Politics of Resilient Cities: Whose Resilience and Whose City?*）时指出的，城市产生并反映了潜在的社会经济不平等，规划师需要意识到"韧性不均"（uneven resilience），这种不平等可能会威胁城市和区域系统运行的能力。简而言之，只有当城市韧性能够改善最弱势群体的生活前景时，它才能作为一种进步的实践发挥作用。

城市韧性及其伴随的计划和策略，可以被视为可持续性与风险的结合，前者由后者重新定义（Coaffee等，2008）。以这种方式看待城市韧性的演变，也有助于揭示以往实践的错误，以及从过去的经验中学习以适应未来是城市韧性的基本前提。在下一章中，我们将通过分析"不适应"规划实践如何被那些专注于适应性和增强规划过程中适应能力的实践所取代，来探讨学习的重要性。

第四章
城市韧性是适应的还是不适应的？

适应能力和应对风险与干扰的能力是城市韧性的核心。规划知识共同体或更广泛民间社会的韧性实践旨在增强关键基础设施的适应性，并主动应对破坏性挑战的发生或威胁，但这些实践往往适得其反。糟糕的或次优的规划决策常常会降低韧性，增加城市的脆弱性。因此，与其通过韧性视角重新构想城市和地区规划，将其视为对建成环境适应性的追求，不如说在许多情况下，规划师的行动可能被视为对变化不适应且顽固不化。

本章将通过一系列国际案例来揭示许多城市地区设计、治理和管理中存在的固有弱点。这些弱点使韧性变得必要，并且由于城市和地区规划中根深蒂固的文化和实践，这些问题至今仍然令人担忧。本章分为四个主要部分：首先，论证城市和地区规划师在被赋予增强韧性任务时，可以从过去的错误中吸取教训，以阐明良好规划的原则；其次，分析城市和地区规划在许多方面可以被视为不适应的原因，以及适应（adaptation）、适应性（adaptability）和适应能力（adaptive capacity）对于构想未来规划实践的重要性；再次，通过深入剖析以往的破坏性事件，提出规划过程中常见的九个"设计弱点"（design weaknesses），这些是现场（in situ）不适应的典型例子；最后，强调城市和地区规划如何调整其日常工作实践和程序，以便更好地实施适当的城市韧性措施。

4.1 从断裂临界的过去吸取教训

从以往的破坏性挑战中吸取教训已成为城市韧性叙事的一个重要特征。例如，在《韧性城市：现代城市如何从灾难中恢复》（*The Resilient City: How Modern Cities Recover from Disaster*）一书中，维尔和坎帕内拉（Vale，Campanella，2005，第9页）指出：

> 通过研究历史案例，我们可以了解过去城市及其居民在努力重建时所面临的紧迫问题……建成环境的象征力量是如何被用作攻击的目标以及恢复的信号的？在寻求重建的社会中，每一个恢复过程都揭示了什么样的力量平衡？谁对未来的愿景得以实现，以及为什么？

虽然地方与历史背景对于知识跨地域转移与吸纳具有重要调节作用，但当前城乡规划领域正日益强调两大学习维度：其一是从历史事件认知中汲取经验，其二是对优良实践的适应性采纳。简单来说，为什么事后看来，规划师常常被认为做出了糟糕的决策，增加了而不是减少了对当地社区的风险呢？评估和从早期事件中学习，以此作为促进更大韧性的手段，同时影响文化规范和变革过程，这一需求虽非前所未有，却至关重要。这种历史学派的方法呼应了彼得·霍尔（Peter Hall）在《大规划的灾难》（*Great Planning Disasters*，1980）中的研究。他在书中探索了"规划的病理学"，并试图通过审视过去的规划失误，为未来的决策提供更加明智的依据。它也与佐利和希利（Zolli，Healy，2013）关于韧性的广泛研究有相似之处。该研究基于现实世界的例子构建了一系列"比喻"（parables），以推进韧性实践的简单原则和更广泛的教训。费舍尔（Fisher）在其关于断裂临界设计（fracture-critical design）的书中也认为，灾难是由"设计错误"引起的。因此，要实现更具韧性的建成环境，关键在于从这些早期事件中学习并实践经验：

> 许多我们最近面临的灾难之所以与众不同，是因为它们大多源于设计错误，是我们自身失误的结果。因此，它们仍然在我们的掌控之中，因为如果我们是通过设计陷入这些灾难的，那么我们也可以通过设计摆脱它们。但首先，我们必须理解我们错误的本质，以免像近年来那样反复重蹈覆辙（第xi页）。

费舍尔提到了2007年明尼苏达州I-35W大桥的坍塌事件，该事件造成13人死亡、150多人受伤（Fisher，2012，第14页）。他将其作为他所说的"断裂临界设计"的一个例证。这种设计"几乎没有冗余，却有过多的互联性和易误导性，一旦任何一个部件不能按要求运行，整个结构就会完全失效"（同上，第ii页）。费舍尔进一步指出，"卡特里娜"飓风过后新奥尔良的市政和社会崩溃提供了一个更广泛的"断裂临界设计"的例子（见第七章）。他提到规划师、建筑师和城市设计师等建成环境专业人士一直不愿反思以往发展的局限性和失败，推测这可能是因为他们的声誉至关重要，或者是为了避免诉讼。这种缺乏先验（a priori）评估的情况限制了从过去学习以指导当前和未来行为的能力，并表明规划界需要更多的反思性（见第十章），这种反思性能够从良好实践和不良（不适应的）实践中汲取经验。从更技术性的工程角度来看，伍兹和布兰拉特（Woods，Branlat，2011，第131页）也认为，在城市等非线性复杂系统中，失败的模式是系统不能适应新挑战或压力时存在的一系列"基本规律"（basic regularities）而导致的。这涉及破坏性挑战事件、系统的技术要素以及相关社会过程之间的复杂联系：

> 这些失败的模式都涉及系统本身与环境中发生的事件之间的动态相互作用。这些模式还涉及不同角色的人之间的互动，每个人都在努力为在其职责范围内发生的事件做好准备并加以应对。这些模式适用于不同尺度的系统——个体、群体、组织（同上）。

从过去的经验中吸取教训，并将其融入实践知识共同体的文化中，往往并非易事。正如多纳休和陶希（Donahue，Tuohy，2006，第1页）在对紧急响应行动的综述中所指出的那样：

> "所学到的教训"这一说法可能本身就是一个误称。坊间

证据表明，错误会在一次又一次的事件中被重复。看起来，虽然识别教训相对容易，但真正的学习要困难得多——教训往往是孤立的、短暂的，而不是被普遍化和制度化的。

4.2　不适应规划

费舍尔提出的"断裂临界设计"概念可以被视为更广泛现象的一个方面，这种现象可以被称为不适应（maladaptation）。从广义上讲，不适应是指一种"不恰当"的过程，不再"适合目的"，或者增加了脆弱性（Barnett，O'Neill，2010；Supkoff，2012）。这种不适应可能发生在不同的尺度、不同的程度，并且在不同的时间框架内发生，甚至有时它是由于善意的适应策略而产生的。正如联合国人居署（UN-Habitat，2011）在《全球住区报告》（*Report on Global Settlements*）中所观察到的：

> 有一些行动和投资增加而不是减少了对气候变化影响的风险和脆弱性，这些被称为不适应……在进行新的适应之前，消除不适应及其背后的因素通常是需要首先解决的任务（第35页，着重号为本书作者所加）。

政府间气候变化专门委员会（IPCC，2001）对"不适应"的最流行定义是指自然或人类系统中任何"无意中增加了对气候刺激（climatic stimuli）的脆弱性的变化；未能成功减少脆弱性反而增加了脆弱性的适应措施"。该定义反映了实践导向研究中有关不适应与规划问题的文献增长，此类研究多与气候变化议题相关联。最近英国皇家学会（Royal Society，2015）在《极端天气的韧性》（*Resilience to Extreme Weather*）一书中也指出，不适应可以通过多种方式来定义。首先，如果缓解措施（如大规模工程干预）失败的可能性较低，但一旦失败就会带来灾难性后果，那么这种措施可以被视为不适应。例如，当新奥尔良的堤坝溃决导致洪水被困在城市内时，这些堤坝可以被认为是不适应的（第70页）。因此需要有一个备用的可替代系统，或者一种适应性方法（一个B计划）。其次，在治理领域，"协调不力的部门不仅无法增强韧性，还可能相互破坏目标，从而可能增加脆弱性并导致不适应"（第77页）。最后，皇家学会指出，没有充分考虑韧性的多尺度特性，可能会带来问题：

> 过去的经验表明，在一个层面（例如社区）增强韧性可能会削弱另一个层面（例如区域或国家）的韧性……[并且]应该考虑在地方层面不明显可见的风险，并防止地方行动削弱更大尺度的韧性。未能做到这一点可能会导致不适应（第80页，着重号为本书作者所加）。

例如，当某一社区上游的防洪设施影响了下游的环境，并引发了意外后果或转移效应（displacement effects）时，这种治理方式可以被认为是不适应的，并且缺乏多尺度评估方法。同样，其他对不适应的看法往往集中在制度因素上，将不适应视为未能改变和学习（包括锁定的方法）。例如，巴内特和奥尼尔（Barnett，O'Neill，2010，第211页）认为不适应是"表面上为避免或减少对气候变化的脆弱性而采取的行动,却对其他系统、部门或社会群体产生不利影响,或增加了它们的脆弱性"。此外,布朗(Brown,2012)在对韧性气候变化政策话语的分析中指出,当前的适应措施实质上是在竭力维护现状并延续"一切如常"(business as usual)模式(另见Brown,2013)。因此,在大多数情况下,韧性话语似乎更倾向于基于平衡的恢复努力,而不是从根本上改变既定行动模式或结果的演进方法。正如耶尔内克和奥尔森(Jerneck,Olsson,2008)所指出的,渐进式而非变革性的变化更有可能发生,在许多情况下,对适应性行动的支持和实践的延续在长期内却是不可持续的。

保险实践在调节当代城市社会如何应对风险以及嵌入韧性方面也具有重要意义,而其方式有时可能被认为是不适应的。在许多情况下,风险的分配与控制和保险的提供密切相关——"试图将不可计算的事物变得可计算"(Beck,1994,第181页)。保险行业可以限制或撤销对某些风险的承保,"正是私营保险公司划定了风险社会的前沿边界"(Beck,1996,第31页)。在更详细的早期论述中,贝克(Beck,1992,第103页)区分了这种社会中的实际风险和威胁,并将其与保险联系起来:

> 是否存在一种操作性标准来区分风险和威胁?通过拒绝提供私人保险,经济本身以经济上的精确性揭示了什么是可容忍的边界。当私人保险的逻辑失效时,当保险的经济风险对保险公司来说显得过大或过于不可预测时,那些将"可预测的风险"与不可控威胁区分开来的边界显然已不同程度地被一再突破。

从更为制度化的视角来看，保险是使风险"变得可计算且可治理"的一种方式（Lupton，1999，第87页）。吉登斯（Giddens，1991，第29页）也展示了如何将客观统计风险评估的策略以及试图预测或"殖民未来"的尝试融入当代制度之中：

> 例如，保险从一开始就不仅与资本主义市场所涉及的风险相关联，还与广泛的个体和集体属性的潜在未来相关。对于保险公司而言，进行未来预测本身是一种冒险行为，但在大多数实际行动的情境中，有可能限制一些关键风险要素……而这些公司通常会试图排除那些不符合大样本概率计算的风险方面或形式。

在探讨洪水韧性时，奥黑尔等（O'Hare等，2015）强调了保险如何促成了他们所称的"不适应循环"：保险推动了快速恢复，但并未鼓励适应性（即转向新的路径），反而增加了暴露风险。保险（或在国家支持的保险情况下，是政府的财政补贴）往往通过鼓励恢复或同类替换的政策来实现恢复——这是一种维持现状或平衡的方法，可以被视为是在应对症状而非根源（关于这一点，在第八章中有关于福岛事件后规划响应的案例分析）。这与基于创新和适应性来培养新的韧性文化并不相符。此外，当保险覆盖得到保障时，它可能会营造一种虚假的安全感，实际上降低了个体家庭采取韧性行动的动力（IPCC，2012）。在另一个例子中，范·登·霍纳特和麦克安尼（van den Honert，McAneney，2011，第1168页）指出，在2009年澳大利亚维多利亚州发生丛林火灾后，政府向那些主要房产被摧毁的房主发放了5万澳元的补贴，这鼓励了受灾者以同样的方式在相同地点重建房屋。他们指出，这"恰恰体现了政府的慷慨举措并未有效激励风险规避行为"。

　　新兴的韧性工程领域也通过揭示适应性系统崩溃的若干模式，推进了对不适应性的理解。尽管其框架围绕着增强系统恢复平衡的"稳健性"，但这些"不适应模式"突出了类似的系统设计和流程挑战（Woods，Branlat，2011）。首先被关注的模式集中在系统适应能力耗尽的条件上，揭示了在级联网络崩溃的情况下，系统缺乏冗余以应对危机。在城市环境中，复杂网络对故障的韧性变得愈发重要，因为这些网络在空间上相互邻近，且多尺度、多功能系统之间存在着高度的互联性和相互依存性，这些系统包括互联网、电力传输网络以及社会与经济网络。这种非线性的复杂适应性系统也被称为"稳健但脆弱"（robust yet fragile）系统（Carlson，Doyle，2000）。虽然这些系统通过补偿机制、富余（slack）或冗余设计来应对预期的挑战，但它们对意外威胁却十分敏感。正如佐利和希利（Zolli，Healy，2013，第28页）所指出的，这种系统的悖论使得韧性这一特性既是一种优势，也是一种劣势："随着补偿系统的复杂性增加，它本身成了一个脆弱性的来源——接近一个临界点，即使微小的扰动，只要发生在合适的位置，就可能使系统崩溃。"这种网络组合已被证明特别容易受到节点故障或过载的影响，从而增加了在一系列基础设施系统内部和之间发生"级联故障"（cascade failure）的可能性。简而言之，"在一个'稳健但脆弱'的系统中，'黑天鹅'（black swans）事件——低概率但高影响事件的可能性被内嵌其中"（同上）。

　　在韧性工程中，第二个被广泛提及的不适应模式是"相互冲突的工作方式"，即在组织内部横向以及不同尺度上，无法有效协调韧性治理。一个典型的例子是在僵化的组织条块化结构中展开工作。科菲和波舍尔（Coaffee，Bosher，2008）指出，在英国，城市和区域规划人员以及从事战略应急服务的人员很少合作，尽管这样做显然具有诸多益处。这种"各自为政"（silo working）的工作方式表明，在实践中，城市韧性的相关方面并没有被综合地考虑。第三个不适应模式，据伍兹和布兰拉特（Woods，Branlat，2011，第130页）指出，是陷入"过时的行为"。这反映了组织无法改变其实践方式。这一概念还受到路径依赖和制度惯性的影响。派克等（Pike等，2010，第6页）也强调了经济地理学中的研究，分析了"锁定"对城市和地区的重要性，指出"经济、社会和制度的观点、关系和配置随着时间的推移而固化，依赖于以往的增长路径，并抑制适应性行为"，并进一步指出，"地方对锁定效应的解读与应对方式，正是解释韧性存在地理差异性的适应与适应能力的核心所在"。

　　这些来自城市历史和韧性工程的模式揭示了理解不适应为何成为城市韧性研究中一个日益重要的变量。当我们讨论城市韧性背景下的不适应时，本质上是在强调那些导致脆弱性增加以及适应能力或适应意愿降低的次优决策。在城市和区域规划领域，关于不适应的研究反复强调持续变革的重要性；它更多地反映了在应对变化的环境中，政策或实践未能适应或无法适应的失败，进一步强化了将城市和区域规划——即建成环境的设计与治理——视为一个持续过程，而非一次性行动的必要性。

这些对不适应的理解，强化了在多个尺度上挑战现有城市和区域规划实践的重要性，同时突显了在规划专业领域内促进更广泛的适应性以及适应能力建设的潜在益处。最终，任何城市韧性行动都需要与风险管理和缓解原则相匹配，并且必须与不适应的尺度和潜在脆弱性相平衡。只有这样，城市和区域规划师以及规划体系才能根据当前和未来的需求调整行为、行动或计划，更好地适应变化的环境。

适应、适应性与适应能力

韧性可以被视为"适应来自灾害的压力以及从其影响中快速恢复的能力"（Timmerman，1981，第5页）。冈德森和霍林（Gunderson，Holling，2002）曾明确提出，为了提升互联系统的韧性，必须引入"适应性管理"策略。韧性也可以被视作对不适应的回应，通过将适应能力（有时被称为适应性）增强到建成环境、相关治理体系以及各种场所营造和地方主义规划活动中来实现（Coaffee，Clarke，2015）。然而，正如加尔德里西和费拉拉（Galderisi，Ferrara，2012）所指出的，适应能力不仅包括在不同情境中更具灵活性的努力，还强调适应性措施需具备地域针对性，即必须契合特定场地条件与地方层面的实际需求。简而言之，"最能适应新情况、脆弱性和危险的城市系统将是最具韧性的"（Coaffee，2013b，第2页）。

对适应性和适应能力的概念化至关重要，它与韧性平衡模型和更具演进性的方法之间的区别有关。平衡模型侧重于在受到干扰后恢复到先前的状态，而演进方法则更关注长期转型和向前发展，将变化视为韧性的先决条件（Folke等，2010）。因此，城市和区域系统被视为处于不断变化的状态，并始终在演变。派克等（Pike等，2010，第4页）在行动的不同时间尺度和关键韧性"代理人"之间的互动方面，对适应性和适应能力做出了有用的区分。他们将适应（adaptation）定义为"在短期内朝着预设路径的移动，其特征是地方社会代理人之间紧密且强烈的联系"。这一定义突出了城市和区域规划中政策制定通常所驱动的反应性本质和短期思维，这也使城市治理的转型变得困难，常常受到路径依赖的束缚。相比之下，适应性（adaptability）被定义为"通过地方社会主体之间松散且薄弱的联系，动态地实现和展开多种进化路径的能力，从而增强系统对不可预见变化的整体响应能力"（同上）。从治理角度来看，沃克等（Walker等，2004，第5页）指出，适应性（adaptability）可以被视为"系统中行动者影响韧性的能力"。

这些定义揭示了韧性的主动性、灵活性和响应性特征，这些特征有助于解释"地方韧性的地理不均衡性"（Pike等，2010，第4页），与之相关的是城市空间和公共领域的设计，这对于城市的适应性至关重要，并且能够实现一种富有活力的城市主义——这种城市主义具有柔韧性（supple），能够在社会或经济功能发生变化时重新组织（Corner，2004）。

许多学者也提到"适应性韧性"（adaptive resilience）是成功城市和区域系统的关键属性。例如，马丁（Martin，2012，第5页）在区域经济背景下将适应性韧性定义为"一个系统通过预期性或反应性的重组形式和/或功能，以使不稳定冲击的影响最小化的能力"。相比之下，希利（Healey，2012，第26页）将适应性韧性与

社区规划的振兴联系起来，或者与日本的"社区营造"（まちづく
り，Machizukuri）方法联系起来，这种方法是在1995年神户地震
后激发出来的，并展示了民间社会如何为"韧性治理能力"作出贡
献（另见第八章）。这与佩林（Pelling，2003）在城市环境风险背
景下的研究相呼应，他指出个体和社区的"适应潜力"（adaptive
potential）与可以动员起来重构地方治理的社会网络有关。

同样，韧性也通过"适应性治理"（adaptive governance）
的分析框架得到推动。该框架强调了与不同正式和非正式制度网
络进行共同生产性努力和决策的必要性（Carp，2012）。通过协
作、灵活且基于学习的方法，适应性治理依赖多层面的个人和组
织网络（另见Walker，Salt，2012；Boyd，Juhola，2015）。威
尔金森（Wilkinson，2011，第4页）利用这种对适应性治理的理
解，推动更具韧性的城市规划方法。其中，"适应能力"（adaptive
capacity）允许不确定性、变化和新的实践形式被整合到与治理相
关联的社会—生态系统中（另见Boyd，Folke，2012）。

适应能力的概念也越来越被认为对城市韧性的广泛理解至关重
要，被视为"在不可预见的中断和动荡时代，适应变化环境的同时
实现核心目标 —— 一项基本技能"（Zolli，Healy，2013）。此外，
琼斯等（Jones等，2010，第2页）也指出：

> 适应能力是指一个系统调整、修改或改变其特征或行动以
> 缓解潜在损害、利用机会或应对冲击或压力后果的能力。

在探讨城市韧性治理时，瓦格纳尔和威尔金森（Wagenaar，

Wilkinson，2015，第1271页）进一步指出："为了应对复杂且不可简化的非线性动态，韧性治理方法主张生成适应能力。"（着重号为本书作者所加）因此，适应能力或许是城市韧性理念中的核心概念，因为它从根本上与一个系统所需的适应和学习资源，以及特定个体或群体如何有效动员这些资源以缓解已知风险或未知破坏性挑战的影响相关。从这个意义上说，适应能力的理念呼应了城市和区域规划中通过协作建立制度能力以改善地方品质的研究。这种制度主义的解读将城市规划的焦点从建设地方的物质性转移到如何促进更好且更具协商性的治理安排（Healey，1998；Coaffee，Healey，2003），以加强协作规划（collaborative planning）方法。该方法强调：

> 构建关于地方品质的新政策话语的重要性；在政策制定和实施过程中发展利益相关者之间的协作；扩大利益相关者的参与范围，超越传统的权力精英；承认不同形式的地方知识，以及通过建立丰富的社会资本网络作为制度资本的资源，以便快速且合法地开展新的倡议（Healey，1998，第1531页）。

本节提出的关键议题是如何通过适当的治理能力实现这些城市改善。分析指出，地方政策文化是关键的中介变量，其在整合程度、连通性以及动员能力（mobilisation capacity）方面存在差异，这些因素决定了能否抓住机遇、改善地方条件以及增强制度能力。几乎以相同的方式，适应能力通常被视为地方城市系统的一种特质，可以通过"协作解决问题、社会学习以及动员多样化的利益相关者和知识实践"来增强（Goldstein等，2015，第1287页）。在更宏观的地理空间尺度上，适应能力的概念与应对气候变化的韧性密切相关。《政府间气候变化报告》（*Intergovernmental Report on Climate Change*）（IPCC，2014）中，适应能力被用来代表适应气候变化影响和要求的能力。当这种适应能力未能出现时，通常会使用"适应赤字"（adaptation deficit）这一术语来揭示缺乏增强韧性的适应能力，这与确保适应的适当制度和治理安排密切相关（UN-Habitat，2011）。这种适应赤字也可能表明规划和治理过程中存在向不适应发展的倾向。解构和增强治理机构、规划社区和民间社会的适应能力，并构想如何将其作为发展新的"城市韧性"的一部分，是城市和区域政策中一项紧迫的研究议程（Bull-Kamanga等，2003；Pelling，High，2005；Coaffee等，2008）。推进这项议程需要越来越多地从过去的不适应事件中汲取经验教训。

4.3　从规划与设计的缺陷中学习

从以往事件中汲取经验教训，并运用新的风险评估形式针对特定情境制定适应性措施，对于增强城市韧性至关重要。破坏性事件的发生，源于在关键风险时刻，城市区域内相互交织的物理系统、沟通系统和管理系统出现故障或疏漏（Fisher，2012）。为了提升城市韧性，尤其是为了更好地理解城市和区域规划师如何改进城市空间的设计与管理，有必要分析一系列不同事件的案例，从而提炼出对事件结果或后续韧性响应产生积极或消极影响的共同特征或特点。在我们的工作中，我们对数百起过去的城市事件进行了调查，重点关注物质建成环境的关键特征以及应对措施的治理情况。此外，我们还通过详细审查物理和社会景观的变化，分析了新风险挑战带来的具体变化以及提升城市韧性的尝试。综合来看，这一分析为不同类型的破坏性挑战（如恐怖袭击、洪水、地震、工业事故和人群管理）提供了一系列脆弱性的实证，可用于指导更具韧性城市空间的（再）设计。这项工作对于建立韧性规划与设计框架至关重要，该框架可以被定义为：

> 一种涉及多种活动的综合性活动，通过塑造和管理建成环境，降低其对一系列灾害和威胁的脆弱性。它既关注建成环境的空间形态与（再）设计，也关注塑造建成环境的过程（Coaffee等，2012，第2页）。

从这项工作中，我们提炼出了一系列不适应特征——常见的规划和设计弱点——这些特征可用于识别城市区域设计与治理的潜在适应性措施，从而使其更具韧性。对以往事件的识别和适当分析有助于克服利益相关者在处理这些问题时因缺乏知识和经验而导致的局限性（Coaffee，Clarke，2015）。我们的"事件数据库"识别出城市和区域规划师需要考虑的三个主要领域：

- 设计与建造：所采用的设计、材料和建造方式，对已知或疑似威胁和风险的全面建模，以及纳入设计措施以缓解这些风险。
- 治理：建立塑造城市空间的框架，包括规划政策、建筑规范和指导方针，以及建立其设计、建造和使用的程序。

- 管理：空间的使用方式以及对其的监控、管理和维护，以最大限度地降低事件发生的可能性。

    这些考虑因素既代表了规划过程中的不同阶段，也反映了这些阶段中弱点表现的不同方式。与上述三个主要领域相交叉的是九类规划和设计弱点，以下将通过相应示例加以说明。在任何破坏性事件中，很可能存在不止一个弱点。为了清晰起见，示例重点关注我们认为在特定事件中最为突出的规划和设计弱点。

    第一，土地利用规划缺陷（land-use planning weakness）可能源于规划政策和程序的失效，导致不适当或不兼容的土地利用得以发展，这往往是由于未能充分考虑潜在风险和脆弱性所致。这可能包括缺乏适当的建筑规范，或者在一个城市的某个区域实施韧性干预措施，却意外地对另一个区域产生影响。例如，2005年英格兰北部卡莱尔（Carlisle）发生的洪水事件，既反映了未能解决新住宅开发区域潜在洪水暴露风险的基本失败，也反映了将关键基础设施选址于特别容易遭受洪水侵袭区域的更严重失败。此次洪水事件共造成3人死亡，超过1700户住宅被淹，关键应急基础设施也受到严重影响。卡莱尔地处河流附近，本身就容易发生洪水，但此前的规划和开发决策批准了城镇的扩张，却未能解决这一脆弱性，从而加剧了洪水灾害。此外，洪泛区容量的减少导致其他地区的洪水更为严重。更重要的是，该镇的关键应急基础设施也位于这一区域，并受到了严重影响，极大地阻碍了应急响应工作。值得注意的是，该地区的警察局、消防救援服务以及电信设施都靠近河流，且没有针对洪水的特别防护措施。洪水事件发生后，适应性策略使得该镇许多郊区住宅被新的防洪设施所环绕，而市中心则通过防洪墙、堤坝和抽水站获得了更高级别的保护，以保护包括道路和医疗设施在内的本地基础设施。最终，坎布里亚郡（Cumbria）的警察局和消防救援服务被迁出卡莱尔，转移到一个新的、更不易受灾的地点。卡莱尔防洪工程于2009年完工，耗资超过2000万英镑，资金来自英国环境署，该工程为沿两条生态敏感河流的住宅、历史和工业区域提供了符合200年一遇洪水防御标准的解决方案（Environment Agency，2007）。该方案极大地降低了洪水风险，并根据英国景观学会（UK's Landscape Institute，2011）的说法，"创造了高质量的公共空间，鼓励沿河开发，加强并提升了可持续交通网络，最终将城市的焦点重新引向河流"。然而，2015年12月，卡莱尔地区出现了前所未有的降雨量，导致防洪设施被淹没，数千户家庭和企业遭受重创。尽管此前安装的防洪屏障似乎有助于延缓洪水，为人们争取了准备时间，但它们根本无法应对如此规模的洪水。为了响应超越传统洪水防御的呼声、拥抱雨洪韧性的理念，政府随后成立了坎布里亚洪水伙伴关系（Cumbrian Floods Partnership）小组，以研究如何改善受洪水影响最严重社区的防御能力，并开展了一项国家洪水韧性审查，以确保英国在全国范围内拥有最佳的洪水预防和保护计划。

这些适应性措施展示了必要的韧性响应，其基础是将现实的风险评估嵌入土地利用规划决策中。通常，土地利用规划的弱点涉及活动选址不当（如上所述以及许多其他洪水案例中所见）以及建成环境以无意中增加风险的方式发展。例如，城市和区域规划师担心，城市化进程的加快正在增加河流洪水的风险，尤其是径流增加和吸收能力降低而导致的短时强降雨洪水（flash flooding）（White，2008）。尼鲁帕玛和西蒙诺维奇（Nirupama，Simonovic，2007）也指出，在加拿大安大略省伦敦市（City of London，Ontario）附近的泰晤士河上游流域，由于1974年至2000年间的快速城市化，洪水风险显著增加。缺乏可执行的建筑规范是规划失败的另一个明显领域。再例如，在加勒比地区，赫姆季娜和波舍尔（Chmutina，Bosher，2014）强调，巴巴多斯（Barbados）缺乏建筑规范以及对自然灾害的轻视，显著增加了灾害风险并削弱了城市韧性。

第二，建筑及工业设计缺陷（architectural and industrial design weakness）源于建成环境要素的设计和施工失效。这包括对城市区域内灾害风险作用机制的认识不足，或者建成环境要素对韧性功能造成的负面影响。例如，连接新奥尔良市与墨西哥湾航道的密西西比河海湾出口运河的设计被证明在2005年"卡特里娜"飓风期间起到了"漏斗"（funnel）的作用，加速了风暴潮的水流速度，增加了洪水高度，并最终导致城市内更严重的破坏（Olshansky，Johnson，2010；另见第七章）。在安全风险方面，我们还可以指出格拉斯哥机场航站楼的设计是不适应的，因为它未能包含针对敌对车辆或车辆携带爆炸物的措施。2007年发生的一起袭击事件中，恐怖分子能够将一辆载满丙烷罐的吉普车开进格拉斯哥国际机场航站楼的玻璃门并将其点燃。此后，机场花费了超过400万英镑用于额外的安全适应措施，包括重新设计航站楼的入口以及安装敌对车辆缓解屏障和闭路电视监控系统（Coaffee，O'Hare，2008；另见第六章）。这些例子突显了持续考虑风险以及物质建成环境对当前和未来需求的匹配性的必要性。

　　第三，场地管理及监控缺陷（site management and monitoring weakness）是由于管理失败或监控不足而产生的。这包括因管理和监控缺失而导致或加剧脆弱性的情况，包括对建成环境的持续施工及其对内部流程和功能的影响。它还涉及在施工和施工后阶段未能充分监控建筑法规。这关系到确保建筑内外人员的安全、健康和福祉，需要定期进行监控。在人群管理（crowd management）和大型公共活动方面，这种不足尤为突出。例如，2010年德国杜伊斯堡（Duisburg）"爱情游行"音乐节发生了一起人群踩踏事件，导致21人死亡、500人受伤。当时，场地仅能容纳40万人，却涌入了超过140万人。特别是，场地的进出口设计不足，且活动缺乏人群管理策略或演练。该事件突显了场地管理不仅涉及当天的活动，还包括应急和疏散计划的准备与测试，这些计划越来越多地被纳入活动设施的规划中，利用包括规划师在内的多种城市利益相关者的技能。在另一个例子中，阿尔斯尼赫和斯托弗（Alsnih，Stopher，2004）从澳大利亚的角度认为，有效的应急规划和管理应成功整合执法机构、交通规划师以及应急规划专业人士的技能和知识。建筑法规的监管不力也是许多灾难的直接原因，或者对灾难的影响起到了显著的推动作用。近年来，最突出的例子之一发生在2013年的孟加拉国达卡（Dhaka），当时一座大型服装工厂倒塌，造成超过200人死亡。该事件深陷血汗工厂劳动剥削的人道悲剧，同时暴露出建筑法规的严重违规现象，以及地方政府监管效能的系统性缺失（BBC，2013）。不幸的是，这种情况在发展中国家尤为常见。例如，在肯尼亚，尽管有具体的建筑和规划法规，建筑物倒塌事件

仍频繁发生,这促使人们呼吁加强法规的严格执行:

> 在这种模式下,国家的安全和保障岌岌可危。如果城市规划得不到优先重视,情况将进一步恶化,尤其是在权力下放的时代。对过去的批判性评估表明,城市规划法规和标准的执行不力已经影响了全国各地公民的安全和保障,除非采取果断而非应急的措施,否则这类灾难将继续夺走生命(Ougo,2015)。

第四,结构缺陷(structural weakness)由结构完整性或稳健性不足而导致的结构失效所引发,也可以被视为不适应的表现。这通常与建成环境中设计或施工不当的要素有关。我们可以引用许多例子来说明这一弱点,尤其是与地震风险相关的案例。例如,1960年5月,20世纪最大的地震(震级为里氏9.5级)袭击了智利南部的瓦尔迪维亚(Valdivia),造成了巨大的结构破坏,并引发了沿海地区的海啸。此次地震的总死亡人数约为5000人,200万智利人无家可归,因为受影响地区的大多数房屋缺乏结构稳健性。地震发生后,智利政府启动了全国范围内的建筑现代化工程,设计能够承受地震震动的住房。2014年,智利北部发生了一次大规模地震(震级为里氏8.2级),仅造成6人死亡,损坏了2500所房屋。这一结果证明了此前实施的建筑改进计划的有效性(Franklin,2014)。然而,其他地区则没有如此幸运。例如,2011年5月11日,西班牙洛尔卡(Lorca)遭受了一场震级为里氏5.1级的中等强度地震,导致建筑物和基础设施遭受巨大破坏,9人死亡,还有更多人因碎石坠落而受伤。尽管这只是一次中等强度的地震,但该事件揭示了该地区普遍缺乏结构稳健性、建筑规范不足以及未能有效应对地震脆弱性的问题。许多人认为，建筑物不仅本应能够承受这次地震，而且只有存在预先存在的结构问题才能解释为何有如此多的建筑物倒塌。更具体地说，此前在该地震多发地区，未能持续进行结构修复以应对早期事件，也未能进行更广泛的结构改进（Romão等，2013）。另一个例子是2015年的尼泊尔地震，该地震造成了数以千计的人死亡。在这场毁灭性事件之后，许多评论都集中在建筑施工质量差的问题上。例如，《卫报》在一篇文章《尼泊尔地震：一场灾难表明地震不会夺走人的生命，建筑才会》（*Nepal Earthquake: A Disaster that Shows Quakes don't Kill People，Buildings Do*）中指出：

> 地震中大约四分之三的死亡是由建筑物倒塌造成的。低成本和非正规建筑最有可能倒塌，这意味着地震对社区中最贫困的人群影响最大，并且通常使他们变得更加贫困（Cross，2015）。

在尼泊尔以及其他许多国家，快速城市化已经超出了政府执行标准的能力。本质上，这向国际社会突显了需要将韧性纳入长期规划，而不仅仅是应急响应（Ravilious，2015）。

第五，材料缺陷（material weakness）常常会加剧破坏性事件的影响，这些弱点是由于建成环境中建筑材料的性能不足或规格不当，尤其是针对特定脆弱性而言。这一弱点在1996年6月的曼彻斯特爆炸事件中得到了充分体现，当时这是英国和平时期引爆的最大炸弹。由于使用了不够坚固的材料（在这种情况下是玻璃），爆炸的影响被极大地放大了。尽管在爆炸发生前该区域已成功疏散，但玻璃幕墙商铺的爆裂仍造成重大财产损失与大量玻璃飞溅致伤案例。在此事件之后，重建计划展示了多种适应性措施，以解决事件中暴露的问题。这些措施包括使用安全柱设计"缓冲区"（standoff areas），将公共道路与地标性建筑（high-profile buildings）分隔开，以及广泛采用防爆玻璃，这种玻璃通常也被用于其他被认为有恐怖袭击风险的地点（Coaffee，2003）。材料不适应的另一个例子在2011年澳大利亚布里斯班（Brisbane）的洪水事件中表现得尤为明显。由于广泛使用了不透水的铺装材料，这减少了雨水的自然渗透并增加了地表径流，从而对现有的雨水排放基础设施提出了更高的要求（Brisbane City Council，2011；另见van den Honert，McAneney，2011）。作为回应，布里斯班在1999年以来制定的一系列水管理计划的基础上，推出了一项水敏感型城市设计策略，旨在增强建成环境的渗透性（Brisbane City Council, 2011），以及智慧水资源（Water Smart）与智慧防洪（Flood Smart）未来战略，以确保在洪水风险规划中采取综合韧性方法（Brisbane City Council，2013；另见第六章）。

　　第六，维护缺陷（maintenance weakness）是由对建成环境要素和过程的维护不足而导致的。这包括场地、建筑物或对场地成功运行至关重要的设备的日常维护以及对缺陷的应急修复。1987年11月伦敦国王十字地铁站（Kings Cross Underground Station）发生的一场大火是由缺乏日常场地维护而导致的典型事件，该事故造成31人死亡、60多人受伤（Department of Transport，1988）。事后调查发现，一根被丢弃的火柴点燃了自动扶梯下方的一大堆垃圾，其中包括油脂、废弃车票、糖果包装纸、衣物纤维以及人和老鼠的毛发。这些垃圾自20世纪40年代自动扶梯建成以来从未清理过。这一事件促成了新立法的出台：1989年《地铁站火灾预防条例》（*Sub-surface Railway Stations Fire Precautions Regulations*），并引发了一系列适应性措施，包括更换木制自动扶梯、安装洒水装置和烟雾报警器，以及对员工进行严格的消防培训，并与适当的紧急服务部门合作。在建成环境中，历史建筑和关键基础设施需要定期维护以确保其结构完整性，但往往未能做到。例如，在2009年意大利拉奎拉（L'Aquila）的地震中，许多未得到妥善维护的历史建筑在地震中倒塌，尽管地震强度仅为中等（Akinci等，2010）。同样，2005年印度马哈拉施特拉邦（Maharashtra）的毁灭性洪水导致超过1500人死亡，调查人员发现，该地区的排水管和下水道维护不足加剧了洪水灾害（Gupta，2007）。

第七，减灾缺陷（hazard mitigation weakness）是由于灾害缓解程序的不完善所致，通常源于风险评估过程中的不足。这种不足在2012年"桑迪"超级飓风对纽约的影响中表现得淋漓尽致。在这次事件中，由于未能解决潜在的脆弱性，风暴潮淹没了城市的减灾措施。纽约市薄弱的防洪墙和防御设施被冲垮，导致街道、隧道、地铁线路以及最重要的城市主要发电厂——位于炮台公园（Battery Park）的发电厂被淹没，从而引发了广泛的电力中断。保护城市发电厂的防洪墙也被发现无法应对这种百年一遇的风暴事件。电力的丧失导致了更多关键基础设施的连锁故障，当地医院失去电力供应，大部分城市也失去了供水。在这种情况下，政策反应可以被视为不适应的,因为早期的城市风险评估已经强调了纽约基础设施对洪水的脆弱性,然而政策制定者却推迟了行动。正如我们将在第十章中强调的那样,在"桑迪"飓风过后,纽约实施了一系列提升城市对这类事件韧性的举措,包括对建筑规范的修改以及旨在确保城市长期未来的重大举措,这些举措优先考虑了关键基础设施的减灾工作(Hurricane Sandy Rebuilding Task Force,2013;另见第一章)。另一个灾害缓解能力不足的例子发生在2011年澳大利亚昆士兰州(Queensland)的一次全州范围的灾难性洪水事件中。由于防洪设施不足以及缺乏全州范围的战略性灾害缓解计划,极大地增加了事件的规模和影响。在这一事件之后,昆士兰州于2015年成立了一个永久性的灾害恢复机构——这是澳大利亚首个永久性的韧性安排——以应对未来因气候变化而更加极端的洪水和热带气旋。昆士兰重建局(Queensland Reconstruction Authority)最初是作为临时机构成立的,以应对2011年的洪水(Robertson,2015)。

第八,应急响应缺陷(emergency response weakness)体现在应急响应的不完善,特别是当(缺乏)应急响应导致、加剧或促成了事件的影响时。这一问题可以通过2005年7月7日伦敦公共交通爆炸事件("7·7事件")的情况来说明。该事件造成52人死亡、700多人受伤。在事件发生后,响应者与一线工作人员之间的沟通混乱阻碍了救援工作,对幸存者的后续护理产生了重大影响(House of Commons,2006a)。在事件发生后的第一时间,移动网络超负荷运行,导致无法将合适数量的救护车派遣到正确的位置,现场缺乏必要的设备和物资,并且一些伤者被送往医院的时间被延误。在对事件中死亡人员的调查结束时,验尸官(coroner)提出了一系列缓解措施，包括改善交通部门、应急服务和其他利益相关者（如战略规划师）的培训、通信和定期演练。2005年英国邦斯菲尔德石油库（Buncefield Oil Depot）爆炸事件也突显了拥有一个经过更新、经过测试且随时可用的应急计划或应急方案的重要性。在该事件中，应急信息和程序未能提供给急救部门（blue light services），因为这些信息和程序被存放在受事件影响的场地/建筑物内而被摧毁。此外，该事件还因另一个规划和设计缺陷而加剧，即住宅开发项目和一所学校被建在石油储存厂附近。当地利益相关者——包括居民和企业——对潜在的爆炸风险并不了解，也不知道在发生此类爆炸时该如何应对（Health and Safety Executive，2011）。

第九，利益相关者参与缺陷（stakeholder involvement weakness）也可归因于未能与适当的参与者进行充分的沟通与协作。特别是在建筑环境的设计与建设过程中，如果没有关键利益相关者的参与，这种不足尤为突出。例如，2005年"卡特里娜"飓风引发的风暴潮导致新奥尔良洪水泛滥，其影响因约10万名居民缺乏交通工具、资金或外部家庭支持无法离开城市而加剧，同时还因区域疏散计划的不足而进一步恶化。"卡特里娜"飓风对这座城市的影响突显了地方、州和联邦政府利益相关者之间准备不足和缺乏协调的问题（Farazmand，2007；Moynihan，2009）。至关重要的是，居民并未被纳入或知晓此类事件的疏散计划。此外，这座城市成了一个"断裂临界"城市，关键设施和应急响应完全失效，导致许多居民被困在洪水淹没的区域（详见第六章）。另一个利益相关者参与不足的例子是2010年海地地震后，由于缺乏分散化的管理和资金，有效应急响应计划的实施能力受到阻碍（Pelling，

2011）。在这一案例以及其他类似案例中，本应重视在应急响应周期、规划和开发周期的适当时机引入最合适的利益相关者参与，以确保城市韧性措施的有效性。当建筑环境的设计与建设在没有关键利益相关者投入的情况下开始时，也可能出现利益相关者参与不足的情况。例如，许多作者指出，开发商和规划师往往不愿在开发项目成为既成事实（fait accompli）之前与专业安全利益相关者进行沟通协作，这意味着在许多情况下，不得不安装昂贵且效果不佳的后补（retrofitted）安全解决方案（Coaffee，Bosher，2008；另见第七章）。

表4.1总结了上述九个城市规划方面的缺陷。作为对比，我们还提供了与这些缺陷相对应的韧性应对措施的示例。

规划设计中的缺陷分析与韧性响应概述 　表4.1

缺陷类型	成因描述	举例说明	韧性响应
土地利用规划	当缺陷是由于规划政策和程序的失效而导致时，可能会出现不适当或不兼容的土地利用开发，或者未能充分考虑潜在风险和脆弱性	为住房开发分配的土地不合适，因为所选地点存在风险（例如，位于洪泛区）	进行适当的风险评估，并避免将风险易发地点分配用于开发
建筑及工业设计	当缺陷是由于建成环境要素的设计和施工失效而导致时	当用于增加安全性的建筑元素的布局和选址缺失或位置不当	根据具体环境和风险，谨慎选择适合的风险降低型建筑特征
场地管理及监控	当缺陷是由于管理失败或监控不足而导致时	没有对活动场所访问量进行充分控制，或没有对建筑法规进行监管	建立健全的程序以管理人群流动或监督建筑法规

缺陷类型	成因描述	举例说明	韧性响应
结构	当缺陷是由于结构失效而导致时,原因在于缺乏结构完整性或稳健性不足	由于结构完整性不足导致建筑物坍塌	在建设过程中改进建筑规范和检查程序
材料	当缺陷是由于建成环境中建筑材料的性能或规格不足而导致时	使用了不适当的建筑材料,从而放大了灾害的影响	在易受影响的地区使用适当的建筑材料
维护	当缺陷是由于建成环境要素和过程的维护不足而导致时	缺乏健全的维护会增加风险	确保实施健全的维护计划以降低风险
减灾	当缺陷是由于灾害缓解或风险评估程序的不完善而导致时	韧性措施不足以应对重大事件的规模	定期进行风险评估,并及时采取适当的风险缓解措施
应急响应	当缺陷是由于应急响应的失效(或缺乏应急响应)而导致时	应急响应部门之间的沟通不畅会导致对重大事件的响应出现混乱	改进应急响应者的通信程序的应急计划,并将其纳入规划演练中
利益相关者参与	当缺陷是由于未能与适当的参与者进行充分的沟通与协作而导致时	重要的利益相关者未被咨询关于韧性措施的意见	在规划城市韧性的适当时机纳入所有利益相关者

4.4 韧性规划中的关键经验

城市韧性最终是通过适应和学习来应对变化,并且在一个跨学科的环境中实现设计、治理和管理的融合:"韧性的本质是随着环境的变化而改变,它要求我们适应,最重要的是进行转型,而不是简单地加速或改善旧有的做法。"(Goldstein,2015,第1287页)这引发了一系列关于韧性干预措施及规划方案的适宜性与其非预期后果的关键问题。

第一，在一个试图边缘化替代声音的后政治景观中，如何使公平和正义成为城市韧性战略的核心要素（Beilin，Wilkinson，2015）? 此外，随之而来的是空间正义问题，以及城市韧性政策在不同尺度上的差异性影响以及尺度内的权衡。正如莱琴科（Leichenko，2011，第166页）所强调的:

> 最近的研究识别出一些情境，其中提升某些地区的韧性可能会以牺牲其他地区为代价，或者在一个尺度上（如社区层面）增强韧性可能会削弱另一个尺度（如家庭或个人层面）的韧性。

其他研究则提出了韧性与贫困之间的关系，并建议更多关注在应用韧性方法时出现的权力和不平等问题（见Adger等，2005；Pike等，2010）。

第二，城市韧性政策实施所引发的关键问题与成本有关。为韧性构建商业论证往往是一项艰巨的任务，尤其是在风险尚未完全明确且资金有限的情况下。如今，越来越多的开发商开始关注采用韧性战略的优势，以保护其财产，并为其开发项目创造价值。例如，城市土地学会（Urban Land Institute，2015）的报告《韧性回报：商业论证》（*Returns on Resilience: The Business Case*）中指出，商业论证侧重于气候变化对房地产的金融风险，并强调开发商和业主如何越来越多地投资于新的基础设施和技术、创新的设计和施工方法以及其他韧性策略，"以增强所谓三重底线原则（triplebottom-line principles）的采纳，即在追求强劲财务回报的同时，兼顾环境可持续性和社会公平"（Pyati，2015）。鉴于此，有人提出了将城市韧性建设工作与气候变化适应和安全领域协同起来的机制建设。正如科菲和波舍尔（Coaffee，Bosher，2008，第81页）所指出的：

> 安全与可持续性之间的协同作用可能包括开发既符合"绿色"理念又能遵循环境设计预防犯罪原则的景观系统。例如，池塘和战略性种植的树木可以作为物理屏障，而不是大片的混凝土和一排排的钢制防撞柱。此外，这些池塘和景观特征还可以被纳入可持续城市排水系统（sustainable urban drainage systems，SudS），该系统旨在减少城市地区洪水的发生和影响。

此外，在2011年发布的白皮书《为韧性城市融资》（*Financing the Resilient City*）中，地方政府可持续发展理事会（ICLEI）指出："挑战在于将地方对韧性的需求与金融供应相匹配"（第4页），并强调"地方官员需要发展一种需求导向的方法，以利用适当的融资来投资于脆弱城市地区的韧性升级"。所有这些都表明，增强"规划流程识别脆弱性和风险的能力，并将相关的风险缓解方案与相关领域或系统的优先性能提升相联系"至关重要（同上）。

第三，既然城市发展加剧了脆弱性，那么如何促进创新以提升韧性呢？正如莱琴科（Leichenko，2011，第166页）所指出的："城市是社会、政治、经济和技术革新的场所。这种创新潜力可以被用来开发和实施促进韧性的策略。"她进一步指出，新的治理结构有可能促进韧性，而不受先前制度惯性和根深蒂固的专业人员"文化"的限制，这可能会促进更多的协作和参与性工作做法。

构建城市韧性本质上是对"存在性或物质性的脆弱性、不安全感以及最终的变化"的回应（Coaffee等，2008b，第1页）。在本章中，我们揭示了规划和设计中的一些缺陷，从历史的角度来看，这些问题往往会反复出现，形成了障碍或不适应的过程，导致比以前更多的人暴露在风险之中，并阻碍了制定真正具有适应性的政策。在这些政策中，风险得到了考虑、承担和分担，同时将城市韧性的实施纳入城市和区域规划师的日常实践中。在第六章至第九章中，我们将通过一系列案例展示城市韧性策略如何越来越多地被用于应对不同类型和尺度的风险。然而，在详细介绍这些城市韧性操作策略之前，我们将在第五章先来关注城市韧性评估工具的发展，强调其在日常规划实践中的效用以及使用上的局限性。在这里，特别强调的是，衡量城市韧性一方面可以促进战略性和整体性规划过程，另一方面则可能使规划工作专业化；它为规划咨询提供了机会，但同时也可能削弱地方规划师的权力。

第五章
评估城市韧性

本书中关于城市韧性是什么以及它所起的作用的讨论，进一步被如何衡量和评估其特性的问题所复杂化。近年来，在众多学科领域中，人们开发了许多指数，试图标准化评估韧性属性的方法。然而，正如普莱尔和哈格曼（Prior，Hagmann）指出的那样（另见Hinkel，2011）：

> 一般来说，这些衡量指标采用了不同的韧性定义，它们是基于不相似的构成要素（指标或变量）构建的，并且被用于不同的目的——因此，它们最终衡量的是不同的事物。即使是对可能构成韧性衡量指标（或指数）的基本探索，也揭示了建立一个既准确又"符合目的"（fit for purpose）的衡量指标的困难程度（Prior，Hagmann，2013，第4页）。

在城市和区域规划实践中，我们需要持续关注城市韧性进程的多尺度性和多维度性。要推进一个"符合目的"的城市韧性评估框架，关键在于战略性和空间性思考与行动，同时将各类相关利益方纳入集体和协作的努力之中。尽管城市治理在战后时期经历了巨大的变化，但近年来公共部门的紧缩（austerity）政策向公共和私人服务以及基础设施的韧性施加了更大的压力。这种趋势促使城市韧性的评估过程更加注重资金价值（Value for money）。

城市管理者以及城市和区域规划师越来越多地被要求去理解社区和资产面临风险的暴露程度以及应对冲击事件的能力。在此过程中，他们需要与广泛的利益相关者和情报信息进行互动，以重塑规划工作来适应韧性目标。以持续全面的方式捕捉关键韧性绩效指标来应对当前和未来的规划挑战，绝非易事。持续的城市化进程导致城市区域的扩张以及其对多重冲击和压力的暴露增加，城市规划决策的复杂性也随之增加，并且对关键服务和基础设施的交付与维护带来了更大的负担。

在这一背景下，本章将从四个部分展开。首先，我们通过将城市和区域规划视为一个涉及跨空间尺度整合规划利益相关者的复杂且战略性活动，来阐述城市韧性评估的必要性。其次，本章对专门用于应对城市和区域尺度降低灾害风险的韧性评估框架进行了描述，并进一步探讨了用于评估城市经济和社会韧性的指标体系。再次，我们对一些常用的、新兴的指数及框架进行了批判性分析，认为当前盛行的过度战略性和技术理性化的韧性评估方法受到了新自由主义逻辑驱动，往往引发规定性的自上而下（prescriptive top-down）和专业化的倾向。最后，本章结尾部分总结了关键问题及其对城市管理者（包括规划师）的影响，这些问题涉及在应对城市扩张和系统交互带来的复杂性增加的同时，如何提供成本效益高的公共服务。我们认为，当务之急是理解并实施一个综合且全面的韧性规划或议程，同时在适当的空间背景下运用更多的隐性（tacit）知识和定性判断，以帮助解析城市系统和社区的具体韧性机制和特性。

城市的复杂性与韧性需求

与现代规划的战略性和多尺度特征的进步相一致，城市韧性为减少多种风险、整合服务交付以及将这些原则嵌入城市规划实践以及更广泛的城市治理中，提供了一个可行的框架。在关于城市复杂性和战略性空间规划的研究中，帕齐·希利（Patsy Healey，2007，第1页）指出，规划实践的发展已经融入了在不同空间配置中实现纵向与横向整合的思想。与新兴的城市韧性概念一样，规划实践已经从传统的将尺度和领土视为固定、稳定且有界容器的观念，转变为一种更为多样化的安排。在这种安排中，网络化的关系不断被重新调整和重新协商（第二章）。正如希利所指出的，她在规划中的关注点是通过以下方式动员资源和政治行动：

> 这些策略不仅将城市区域视为事件发生的容器，而且将其视为节点与网络、场所与流动的复杂混合体，其中多种关系、活动与价值共存、互动、结合、冲突、压制并产生创造性的协同效应。

她进一步指出，这是一种"物质与想象上的努力，旨在对城市生活的复杂性做出某种'理解'。规划项目，融入了这种对社会空间动态的理解，成为一个专注于管理共享空间中共存困境的治理项目"（同上，第3页）。

为了应对这一复杂的挑战，一系列规划倡议应运而生。这些倡议往往相互矛盾，通常以地方合作治理模式为中心，涉及公共部门、私营部门和民间社会利益相关者（例如，参见Wilkinson，Appelbee，1999）；同时伴随着治理的重新定位，向日益多层级和地方化的行动模式转变（例如，参见Brenner，2004）。希利进一步指出，这些试图推进整体性和多尺度治理的尝试，可以被视为一种努力，旨在打破部门壁垒，并"在政策领域之间建立联系，因为这些政策领域对城市地区的场所和连通性产生影响，这体现在对政策整合和整体性政府（joined-up government）的追求中"（Healey，2007，第5页）。关于所谓"新空间规划"（new spatial planning）的最新研究（例如，参见Haughton等，2010）进一步强调了这种对整合与整体性的关注，其中规划被视为一个不断自我更新的过程，以变得强响应性和强适应性，并作为一种元治理（meta-governance）形式——即"治理的治理"。这涉及尝试整合一系列关系性过程，利用更具"流动性"的尺度和"模糊边界"，这些尺度和边界并不与现有的规划或政治管辖范围一致，从而允许从业者摆脱领土紧张关系、既有的工作模式和传统的条块化结构。就城市韧性而言，这里的关注点转化为想象一种能够更好地反映问题和脆弱性真实地理特征的场所营造活动，并寻找政策制定者可以利用城市韧性干预措施来解决这些问题的方法。

在地方层面，城市复杂性的增加、治理的重新定位以及最近的财政紧缩，导致对一种不同类型的地方领导力的呼声，以协调各方努力（例如，参见Gibney等，2009；Collinge，Gibney，2010；Trickett，Lee，2010）。这需要更深入地理解城市系统内部及其之间的相互作用。例如，在英国，如"整体地方"（Total Place）这样的公共政策机制（DCLG，2010）已得到部署，试图通过整合地方层面的公共服务支出数据和知识，打破地方领导力的困境，以在财政紧缩的背景下实现成本效益。此类方法隐含的目标是打造更具韧性的社区，这从用于描述协调项目目标的规范性语言中可以看出，即通过整合地方层面的服务，解决弱势群体的健康、福祉和就业需求，并建设"更强大""更安全"的社区，增强其制度能力。整体地方政策为这种创新的、变革性的"韧性"干预措施提供了一个范例，旨在动员负责地方领导力的专业人员，转变并整合他们的思维方式，这对规划政策和城市韧性具有更广泛的意义。

尽管公共服务的整合是近年来规划和公共部门倡议（如"整体地方"）的关键目标，但衡量韧性和评估影响城市韧性的变化结果需要在自然和人为灾害风险的证据与城市行动者和代理人的特征证据之间取得平衡，以创造抵御冲击及其相关压力的条件。暴露于风险与抵御或适应风险的能力之间的差距，对城市韧性在地方层面的实施和理解具有重要意义。尽管在许多情况下，国家层面有关于风险识别和适当治理响应的指导，但在国家或国际层面，目前并没有一致或公认的框架或评估方法来衡量城市地区和/或社区对风险的差异化暴露程度，或其缓解风险的能力。正如洛克菲勒基金会在衡量城市韧性的背景下指出的，"目前还没有一个单一的框架能够使韧性在城市层面得到全面且整体的衡量"（Rockefeller Foundation，2014，第1页）。尽管没有关于城市韧性的国际公认的衡量方法，但人们普遍认同衡量城市韧性的原因。普莱尔和哈格曼（Prior，Hagmann，2013，第4~5页）强调了五个关键理由。第一，为了在特定背景下描述韧性，并阐明其关键组成部分；第二，增强意识，并帮助（城市）管理者识别韧性低于某个预定阈值的实体；第三，与之相关的是，以透明的方式分配资源用于韧性建设；第四，通过构建韧性以更好地应对破坏性挑战，并衡量缓解措施的影响；第五，通过将政策目标和指标与结果进行比较，来监测政策绩效并评估韧性构建政策的效能。此外，我们还可以补充第六条——学习和倡导——这可以通过在面临韧性挑战的城市地区之间进行比较来推进，从而形成一个共享的知识共同体。

　　在尝试评估城市韧性的背景下，本章的其余部分将探讨一系列新兴的框架、方法和指数，用于在城市和次城市层面衡量韧性。这包括由学者们提出的指数、由全球非政府组织委托的韧性评估框架，以及由城市当局、独立智库和研究基金会设计并开发的用于衡量韧性的方法。我们的方法在此处受到我们之前在衡量贫困和理解住房市场失败风险方面所开展的工作的启发（参见第九章），并借鉴了与指标技术构建及单一和组合指标集使用相关的研究（Lee等，1995；Lee，1999；Lee，Nevin，2003）。我们进一步在现实主义的"背景—机制—结果"评估框架内分析这些方法，以分析这些指标、指数和框架对于决策者而言在它们被部署的背景中的实用性，重点关注其应用情境以及被认为对实现韧性结果最具影响力的机制（Pawson，Tilley，1997）。

5.1　评估城市的灾害准备情况

　　城市应对自然灾害冲击事件的能力以及改善减灾的重要性，在由世界银行和联合国减少灾害风险办公室在其国际减灾战略（International Strategy for Disaster Reduction，UNISDR）下开发的许多韧性指数和框架中得到了强调。联合国国际减灾战略与《2005–2015年兵库行动框架：建设国家和社区抵御灾害的韧性》（*Hyogo Framework for Action 2005–2015: Building the Resilience of Nations and Communities to Disaster*）并行实施。该框架是在2005年神户世界减灾大会后由联合国大会批准的，并倡导将权力和资源下放以增强地方层面降低灾害风险的能力（2015年3月，在仙台达成的新框架取代了原先的兵库行动框架，更多细节见第十章）。兵库行动框架以多项核心原则为基础，这些原则同样贯穿于联合国国际减灾战略倡导的韧性城市运动。该框架的核心要义体现为两大支柱：其一是构建制度能力以确保风险识别、评估与监测的有效实施，其二是通过认知提升、知识转移、创新实践与教育培训来培育安全文化。最终，采取环境、社会与经济措施以减少潜在风险因素并实施适当的土地利用规划政策，旨在通过一种"预防伦理"（ethic of prevention）来最小化自然灾害造成的损害（UNISDR，2015b）。当这种伦理因人为错误和规划决策不当而被破坏时，社区就会暴露在自然灾害（如地震、洪水、干旱和气旋）的威胁之下，并可能变得脆弱。正如联合国国际减灾战略所指出的，城市和区域规划在调节风险方面发挥着关键作用，以下是使城市具有韧性的规划方面：

良好的发展实践，包括健全的法规、维护良好的基础设施、有效的应急管理以及稳健的机构，这些都能帮助提升城市的韧性。参与性城市规划的制定、建筑许可的发放，以及水资源和固体废物的管理，都是实现这一目标的关键。在城市建设和发展的过程中，通过政治程序和决策来解决特定需求或降低风险，能够为所有人提供安全、高质量的生活条件，并保护最脆弱的群体。这种"累积韧性"（accumulated resilience）使得城市能够在日常运行中保持功能（UNISDR，2012b，第11页）。

明确了解地方当局所面临的风险被认为是评估城市韧性以及规划应对灾害和冲击事件的有效响应的关键。联合国国际减灾战略（UNISDR，2012a，第8页）已经识别出一些重要的风险驱动因素，这些因素影响了评估城市吸收冲击能力的标准选择，包括：

- 人口因素：城市人口增长和密度，特别是在灾害易发地区。
- 资源集中化：资源的集中化降低了地方主体应对灾害的灵活性。
- 薄弱的地方治理：导致当地社区未能充分参与城市规划。
- 水资源管理不足：无法有效应对洪水。
- 生态系统退化：因过度开发而导致。
- 老化的基础设施和建筑：为灾害的发生提供了条件。
- 缺乏协调的紧急服务：降低了快速响应的能力。
- 气候变化的影响：加剧了自然灾害的频率和强度。

　　减灾韧性框架主要关注自然灾害及其后的恢复，但针对城市韧性的治理框架正在兴起，这些框架评估吸收其他类型冲击的能力（见第三章），并以减灾方法核心的"预防伦理"为基础，以减轻人为和经济社会的冲击。除了采取传统的工程和技术手段来应对自然灾害和灾难，城市韧性评估框架中正在出现的是加强信息系统和正规化治理机制，以评估在不同背景下吸收冲击的能力。

　　这种对城市韧性评估的正规化和规定性要求出现在许多由联合国国际减灾战略委托的报告中，同时也通过"让城市更具韧性"（Making Cities Resilient）全球活动得以展示，包括用于衡量城市应对冲击准备情况的"城市灾害韧性记分卡"（Disaster Resilience Scorecard for Cities）（UNISDR，2012a，2012b，2014a，2014b）。像《如何让城市更具韧性：地方政府领导手册》（How to Make Cities More Resilient: A Handbook for Local Government Leaders）这样的出版物旨在支持公共政策决策和灾害风险降低及韧性活动的组织，并为韧性建设工作创建一套标准化的工具和方法（UNISDR，2012a）。在这种方法中，地方优先事项由市政当局使用《地方政府灾害韧性记分卡自评工具》（Local Government Self-Assessment Tool for Disaster Resilience Scorecard）进行自我评估，该工具根据以下十个标准评估城市和市政当局对灾害的准备情况（UNISDR，2014b）：

- 跨空间尺度的组织和协调灾害响应。
- 跨利益相关者的预算分配和风险降低激励措施。
- 灾害和脆弱性数据的管理与维护。

- 对关键基础设施的维护投资以降低风险。
- 对学校和医疗设施的安全性和灾害风险进行评估。
- 执行建筑法规以符合风险评估要求。
- 在学校和当地社区开展教育项目和培训。
- 保护生态系统和环境缓冲区。
- 早期预警系统以及城市和区域内的合作。
- 为受害者制定全面的灾后恢复计划。

联合国国际减灾战略批准的记分卡有助于地方当局通过对其十个"关键要素"分别针对82个单独指标进行分级，从而设定本地基线并识别差距，这些指标衡量了韧性的程度（UNISDR，2012a，第25页）。这需要系统性地采用韧性治理实践规范，以提供如此细致的评估水平。

同样，世界银行（World Bank）对城市韧性的方法，即《构建城市韧性：原则、工具与实践》（*Building Urban Resilience: Principles, Tools and Practice*）（Jha等，2013）涵盖了联合国国际减灾战略记分卡中所列的所有关键要素，并在指标和评估过程上有一些细微的差异。除了基础设施韧性和制度韧性（这是前者方法的核心），世界银行方法还增加了社会与经济韧性指标，并将这些韧性的类别与地理位置、结构、运营和财政条件进行对比评估（Jha等，2013，第19页）。例如，基础设施韧性是根据地理位置、结构、运营和财政条件来衡量的，它评估了建筑环境的脆弱性以及在任何紧急情况下能够支持人口的关键交通和建筑的供给。这包括为临时安置流离失所人口提供开放空间以及用于响应和恢复的关键基础设施。世界银行方法中提到的具体指标包括将主要干路的里程作为快速疏散受影响区域的能力的代理指标。同时，经济韧性也被纳入评估，以分析经济的多样性和健康状况及其在冲击后恢复的能力。评估内容包括商业界对韧性培训的支持程度、就业率和类型、大公司与小公司的比例、企业的位置及其对风险或灾害的暴露程度等（Jha等，2013，第19页）。

5.2 评估城市及都市的韧性

世界银行和联合国国际减灾战略的方法为衡量韧性的不同方面奠定了基础，捕捉了风险的多种衡量指标以及城市和社区应对冲击事件的适应能力。在此基础上，洛克菲勒基金会与英国跨国工程和规划专业服务咨询公司奥雅纳（ARUP）合作，开发了一个全面的韧性框架，这是迄今为止对城市和城市韧性较为先进的方法之一，强调了综合和整体方法的必要性。洛克菲勒基金会认为，城市韧性是一系列跨部门的活动，不能以条块化的方式应对："韧性的定义要求跨部门的视角……明智的城市可以通过单一行动获得多重社会、经济和物理韧性效益。"（Rockefeller Foundation，2014c，第100页）洛克菲勒的城市韧性指数（City Resilience Index）呼应了联合国国际减灾战略和世界银行减灾框架的结构，并围绕四个类别（人、场所、组织和知识）、12个广泛的韧性特征指标和150个变量进行组织（表5.1）（Rockefeller Foundation，2014d）。

洛克菲勒基金会/奥雅纳城市韧性指数的框架　　表5.1

类别	指标	描述
人： 健康与福祉	降低人类脆弱性	基本需求的满足程度
	多样化的生活方式与就业机会	金融可及性、储蓄能力、技能培训、商业支持与社会福利的程度
	保障人类生命与健康的充分措施	整合的医疗设施与服务、响应迅速的紧急服务
场所： 基础设施与环境	降低物理暴露与脆弱性	环境管理、适宜的基础设施、有效的土地利用规划以及规划法规的执行
	关键服务的连续性	多样化的供给与积极的管理、生态系统的维护与基础设施的保养、应急计划的制定
	可靠的通信与流动性	多样化且可负担的多模式交通系统与信息通信技术（ICT）网络、应急计划
组织： 经济与社会	集体认同与相互支持	积极的社区参与、强大的社会网络与社会融合
	社会稳定与安全	执法、犯罪预防、司法与应急管理
	金融资源与应急资金的可及性	健全的财务管理、多元化的收入来源、吸引商业投资的能力、足够的投资与应急资金
知识： 领导力与战略	有效的领导力和管理	政府企业与社会组织参与、可信的个人、多利益相关者协商、基于证据的决策
	被赋权的利益相关者	全民教育、获取最新信息与知识的途径、使个人与组织采取适当行动的能力
	综合发展规划	城市愿景、综合发展战略、由跨部门工作组定期审查与更新的规划

资料来源：基于洛克菲勒基金会（Rockefeller Foundation，2014a，第7页）改编。

通过对韧性相关学术研究、政策和实践文献的广泛综述，洛克菲勒基金会识别出三种韧性系统的类型学或特征：基于资产的特征（例如，防灾基础设施），基于实践或过程的特征（例如，社区参与规划），以及属性特征（例如，灵活性和适应性）（Rockefeller Foundation，2014b，第21页）。这些特征通过下列支撑整个城市系统的八大属性进行评估：

- 接受性（accepting）：接受不确定性，并在系统设计中纳入远见。
- 反思性（reflective）：从以往事件中学习的证据。
- 适应性（adaptive）：运用隐性知识（tacit knowledge）和建制化知识（corporate knowledge）。
- 稳健性（robust）：系统能够承受功能丧失。
- 资源丰富性（resourceful）：当系统失效时，有备用能力可用。
- 整合性（integrated）：在不同部门之间共享信息。
- 多样性（diverse）：将资产分布在城市各处，以确保风险不会集中。
- 包容性（inclusive）：将边缘化社区纳入韧性的脆弱性评估与规划中（同上，第22～23页）。

在对智利康塞普西翁（Concepción，Chile）、哥伦比亚卡利（Cali，Colombia）、南非开普敦（Cape Town，South Africa）、美国新奥尔良（New Orleans，USA）、印度尼西亚三宝垄

（Semarang, Indonesia）和印度苏拉特（Surat, India）六座城市进行韧性指标的适用性测试时，洛克菲勒基金会和奥雅纳发现，领导力与战略的相同原则既适用于"冲击型城市"（即遭受飓风、地震等灾害的城市），也适用于"压力型城市"（即受到气候变化影响，如干旱和水资源短缺的城市）。无论威胁类型如何，城市与不同利益相关者群体在规划和优先考虑韧性主题方面的合作至关重要，这突显了"从不同利益相关者视角理解韧性的重要性，因为没有任何一个单独的群体能够完全反映所有群体的优先事项"（Rockefeller Foundation，2014c，第97页）。他们进一步指出，在所有六个案例研究中，衡量城市领导力和决策协调作用的措施被公认为是至关重要的，且"与城市规划、信息与知识管理以及能力和协调相关的因素受到了强烈关注"（同上，第98页，着重号为本书作者所加），并且"对城市韧性而言，社会和战略因素比物理因素更为关键"（同上，第99页）。尽管这一观点可能有一定道理，但也可能反映了占主导地位的减灾韧性框架的影响，以及随之而来的需要更多关注规划和治理过程，从而实现更大的社会与经济韧性，而不仅仅是关注城市的物理韧性方面。

基于这一观点，并针对当前韧性测量文献中指标体系混乱的研究缺口，卡特等（Cutter等，2008）和伯顿（Burton，2014）的研究强调了社区韧性的重要性。他们的指数在识别风险暴露方面大量借鉴了减灾韧性模型，同时发展了地方与市政层级风险吸纳能力的衡量维度。该模型利用代理指标衡量社区吸收冲击的能力，涵盖社会、经济、制度、基础设施、社区资本和环境系统等韧性方面。六个领域的98个变量衡量了使社区和家庭易受冲击事件影响或具有内在韧性的特征（Burton，2014，第69页）。构建此类指标体系需满足三项核心要求：其一，具备跨时空测量的相对标准；其二，数据须持续来源于开放或公开渠道；其三，具有可扩展性，以确保标准化与比较方法的实施。表5.2展示了伯顿地方灾害韧性指数中使用的韧性领域、子领域及部分示例指标。

社区韧性的领域与指标 表5.2

韧性领域	子领域	核心指标示例
社会	社会能力	• 非少数民族的人口比例 • 不以英语作为第二语言的人口比例
	社区健康/福祉	• 每千人社区服务设施（例如娱乐设施、公园、历史遗址、图书馆、博物馆等）的数量
	社会公平	• 大学学历人口与无高中文凭人口的比例 • 少数族裔人口与非少数族裔人口的比例
经济	经济/生计稳定性	• 自有住房的比例 • 女性劳动力的参与比例
	经济多样性	• 大公司与小公司的比例
	资源公平	• 每千人医生与医疗专业人员的数量
	基础设施暴露	• 商业基础设施密度
制度	减灾规划	• 最近减灾规划的人口覆盖比例
	准备情况	• 劳动力在应急服务领域（例如消防、执法、保卫等）就业的比例
	发展	• 在特定时期内土地覆盖变化为城市区域的比例

续表

韧性领域	子领域	核心指标示例
基础设施	住房类型	• 未在特定建筑规范期间建造的住房比例
	响应与恢复	• 空置出租住房的比例
	通行与疏散	• 铁路与主要道路的里程数
	基础设施暴露	• 未处于洪水和风暴潮淹没区的建筑基础设施的比例
社区资本	社会资本	• 每千人宗教组织的数量 • 每千人艺术、娱乐与休闲中心的数量
	创意阶层	• 劳动力在专业职业领域就业的比例 • 每千人研发公司的数量
	文化资源	• 每平方千米国家历史重要遗迹的数量
	地方感	• 非国际移民的人口比例
环境系统	风险与暴露	• 未处于淹没区的土地面积的比例
	可持续性	• 处于受保护状态的土地面积的比例
	保护性资源	• 用于防风与环境绿化的土地面积的比例
	危害事件频率	• 造成损失的天气事件的频率

资料来源：基于伯顿（Burton，2014，第72~73页）改编。

地方灾害韧性模型既具有积极意义，也存在一些不足之处。普莱尔和哈格曼（Prior，Hagmann，2013）指出，与灾害研究领域中以往许多侧重于工程系统的模型不同，地方灾害韧性模型明确聚焦于社会和组织因素。此外，该模型还尝试将韧性随时间的变化进行映射：

以捕捉这些过程/概念的动态性，并使模型能够更好地应对那些困扰韧性和脆弱性测量的挑战或挫折：多重或渐进式事件、地方特异性及情境背景、脆弱性和韧性在空间和时间上的动态变化，以及受影响人群的感知或态度（同上，第10页）。

尽管DROP模型为比较不同地理区域的社区韧性提供了一个有用的框架，但在实际应用中，它确实存在技术和后勤方面的困难，并且非常耗费资源（尤其是当扩大到更大地理区域时）。

迄今为止讨论的韧性指数大多深受减灾视角的影响。然而，在许多工业化和后工业化城市的背景下，社会与经济因素对城市和区域规划的相关性更为显著，尤其是在2007～2008年经济衰退和金融危机及其相关的社会影响之后。这场危机促使许多关键机构和利益相关者努力衡量城市和区域系统的社会与经济韧性，以便揭示影响，并将日益减少的公共部门资源精准地分配到最需要的地区。为了说明这一点，我们在此特别介绍一些英国的方法：英国广播公司/益博睿（BBC/Experian，2010a和2010b）指数、地方经济战略中心（Centre for Local Economic Strategies，CLES）指数、杨氏基金会指数以及由伯明翰市议会（Birmingham City Council）提出的韧性指数。其中，后者是英国一个大城市的地方当局在本地开展韧性测量工作的范例。

益博睿的韧性指数旨在衡量地方政府对公共部门削减的暴露程度，由英国广播公司委托编制。该指数基于商业、社区、人群和场所四个领域，并依托各领域所列的各项指标，对地方行政区域进行排名，以评估其地方经济对经济衰退和公共部门投资退却的敏感程度（表5.3）。

英国广播公司/益博睿的经济韧性指标　　　表5.3

指标及权重		描述
商业（1/2）	脆弱行业	在2009～2010年经济形势下，从事例如工程与汽车、建筑、金属、矿产、化工及其他特别脆弱服务行业的就业人口比例（权重：8%）
	韧性行业	从事例如农林渔业、银行业、保险业等韧性行业且在艰难经济时期表现良好的就业人口比例（权重：8%）；高增长（知识型）行业比例（权重：15%）
	商业结构	超出付款期限的天数（供应商付款时间）（权重：5%）；商业密度，即每千名劳动年龄人口中的企业数量（权重：15%）；高出口行业标准分类（Standard Industrial Classification，SIC）（权重：6%）；适应性企业，即基于资产负债表信息，该变量显示过去曾出现困境但已恢复的企业数量（权重：5%）；外资企业（权重：5%）
	创业企业	自2008年以来新成立的企业数量（权重：5%）
	破产率	过去九个月内倒闭的企业数量（权重：10%）
	自雇率	工作年龄人口中自雇者的比例（权重：5%）
社区（1/6）	长期失业率	易受长期失业影响的家庭比例（权重：10%）；易受可支配收入下降影响的比例——结合了英国国家统计局（Office for National Statistics，ONS）支出与食品调查（Expenditure and Food Survey，EFS）的数据
	申请失业救济人数	基于2010年5月数据的福利申领率
	社会凝聚力	对"邻居之间是否互相关照"问题的调查反馈
	贫困	女性与男性出生时的预期寿命；全国最贫困10%的低层级超级输出区（Lower Super Output Areas，LSOAs）的比例

指标及权重		描述
人群（1/6）	工作年龄人口	能够为当地经济作出贡献的当地劳动年龄人口占总人口的比例
	专业人士	企业经理、高级官员、生产经理、职能经理、办公室经理、财务经理及农业服务经理的就业比例
	低技能劳动力	清洁工、帮工、农业劳动者、其他劳动者、食品准备助理、街头及相关销售和服务人员、环卫工人等基础职业的就业比例（权重：16%）；国家职业资格第四级（National Vocational Qualification Level 4）及以上资质（权重：17%）；低技能资格
	收入	年平均总收入（平均值）
场所（1/6）	犯罪率	每万人警方记录的事件总数
	住房价格	基于土地登记数据的房屋中位价（2010年一季度）
	学校成绩	学校的表现
	绿色空间	由社区与地方政府部门划分的绿地比例；先前开发过的土地；商业办公空间的期望租金价值（BBC/Experian，2010）

资料来源：基于英国广播公司/益博睿（BBC/Experian，2010a和2010b）改编。文档/论文访问于2015年1月15日和2015年4月7日。

英国广播公司与益博睿合作推出了一个广受关注的经济韧性指数，该指数重点分析了看似最缺乏韧性的城市米德尔斯堡（Middlesbrough）的弱点。该市在英格兰364个地方行政区域中排名垫底。然而，研究结果也揭示了经济衰退和紧缩政策下暴露风险的广泛空间分布模式：排名前25位最具韧性的地方行政区域均位于英格兰南部和伦敦周边，而排名后25位最缺乏韧性的行政区域则位于北部和中西部地区。这证实了英格兰长期存在的结构性"南北差距"，以及衰退的工业中心地带持续的脆弱性，北部和中西部的城市过度依赖公共部门的投资和就业。

作为英国最大的单一层级大都市地方当局，伯明翰（Birmingham）在益博睿指数中排名第234位（位于倒数第二十四分位），而毗邻的桑德韦尔（Sandwell）地方当局则被列为韧性最差的地区之一（排名第360位），这突显了在衡量经济和社会韧性时，尺度的重要性以及区域内依赖问题的复杂性。自2010年以来，伯明翰市开始在其辖区内进行小区域层面的韧性内部排名，其方法基于四个韧性领域，并依托来自公共和私营部门的一系列指标。

- 社会支持网络：家庭、朋友以及更广泛社区网络的存在，提供实际和情感支持；通过城市年度意见调查所测量的感知水平。
- 教育：成年居民的平均学历水平。
- 财务：个人/家庭是否拥有经济缓冲能力以提供支持；基于年度工时与收入调查数据（Annual Survey of Hours and Earnings）的平均家庭收入。
- 心理健康：个体在失业时所经历的心理健康状况的质量会影响其后续的韧性［基于英国国家医疗服务体系（National Health Service，NHS）的数据］。

伯明翰韧性指数在行政区（administrative ward）层面（规模

约为1.2万至1.5万户家庭）绘制了已知"韧性因素"在本地人口中的分布情况。社会影响指数（Social Impact Index）则绘制了已知且可衡量的社会后果在全市各行政区划中的存在程度，包括犯罪和反社会行为的变化、无家可归者救助申请、个人破产的法庭判决、被排除在信贷之外的家庭以及领取福利的家庭。相关内容如图5.1所示。该指数使城市能够分析韧性与经济衰退影响之间的差距，并为资源分配决策提供了更充分的依据。

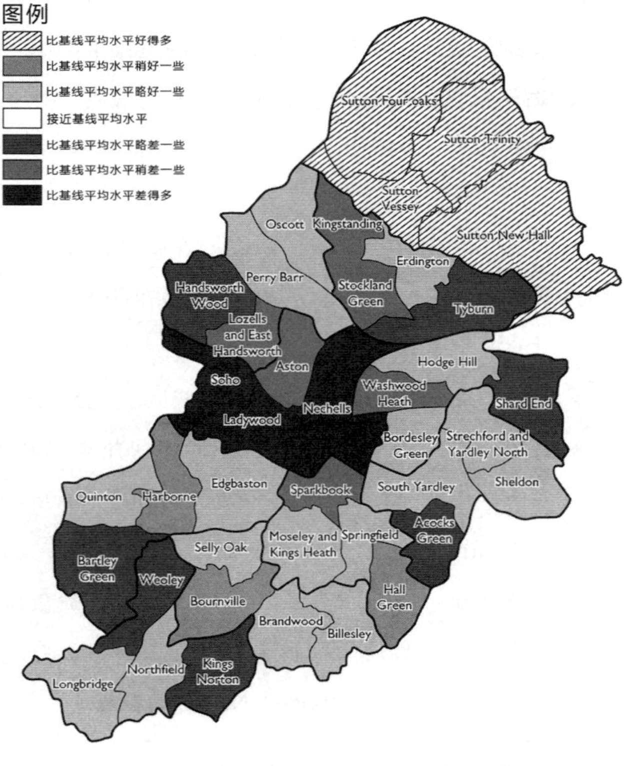

图5.1 社会影响因素与伯明翰各行政区的韧性
图片来源：伯明翰市议会（Birmingham City Council，2015）

与益博睿和伯明翰市议会开发的基于定量指标的韧性绘图方法不同，杨氏基金会（Mguni，Bacon，2010）和英国地方经济战略中心（McInroy，Longlands，2010）采用了一种基于资产的定性方法来衡量地方层面的韧性和福祉。杨氏基金会的福祉与韧性测量工具（Wellbeing and Resilience Measure，WARM）试图衡量生活满意度，并将其与资产和脆弱性进行对比，以指导地方层面的决策（Mguni，Bacon，2010）。福祉与韧性测量工具采用了一种"自下而上而非自上而下"的设计理念，通过整合公共领域的多源数据集，从三个维度对区域状况进行量化评估，包括系统与结构维度（失业率、治理水平等）、支持机制维度（家庭支持、社会网络与公共服务），以及个体资产与需求维度（健康状况、收入水平、生活满意度）（Mguni，Bacon，2010，第5页）。与此同时，英国地方经济战略中心在韧性测量方面采用了不同的方法，以捕捉地方经济（商业—公共—社会）之间的相互关系以及这些关系如何映射到更广泛的健康和福祉（例如生活质量）、环境（气候变化以及缓解和适应策略）、地方认同、历史和背景的关系，以及这些要素与国家和地方治理的关系。该方法采用由一系列问题支撑的"打造韧性场所"四级量表（表5.4），其中的韧性被视为脆弱性的对立面。这些问题旨在理解使某些地区能够有效应对威胁和机遇，而其他面临类似挑战的地区却未能抓住机会、陷入困境甚至衰退的关键因素：

- 为什么有些地区能够承受经济冲击并从中恢复，而另一些地区却受到严重打击且无法复苏？
- 在地方韧性的发展中，准备、响应、恢复和学习的重要性如何？

- 这些因素如何体现在经济发展战略及其实施中（McInroy，Longlands，2010，第15页）？

英国地方经济战略中心的地方经济韧性框架　表5.4

韧性状态	描述
韧性的（resilient）	• 地方经济不同领域之间通过大胆且创新的方式建立了稳健的关系 • 该地区在应对经济、社会和环境变化及机遇方面准备充分，并有证据表明其在过去能够有效应对，即具有良好的历史记录 • 高度的准备与响应能力 • 能够迅速恢复并利用机遇的证据 • 高水平的学习能力
稳定的（stable）	• 地方经济不同领域之间具有健全的关系 • 各部门之间沟通充分 • 需要更具创造性的协作以增强地方经济韧性 • 恢复或利用机遇的证据不足 • 较差的学习能力
脆弱的（vulnerable）	• 关系发展严重不足 • 关系可能不稳定 • 各部门联合起来的证据有限 • 有恢复或利用机遇的某些证据 • 良好的学习能力
不稳定的（brittle）	• 要素之间没有关联 • 存在紧张与冲突 • 该地区未能正视地方认同与文化的挑战 • 抵御未来冲击或利用机遇的能力较差

资料来源：麦金罗伊和朗兰兹（McInroy，Longlands，2010，第20页）。

英国地方经济战略中心的社会与经济韧性模型建立在转变经济基础以及应对紧缩政策和地方经济重构这一新范式挑战的必要性之上。其对现有的经济模型提出挑战，认为由于城市再生和经济发展战略中追求的经济、社会和环境目标之间存在冲突，因此在实现城市韧性方面存在一种范式转变。从这一视角来看，支撑地方经济韧性的关键特征与联合国国际减灾战略、益博睿等国际机构、非政府组织以及跨国公司从国家经济韧性角度所倡导的减灾视角构建的特征存在差异。英国地方经济战略中心认识到"连接和关系"（McInroy，Longlands，2010，第11页）与"跃进"的重要性，并批评那些仅以国内生产总值和商业经济实力为衡量标准的经济韧性指标。他们认为，经济韧性不仅仅是关于商业活动（企业创造经济财富），还包括公共经济和社会经济（资料来源于公共财政拨款或自愿性非营利活动的项目）。因此，理解商业经济、公共经济和社会经济之间的关系被视为确保地方城市韧性的关键。

5.3 理解城市韧性评估：对方法与技术的反思

有证据表明，一个致力于评估城市韧性的全球性行业正在兴起。同时，也有一套核心理念正在形成，为城市提供了一组相对一致的、主要以定量方法为主的手段，以制定韧性战略，并评估其对各种威胁的准备程度或暴露程度。尽管定量指标通过简化复杂性、衡量进展和设定优先事项，为决策者提供了一个重要的工具，但许多技术和概念性问题仍未得到解决。正如卡特等（Cutter等，2008，第603页）所指出的：

> 选择指标的重要标准包括有效性、敏感性、稳健性、可重复性、范围、可获得性、经济性、简洁性和相关性……其中最

重要的是有效性，它关乎该指标是否能够代表所关注的韧性维度。

许多现有的指数在稳健性方面表现出显著的不足（Gall，2007）。在数据聚合到不同尺度时，也出现了一系列批评和问题（Luers等，2003）。正如普莱尔和哈格曼（Prior，Hagmann，2013，第293~294页）指出的，现有的评估框架旨在简化问题并减轻资源压力，因此通常只"衡量"相对城市韧性（例如一个社区与另一个社区的对比），而不是任何一个特定区域所面临的风险及其应对能力，即绝对韧性（absolute resilience）。此外，当前的评估过程由于偏向于定量指标和参数化，常常使用武断的（arbitrary）指标及其相关权重来合成几个核心指标。这一过程不仅复杂且耗时，还假定研究者对特定行为模式、组织结构、政策制度等如何影响研究对象韧性有着深入的理解（同上）。它还假定适当的数据易于获取且在定义的地理区域内具有一致性。总体而言，他们主张在韧性测量中应更加重视背景、尺度和风险的特异性。

因此，总结而言，局限性和问题主要体现在以下几个方面：地方性指标如何因背景不同而具有不同含义，在韧性框架中风险与吸收冲击能力之间的关系所反映的韧性机制的精准度，以及当前测量方法所衡量或揭示的结果类型。

背景在评估城市韧性中的重要性

用于评估城市韧性的众多方法和指标源自截然不同的背景和起始点。城市韧性的衡量受到减灾框架的强烈影响，这些框架着重于韧性的物理和技术（工程）方面，并且借鉴了来自发展中国家城市和/或易受自然灾害影响城市的案例研究。对于处于工业化和后工业化背景下的城市而言，这些方法中使用的许多指标可能并不相关，或者会根据空间背景的不同而产生意义上的变化。

最先进的框架——例如洛克菲勒基金会的研究，以及卡特等（Cutter等，2008）和伯顿（Burton，2014）关于社区韧性的研究——通过广泛的文献综述来证明特定指标的合理性。然而，这些证据来自多种背景，可能并不普遍适用于城市韧性的测量；此外，还存在基于主观标准的重叠类别。例如，用于衡量城市人口密度的指标被负面地用来暗示高密度人口与更高风险相关 [参见伯顿（Burton，2014）指数中的"居住在高密度城市区域的人口比例"]。在易受洪水影响且存在高水平隔离和基础设施薄弱的地区，这一指标可能是合适的，例如伯顿和其他人将其分析应用于新奥尔良和"卡特里娜"飓风的案例。在其他背景下，如荷兰和英国，政策重点一直放在社会融合和混合社区上，并鼓励棕地开发政策以增加城市地区的人口密度。这些地区的社会隔离问题不像美国那么严重，城市土地的高密度使用也导致了不同的规划和福利制度结果。尽管社会混合政策并不一定能转化为更多的社会互动，但这里需要指出的是，指标的解读可以各不相同，对城市或社区韧性的影响取决于当地的人口结构、形态特征和经济状况，以及国家的政治经济和福利政策。

这里评估框架中使用的一些指标反映了社会福利与更广泛政治经济之间关系的显著差异，并突显了福利制度的内在差异以及企业在增强城市韧性中的作用的看法。例如，地方灾害韧性指数包括一项大公司与小公司的比例指标：虽然这一比例可能表明存在较高程度的企业和外部投资，但它并不促进城市的本地经济发展，甚至可能与经济和社会系统中其他韧性基本目标（如冗余性和多样性）相悖；依赖少数几家企业被认为无法提供在出现问题时实现适应性演化的创新性、多样性和嵌入式资本。伯顿及其同事开发的指标与英国地方经济战略中心开发的指标形成了对比。伯顿使用大公司与小公司的比例作为韧性的衡量标准，而英国地方经济战略中心持相反观点，认为小公司的多样性带来了更大的韧性和优势。英国地方经济战略中心认为，小公司的多样性能够促进资金在本地经济中的循环，并通过更丰富、更多样化的本地经济实现更多社会交换的投资。

同样，少数族裔群体在个体或聚合空间尺度上对韧性的作用比在这里综述的指标中所展示的更为复杂，这或许反映了北美和减灾背景下的偏见。在伯顿的研究中，移民、少数族裔身份以及不会说英语都被视为负面属性。然而，少数族裔身份和移民可以有多种解读方式。基于我们可能认为最具韧性的社区经历过先前的冲击这一前提，我们也可能认为具有高移民率的多样化社区更具韧性，因为它们为了到达宿国（host country）/社区，不得不适应不同的体系。2005年"卡特里娜"飓风过后，新奥尔良越南社区所展现出的备受赞誉的韧性就是一个很好的例证（详细信息见第七章）。显然，这些是相对立场，取决于灾害的性质以及相对或绝对损失的程度。这些问题指出了将单一指标（如移民）与韧性能力的负面评分联系起来令人质疑。

在伯顿指数中纳入"不以英语作为第二语言的人口比例"可能

在那些面临经济和社会压力（例如失业、公共部门紧缩措施等）的社区背景下更具相关性，但即便如此，仍需考虑福利国家的运作以及高度集中城市区域中的支持系统等相关限制因素。同理，纳入基于福利的指标，例如每千人医生与医疗专业人员的数量，也高度依赖福利国家制度背景以及对公共医疗援助的可及性。卡特等（Cutter等，2008）和伯顿（Burton，2014）对美国南部各州的自然灾害进行了研究，指出在这些州获取医疗专业人员救助的机会在很大程度上取决于种族和社会阶层。尽管阶层和种族问题在所有背景下都很重要，但医疗护理的可用性、数量、可及性与其普及程度同样至关重要。

　　福利的可及性可能受到年龄的影响，尤其是在后工业化城市中，婴儿潮一代通常在既有的福利权益中拥有更大的资产或份额，相比年轻一代更是如此。在本书综述的大多数韧性框架中，高龄被用作一个负面的代理变量，被视为削弱韧性的因素，这主要从减灾的视角出发，基于老年人在灾害发生时疏散能力较弱的假设。然而，从另一方面来看，老年居民可能为决策过程带来地方性或隐性知识，这些知识虽然难以被整合到韧性指数中，但却是"对[地方]历史经验的重要产物，而不仅仅是直觉"（Corburn，2003，第421页），并且能够帮助优化韧性策略（详细信息见第八章）。因此，隐性知识是社区适应能力的关键组成部分，也是其在韧性城市系统中适应变化能力的重要体现。然而，将年龄视为负担而非资产的对立观点，突显了在指数构建中简化论的困境、框架的固化以及韧性评估中倾向于集中化和"一刀切"（one-size-fits-all）方法的问题。

　　这种简化主义导致了对变量之间关系的问题性假设。例如，从直觉上讲，人们会期望韧性与贫困之间存在强烈的负相关关系。一个社区或邻里越有韧性，它就越不贫困，或者越富裕。然而，尽管将韧性和责任归因于个人或家庭是不合理的，但贫困与韧性之间的关系性质需要更多的思考，以便设计出与城市韧性相关的有效政策解决方案。贝内等（Béné等，2012）指出，针对1998年袭击洪都拉斯的"米奇"飓风（Hurricane Mitch）对家庭影响的研究发现，受飓风影响的家庭数量随着财富水平的增加而增加。这一现象使研究人员观察到，其"与较贫困家庭更容易受到冲击的传统观点相矛盾"（Carter等，2007，第842页；引自Béné等，2012，第10页）。正如我们在上文提到的，贫困和移民家庭表现出一定程度的对其个人处境的韧性，但这可能会陷入让穷人对外部事件负责的陷阱，即过度归咎于他们未能应对外部冲击。贝内等的研究可能表现出偏见，因为它依赖对飓风造成的损失的分析，这些损失是在事件发生后四到五年通过调查问卷捕捉到的。这并不能证明穷人比富人更有韧性或更缺乏韧性，而只能说明富人有更多的东西可以失去，因此也更有能力去弥补他们的损失。然而，这里存在的一个难题或许突显了对韧性话语的一些批评，尤其是让穷人承担责任的问题：是否试图将最具韧性的社区和家庭定位为那些经历过冲击或困境并成功挺过来的群体？对于希望开发适合本地情境的城市或社区韧性指标的城市和区域规划师而言，重要的是要考虑基于本地情境对指标的替代性解读及其对政策的影响。

韧性的机制：韧性是如何实现的？

尽管许多框架和指数中使用访谈和研究证据来证明特定指标的

合理性，但在韧性的定量和聚合评估中，常常缺失的是这些指标与背景和结果之间的精确机制和关系（即所谓的背景—机制—结果，Context-Mechanism-Outcome，CMO）（Pawson，Tilley，1997）。将聚合数据和指数与灾害或冲击的风险或结果进行对比，并不能解决这一问题。在评估社区韧性时，将背景和机制与结果联系起来已被证明特别困难，这在本章综述的框架中关于社区资源、贫困和韧性的某些假设中有所体现。基于社区所拥有的固定实物资产（fixed physical assets）来衡量其韧性的其中一个问题是尺度问题：资源在城市区域内的共享或获取程度。设施的精确位置及其使用情况并未被考虑在内，因此在许多指数中对社区设施和服务的测量可能容易受到生态谬误（ecological fallacy）的影响（仅基于群体数据分析而对个体得出错误结论），这取决于变量被采样和测量的尺度。

为了应对这些问题，伯顿（Burton，2014）提供了衡量社区韧性的最全面尝试，并展示了在调和韧性背景和机制方面所面临的困难的一些最佳例证。为了评估社区韧性，伯顿将他的指数得分与2005年10月至2010年10月间受"卡特里娜"飓风影响的131个地点拍摄的照片进行了视觉检查对比。在这五年间，共使用了5,764张照片，并根据重建类别给出了0~100的评分（100=完全恢复；75=外部或内部重建；50=拆除和清理；25=清理和部分清理；0=无明显恢复）。伯顿检查了新奥尔良因"卡特里娜"飓风造成的风暴损害的前后照片，并通过对照片的视觉检查对重建和更新过程进行了测量；使用逻辑回归模型识别出一系列能够解释在观测地点观察到的变化的关键变量。他声称：

　　在社区资本子成分中，回归模型发现以下因素具有统计显著性：（1）艺术、娱乐和休闲中心；（2）宗教组织；（3）社会倡导组织；以及（4）专业服务职业。恢复能力取决于创新、社区参与和个人对社区的支持（Burton，2014，第79页）。

　　尽管记录现场变化的数据库似乎很有说服力，仍然缺少对受影响社区变化进行持续评估的相关证据。将现场的变化与"固有韧性"（inherent resilience）的基线指标相匹配的努力，揭示了研究者在收集衡量吸收、适应和恢复的精确机制的证据时所面临的困难。这种方法缺乏衡量重建与所收集的社区韧性指标之间关系所需的动态性和长期监测（表5.2）。例如，尚不清楚是什么机制影响了"卡特里娜"飓风受损地点的变化，以及观察到的变化是飓风前描述的指标所反映的条件的结果，还是飓风后社会与经济关系的重新调整以及土地重新分配的结果。

　　对现有框架的梳理揭示了普遍存在的方法论缺陷，例如风险程度与基于损失减缓机制效能评估的城区绝对暴露度的度量存在系统性的脱节。所有关于社区和城市韧性的定量指数都是相对的——因此必然存在指数的底部或顶部，而吸收冲击的能力或暴露程度的权重缺失了。另外一个相关的问题出现在未能标准化指标以反映韧性的绝对和相对程度（或缺乏韧性）。由于缺乏标准化，伯顿的地图倾向于错误地表示社区韧性水平（Burton，2014，第81~82页）。这不仅涉及尺度问题，还涉及指标选择问题，可能会歪曲韧性地图以及脆弱或暴露社区的位置。在某些情况下，指标的双重甚至三重计算（例如，捕捉语言、移民、流动人口等的多重测量）会使地理结果产生偏差，从而导致一些社区被忽视。

这可能会混淆尺度和空间自相关性："衡量一组空间特征及其相关数据值在空间上倾向于聚集还是分散的程度。"（Environmental Systems Research Institute，2015）对于一些关键变量，例如商业活动与犯罪水平之间的关系，空间自相关可能会混淆机制和结果，因为犯罪和商业活动都与城市的特定部分在空间上相关，并且被用于一系列韧性指标中。指数或单个指标的权重要么缺失，要么被随意应用，以反映灾害和风险的相对重要性，或者一个地区的人口或资源的缓解特性。例如，益博睿指数中关于韧性与关键指标（如房价）之间关系的假设没有得到解释，并且被赋予了相同的权重。权重不仅取决于所采用的空间尺度，还取决于变量的选择。在该指数中，支撑商业领域的指标被赋予了50%的权重，"反映了其对短期韧性的总体重要性"（BBC/Experian，2010a），而人群、社区和场所的权重则被平均分配，对于权重分配的重要性没有理论或实践上的解释。

这些例子说明了根据空间聚合数据分析得出关于个体或地点的结论所面临的问题（生态谬误），这反映了空间和时间分辨率的不一致性，以及未能识别出这些不同尺度上韧性的精确机制。以上分析并非要批评学者们在尝试调和韧性测量和评估结果方面的努力。然而，重要的是要指出从"变革理论"（什么影响韧性？）到这种变革的精确机制（什么有效以及如何有效？）的转变中存在的问题（Pawson，Tilley，1997）。在本章的引言中，我们提到评估城市的韧性需要在自然和人为灾害的证据与个体、家庭和主体抵御冲击及其相关压力的特征之间取得平衡。这需要一种与迄今为止开发的韧性评估、指数和相关框架略有不同的方法。

结果：新自由主义与韧性行业

在"9·11事件"之后，一些私人安保公司利用公众的焦虑情绪和可用的公共资金从灾难中获利，这种现象加速了牟取暴利的机会，并解释了为何要采取更具技术理性的方法以及控制信息以标准化和评估城市韧性。娜奥米·克莱恩（Naomi Klein，2007）在其备受赞誉的《休克规程：灾难资本主义的兴起》（*The Shock Doctrine: The Rise of Disaster Capitalism*）一书中指出，在战后或灾后地区，人道主义救援、重建以及安全保障必然被合理化，以使其作为企业利益"不可错失"的盈利机会最大化。同样地，韧性指数也为商业利益提供了通过发展信息技术和管理咨询来获利的基础。

在回顾由学术界、联合国或世界银行等非政府组织以及洛克菲勒基金会等大型基金会开发的框架时，很明显，采用这些韧性实践和标准需要在地方层面进行显著的资源投入。例如，为了在联合国国际减灾战略的韧性评分表中获得最高评级，城市需要在过去12个月内完成一项技能清单调查。该清单应详细列出"所有与城市灾害韧性相关的组织所需数量的所有关键技能和经验"（UNISDR，2014b，第11页）。联合国国际减灾战略建议，这些技能包括"土地利用规划、能源、环境、水利和结构工程、物流、废墟清理、医疗保健、法律与秩序、项目规划与管理"（同上）。与技能清单同样具有挑战性的是，要求城市和市政当局收集有关居民在冲击事件发生后立即被联系的可能性的信息，作为社会凝聚力（社会联系和邻

里团结）的指示性衡量标准。如果城市能够证明有足够的志愿者
"来自基层组织，以提供合理信心（reasonable confidence），确保
在事件发生后12小时内联系到100%的居民"，则会获得较高的评级
（UNISDR，2014b，第10页）。为了确保城市不依赖合理信心判断
中固有的过于主观的定性指标，联合国国际减灾战略建议城市应包
含"每个社区在以往事件后有意义地相互帮助的历史"，或者提供
一份评估"社区组织的整体结构"的清单，即使这些组织最初并非
专注于灾害韧性（同上）。所有这些衡量社区应对能力的努力都涉
及高度的组织性和多系统治理，以监测和衡量这些要素。

　　这些措施的发展也指向了韧性进程专业化中更具经济理性和战
略性的进展：联合国国际减灾战略的城市记分卡包含十个部分、
82项指标，长达56页，暗示了初步完成所需的相当大的承诺和资
源投入，尽管随着城市韧性被视为一个努力方向，这将变成一项定
期的活动。记分卡通过新公共管理框架突显改进成效，并需要高度
的专业化和信息管理。这种精细化评估衍生的管理流程，不仅持
续推动专业化发展，更催生出新型城市治理模式——以满足商业
开发需求为核心导向。例如，国际商用机器公司（IBM）和艾奕康
（AECOM）都参与了联合国国际减灾战略"让城市更具韧性"活动
中使用的灾害韧性记分卡的开发。他们开发的记分卡的前言明确指
出，该工具可以作为：

　　　城市展示其吸引外来经济投资的吸引力的工具；保险公司
　　评估城市固有风险水平的基础，以便它们为准备充分的城市调
　　整保费，或者在今天尚未存在保单的地方出具保单；任何希望

这样做的公司（如IBM、AECOM或其他公司）创建支持性软件或服务的基础，这些公司可以将这些软件或服务出售以获取利润（UNISDR，2014a）。

同样，洛克菲勒基金会的"100韧性城市"（100 Resilient Cities，100RC）倡议倡导了一种韧性观点，既应对自然灾害等突发冲击，也应对那些"在日常或周期性基础上削弱城市结构的压力"（Rockefeller Foundation，2013），其中包括"高失业率、过度负担或低效的公共交通系统、普遍暴力，以及长期的食品和水资源短缺"（同上）。这些都影响到城市的商业环境和企业盈利能力。与此同时，"100韧性城市"倡议的高级管理团队包括德意志银行（Deutsche Bank）的前全球运营风险管理（Operational Risk Management，ORM）副总裁和旧金山及纽约的摩根士丹利（Morgan Stanley）、雷曼兄弟（Lehman Brothers）及巴克莱银行（Barclays）的前公共金融银行家。尽管"100韧性城市"倡议对城市韧性的需求给予了大量关注和资源投入，但其韧性框架是基于特定的商业视角，并以最大限度地提高韧性领域未来商业发展潜力的方式构建的。"100韧性城市"倡议为参与城市提供了"沿着四条主要路径开发韧性路线图所需的资源"（同上）。该计划为参与城市提供的服务包括专家支持，以及通过洛克菲勒基金会获取解决方案、服务提供商和合作伙伴，以协助制定和实施韧性战略。这种以技术理性为特征的韧性评估模式，在首席韧性官（Chief Resilience Officer，CRO）概念中得到了集中体现（见第一章）。此外，在日常操作层面，规划人员或其他地方官员为开展城市韧性评估流程所接受的培训和技能开发也反映了这一模式。洛克菲勒基金会为"100韧性城市"倡议的每个参与城市提供财政和后勤指导支持，帮助设立首席韧性官，并在参与城市中建立一个单一联系点，协调韧性战略的实施。

这些发展表明，城市韧性正为服务的私有化以及公共政策话语的塑造开辟新的途径。在提供核心服务（例如信息技术系统的管理）以及常规服务（例如福利津贴的管理）方面，公私合作伙伴关系的发展已广为人知。这一新兴的私有化趋势表现为私营部门对城市挑战和韧性问题形成准学术视角，随后提供知识能力与专业知识，并就公共部门岗位的采购与融资提供咨询意见，而这些岗位将由公共财政支付，从而巩固城市韧性思维中的既得利益。正如拉科和斯特里特（Raco，Street，2012，第1067页）在探讨新自由主义与韧性政策私有化之间的联系时所指出的，当前大量涌现的韧性评估框架和政策话语，代表了"在新自由主义背景下国际政策转移模式的加速……其中相对简单的政策理性通过国际机构的工作、不断扩大的知识转移产业以及国家和地方政府网络迅速传播并被采纳"。

从更积极的角度来看，我们在本章概述的城市韧性评估方法无疑具有重要的倡导功能——这是自达维多夫（Davidoff）1965年开创性文章以来规划专业的核心特征——它标志着与战后理性规划的背离，并专注于规划过程中涉及的不同利益相关者的参与。韧性评估的作用在于揭示关注的问题，并促进多利益相关者的响应。正如约翰逊和布莱克本（Johnson，Blackburn，2012，第30页）在谈到联合国国际减灾战略"让城市更具韧性"运动时所指出的，"该运动通过多种机制在城市中推动韧性建设，包括通过高调活动提高地方政府对减灾的意识，为地方当局提供工具、技术支持和培训，并促进城市间的支持网络和学习机会"。具体而言，他们认为这种倡导对于启动关于如何整合韧性方法的本地对话至关重要，同时激发并推动了新的创新规划方法的主流化，以增强韧性。

5.4   我们如何更好地评估城市韧性？

对本地响应的重视引发了对城市及其社区在面临冲击和压力事件时的韧性进行测量的广泛兴趣和努力。这通常表现为对脆弱性以及城市及其社区应对这些脆弱性的资源进行评估。在全球化的城市韧性评估中，出现了重新配置评估方式的尝试。值得注意的是，2014年4月，在哥伦比亚麦德林（Medellín，Colombia）举办的第七届世界城市论坛（World Urban Forum，WUF）上，许多参与城市韧性评估的非政府组织和机构齐聚一堂，共同签署了《麦德林城市韧性合作声明》（*Medellín Collaboration on Urban Resilience*）。该声明旨在通过以下方式赋能城市：

> 通过促进知识和财务资源的流动来增强城市的韧性，帮助城市应对与气候变化相关的干扰、由自然灾害引发的灾难，以及其他系统性冲击和压力，包括快速城市化带来的社会经济挑战（UN-Habitat Press Release，2014）。

该合作包括：联合国减少灾害风险办公室（UNDRR）、联合国人居署（UN-Habitat）、洛克菲勒基金会（The Rockefeller

Foundation）、100韧性城市加速倡议（100 Resilient Cities Acceleration Initiative）、C40城市气候领导集团（C40 Cities Climate Leadership Group）、世界银行（World Bank）、全球减灾与恢复基金（Global Facility for Disaster Reduction and Recovery，GFDRR）、宜可城—地方可持续发展协会（ICLEI-Local Governments for Sustainability）以及美洲开发银行（Inter-American Development Bank）。在达成的协议中，各方承诺将促进评估方法的协调统一作为主要目标，并致力于将地方努力和社区与国家层面的战略和承诺相衔接（UN-Habitat Press Release，2014）。迄今为止，这一目标已经通过一项提议得到推进，即制定《可持续与韧性城市国际标准》（International Standard in Sustainable and Resilient Cities）（ISO 37120）。该标准基于100项指标来衡量生活质量与城市绩效，目前由总部位于多伦多的世界城市数据委员会（World Council on City Data）负责实施（UNISDR Press Release，2015）。

　　或许令人担忧的是，这种做法倾向于一种规范性的蓝图或"一刀切"的评估模式，这隐含地与推动增长和发展相关联，并将地方需求嵌入更广泛的国家背景之中。此类评估越来越强调地方规划制度是城市韧性建设的关键变量。例如，作为其构建韧性城市的十个基本标准之一，联合国国际减灾战略（2012a，第41页）强调，土地利用规划应"实施并执行现实的、符合风险要求的建筑法规和土地利用规划原则"。然而，矛盾的是，当前城市韧性评估所需的复杂和密集的时间尺度以及资源，可能正在迫使地方政府将目光从规划作为整合韧性活动的机制上移开。在这里，任命外部顾问来执行越来越规范化的城市韧性评估方法变得愈发普遍，这也可能将地方规划师所持有的重要情境知识排除在评估过程之外。

这种潜在的地方情境丧失并非没有先例。历史上，在城市和区域规划中，地方层面的本地情境或暴露性质常常被忽视，因为直到最近，集权式的规划师一直被认为"对文化、历史、景观、生态情境不甚敏感"（Van Assche，2007，第106页）。然而，庆幸的是，这种情况正逐渐发生变化。在过去25年中，对本地情境的敏感性变得越来越重要，以帮助理解城市和区域规划的理论与实践（Healey，1997；Flyvbjerg，1998；Allmendinger，2002；Hillier，2002）。同样地，尽管韧性评估一直受到集中化、技术理性以及与韧性物质方面相关的量化风险评估方法的强烈影响，但最近已出现了向促进更具整体性方法的评估框架和指数开发的转变。

构建韧性测量技术的挑战在于其多面性本质，并引发了众多学者提出的"何种韧性"以及"对何种冲击的韧性"之类的问题（参见Cutter等，2008；Davoudi，2012）。尽管现有的评估"工具"为韧性提供了一个广泛且可扩展的基线测量，这可能对政策制定者具有吸引力，并进一步揭示了城市韧性的需求，但它们目前的开发层次仍然较为抽象，未能充分考虑具体情境。在很大程度上，它们体现了一种以平衡为导向、基于工程的城市韧性模型。然而，由于其对技术理性框架和量化测量的主导性依赖，这些工具确实提供了一定程度的确定性，这被许多人视为城市和区域规划系统所追求的（Tewdwr-Jones，1999）。正如怀特和奥黑尔（White，O'Hare，2014，第942页）在讨论规划中韧性概念的演变时所指出的，对确定性的渴望意味着城市复杂的社会文化给世界带来了不必要的、不受欢迎的混乱。因此：

这种观点促成了工程导向议程的主导地位，过度强调对危险的响应，而将减少其社会文化驱动因素的努力置于次要地位……这种观点与政策制定者所熟悉且感到舒适的、以技术理性为导向的规划形式相联系。此外，空间规划中长期依赖的量化建模和基于证据的方法也倾向于产生工程化的结果。

因此，城市韧性的组合性、动态性和演进性特征需要通过测量来体现，而这项任务或许更适合通过结合定量和定性测量的混合方法来完成，以实地研究社区，并将其与一个通用的城市韧性框架或指数相结合，从而提供一个关于暴露于冲击和压力事件的相对综合的图景。例如，卡特等（Cutter等，2008，第603页）指出，通常很难"在没有任何外部参照来验证计算结果的情况下，绝对量化韧性"。他们建议，"基线指标提供了地方内部和地方之间灾害韧性模式及其促成因素的'大致轮廓'（broad brush）"，并且：

第二步是在管辖区内进行更详细的分析，以评估每个领域的特定场所能力（社会、经济、制度、基础设施、社区），并开发出针对地方、适应当地的增强灾害韧性的机制（Cutter等，2010，第18页）。

简而言之，评估城市韧性管理需要对社区进行定性深入理解，并结合纵向分析以追踪面临风险的脆弱群体，将人与灾害的交互作用在时间和空间上进行关联，以确保空间正义。正如联合国人居署（UN-Habitat，2014，第2页）在《提升城市韧性标准》（*Raising*

Standards of Urban Resilience）对话笔记中强调的那样，推进旨在衡量城市韧性的工具和方法对于促进公平的城市发展至关重要。本章回顾的所有评估均为静态的横截面（cross-sectional）韧性测量，它们仅在某一时间点测量基线，并将其与已发生的变革进行相关性分析。背景—机制—结果的方法要求导致结果变化的精确机制必须与受到冲击影响的人口及其对冲击的响应相关联。

正如在政策和实践中城市韧性的演变（第三章）所反映的那样，对衡量城市韧性的兴趣激增，以及对整体性和日益复杂的本地韧性响应的需求正在增加。然而，这一趋势是在地方社区资源减少、国家退却（withdrawal of the state）以及许多人所认为的通过地方主义倡议将公民"责任化"以使其对自身的韧性承担更多责任的背景下推进的。这些过程将解决外部紧缩问题和国家收缩的方案定位于本地，而针对那些最脆弱、韧性最低的地区的关注则有助于最大限度地增加公共投资。然而，目前仍然不清楚是什么因素使一个社区或地区具有韧性，以及这些因素如何在不同尺度上相互作用。尽管已经有一些尝试衡量对冲击事件的承受、吸收和适应能力，但仍存在疑问：技术理性的评估方法是否嵌入了规范性假设（normative assumption），从而产生了仅允许社区恢复到冲击前状态的治理机制，而不是推动更具进化意义的"跃进"路径。

通过诸如英国的"整体地方"计划等举措整合公共服务，其出发点是在紧缩和财政限制的背景下提高公共资源配置的效率和协调性，但这些举措也被用来为在地方层面实现韧性提供合理性（参见Mguni，Bacon，2010）。尽管这些尝试诞生于紧缩时代，但它们与将可持续性和韧性本地化的其他举措的宏大目标不谋而合，例如转型运动，其目标是为"更节俭的未来做好准备，更加自力更生，并优先考虑本地而非进口"（Hopkins，2008，第55页）。这些举措中固有的与公平、不平等以及自我决定能力相关的问题，也隐含在韧性框架中。其雄心是让社区对其自身环境承担更多责任；其视角是朝着一条自我决定的轨迹发展，需要对资产、风险和暴露有技术理性的理解，以支撑对韧性的本地化责任。这种方法将结果限制在现有路径上的适应，而不是促进社区适应新可能性的能力。

因此，将基于平衡的韧性模型从自然科学和物理学领域转移并应用于城市和区域规划等社会技术系统的方法和衡量手段仍然存在问题（参见第二章）。这一问题从规划的角度受到了挑战（Coaffee等，2008b；Davoudi，Porter，2012；Shaw，2012a；White，O'Hare，2014），引发了关于应建立何种平衡以及由谁来建立的质疑，并呼吁开发新的演进型城市韧性模型，以考虑新的城市发展动态和城市张力（Flint，Raco，2012），以及规划在决策过程中需要考虑的不同轨迹，而非单一的、通常是路径依赖的平衡。与此同时，我们对社区如何保持韧性的机制的理解仍然不够明确，而"开发出对衡量韧性有意义的标准仍然是一个挑战"（Burton，2014，第67页）。管理灾害以及增强社区自力更生的能力，需要理解风险暴露，以及对影响特定社区的事件、他们的应对能力和调整风险、吸收冲击以及以韧性方式转型的能力有更细致的认知（Keck，Sakdapolrak，2013）。

现有的韧性评估方法需要进行修改，以便在识别物理风险的同时，也能识别容量（capacity）和能力（capability）。这些方法需要避免条块化思维，捕捉广泛的城市利益相关者的观点，更好地体现韧性不同方面之间的相互关系，并涵盖韧性可以包含的多个尺度——从个人、社区/邻里到城市和区域层面（改编自Rockefeller Foundation，2014c，第102页）。此外，衡量城市区域的韧性需要在信息管理方面进行大量投资，以捕捉风险暴露以及不同行动者和代理机构（尤其是社区和家庭）抵御各种冲击的能力。尽管可以收集有关暴露和吸收冲击能力的证据，正如我们所观察到的，问题在于在城市和区域系统中，依然很难在时间和空间上确定因果关系。

　　在接下来的四章（第三部分）中，以上问题将通过一系列案例进行实证探讨。这些案例展示了在国际规划实践中运用不同韧性原则的方法。

实践中的城市韧性

Part III

Urban Resilience in
Practice

第六章
适应气候变化与极端天气事件的韧性

　　城市韧性因其应对气候变化的全球性威胁而获得了显著的关
注。这种威胁具有本地化的后果，尤其是洪水。如果要避免灾难
性的社会和环境影响，就必须加以缓解和管理，特别是在不断扩
张的城市中（Stern，2006；IPCC，2014）。正如斯科特（Scott，
2013，第103页）所指出的："近年来，由于密集的城市化进程、
变化的农业实践、过时的城市排水系统以及碎片化的政策响应，洪
水风险脆弱性不断增加。"英国环境署的一位高层人士针对2015年
末袭击英国的"弗兰克"风暴（Storm Frank）所造成的破坏进一
步指出："我们正从已知的极端情况转向未知的极端情况……我们
需要彻底重新思考，不仅仅是提供更好的防御措施……而是着眼于
增强韧性。"（引自Reuters，2015）

　　因此，城市和区域规划师在增强城市韧性以及缓解和适应气候
变化的影响方面发挥着关键作用。这可能包括一系列适应性水资源
管理技术、参与可持续设计、将开发活动引导至远离沿海平原和易

受洪水影响的地区等风险区域（Howe，White，2004；McEvoy等，2006；White，2010）、调整分区安排以及修改建筑规范和标准以促进适应（UN-Habitat，2011）。尽管这些努力传统上大多集中在渐进式和短期缓解措施上，但在21世纪，适应和适应能力的问题日益凸显，因为国际社会正在寻求一个长期转型行动框架，以应对英国皇家学会所强调的极端天气韧性：

> 气候变化将影响未来极端天气的频率和严重性。如果温室气体排放量继续以目前的速度增长，极端天气可能会对人类构成越来越大的威胁。然而，即使降低了排放率，社会仍然需要适应过去排放所导致的气候变化。因此，缓解气候变化和适应都是至关重要的（Royal Society，2014，第2页）。

传统观点常将减缓气候变化视为气候科学领域的挑战，旨在降低温室气体排放的影响；而与之相对的适应路径则更侧重于通过实施规划或城市设计等干预措施，在复杂的社会政治经济环境中降低系统脆弱性（Roberts，2010）。于是，这促成了一个以应对气候变化的城市和区域规划挑战为中心的新的、扩大的多学科知识共同体的形成。对适应方法的日益强调和普遍性大致可以分为管理型和发展型视角（Manuel-Navarrete等，2011）。前者更关注专家主导的风险评估和响应，而后者则聚焦于如何使脆弱群体和贫困人口更具韧性。正如我们将在本章中进一步探讨的，正是在这个交汇点上，韧性话语进入了辩论领域。作为一项翻译术语，它能够同时反映以多种方式缓解和适应气候变化影响的愿望。

自2007年政府间气候变化专门委员会的科学家们发布研究结果以来，气候变化适应已成为一个重要的公共政策领域。这些研究结果强调了地球气候改变可能带来的、或然的、可能的影响，以及城市和区域规划在缓解这些影响中的关键作用。然而，这一任务的实施并非易事。正如芬夫格尔德和麦克沃伊（Fünfgeld，McEvoy，2012，第325页）所指出的，开发气候变化可能影响的应对方法需要以新的思维方式和行动方式开展工作，并与新的合作伙伴协作，同时需要创建新的知识共同体：

> 气候变化适应为决策者带来了不同类型的挑战。它要求驾驭在不同尺度上生成的大量信息，并在显著的不确定性下，将这些信息转化为社会和政治上可接受的适应选项，涉及广泛多样的行动者。

正如我们在第四章中提到的，适应和适应性之间不仅存在概念上的差异，也存在实践上的差异，前者通常被视为"在短期内朝着既定路径的移动"（Pike等，2010，第63页），而后者是一种更长期的方法，以灵活的方式朝着多种不同的行动路径推进。因此，在许多方面，当前形式的气候变化适应可以被视为一种反应性和平衡导向的方法。正如布朗（Brown，2012）通过对现有气候变化政策的话语分析所揭示的，适应方法倾向于渐进式，并支持现状，专注于恢复到一个稳定状态，而不是从根本上改变既定的行动模式。这种静态的方法并不鼓励城市和区域规划中所需要的创新，以应对这一复杂且长期的问题。相反，真正需要的是将面向未来的韧性技术和

策略主流化，专注于将适应性嵌入日常规划过程中（参见，例如
Smit，Wandel，2006）。

　　直到最近，气候变化适应还主要通过可持续性或可持续发展的
话语与城市和区域规划联系在一起。赖丁（Rydin，2010）将其视
为我们这个时代最重要的规划政策目标。然而，越来越多的证据表
明，韧性话语现在正在成为应对气候变化影响的关键修辞，尤其
是那些具有城市导向的影响。然而，正如芬夫格尔德和麦克沃伊
（Fünfgeld，McEvoy，2012，第325页）所指出的，韧性话语的模糊
性以及其在规划实践中不一致的运用方式"阻碍了跨学科和跨部门
的气候变化适应规划的高效进程"。

　　在国际层面，一系列关注气候变化适应的有影响力的政策已经
出现，从国家政府到非政府组织，都证明了动员韧性理念以应对气
候变化所带来问题的重要性。值得注意的国际出版物和工作计划包
括：联合国人居署的《城市与气候变化倡议》（*Cities and Climate
Change Initiative*）（始于2008年）、世界银行的入门读物《气候
韧性城市》（*Climate Resilient Cities*）（Prasad等，2009）、亚洲
城市气候变化韧性网络（Asian Cities Climate Change Resilience
Network）（由洛克菲勒基金会于2008年启动）。此外，还有具有
重要气候变化适应内容的城市韧性通用方法，例如联合国国际减
灾战略的"让城市更具韧性"运动（2010）、联合国人居署的《城
市与气候变化：全球人类住区报告》（*Cities and Climate Change:
Global Report on Human Settlements*）（2011）、联合国《韧性人
民：韧性地球》（*Resilient People: Resilient Planet*）报告（2012）、
洛克菲勒基金会发起的"100韧性城市"倡议（2014）。除此之外

还有国际城市能力建设项目，例如联合国以适应气候变化为重点的"加速建设韧性城市倡议"（ Resilient Cities Acceleration Initiative ）（ 2014a ）和相关的"市长契约"（ Compact of Mayors ）（ 2014b ）。后者是一项由城市网络达成的协议，旨在"采取透明和支持性的方法，减少城市层面的排放，降低脆弱性并增强对气候变化的韧性，以一致且互补的方式支持国家层面的气候保护努力"（ United Nations，2014b，第 2 页）。

然而，在所有这些出版物的叙述和行动计划中，"韧性"一词的使用方式较为松散，通常强调与社会—生态系统和工程韧性以及传统风险管理方法相关的稳定性和平衡原则（另见第二章）。这些方法寻求"一个可感知的适应结果，例如一个社区、一个地方或物理基础设施对气候变异和变化'更具适应性'"（ Fünfgeld，McEvoy，2012，第325 页）。此类过程的治理本质上也是传统的，采用垂直的指挥与控制结构，而不是所谓的演进型城市韧性所偏好的水平整合方法。这种当前的保守正统观念可以通过政府间气候变化专门委员会第四次科学报告（ 2007 ）的定义来总结。该报告将韧性定义为"社会或生态系统在保持基本结构和功能方式不变的前提下吸收干扰的能力、自我组织的能力以及适应压力与变化的能力"（第86页）。这一定义与减灾方法有许多相同的内容，重点在于理解和评估风险及其缓解措施（最典型地体现在联合国国际减灾战略的方法以及更广泛的兵库行动框架中，详细内容参见第五章）。

6.1　构建气候变化适应的框架

针对这种基于平衡论城市韧性观点的早期气候变化适应议程，亦有学者提出应从主流的适应叙事转向所谓的"韧性及其超越"（resilience and beyond）（Bulkeley，Tuts，2013，第652页）。这反映了我们在第二章和第三章中对城市韧性的更一般性框架，我们认为韧性的实践正在从平衡论向演进论"迈进"（on the move）。后者更加强调社会技术方法，在该方法中，行动的场所被下放，强调预见和准备，并且责任被分散。此外，正如联合国人居署（2011，第4页）所指出的，目前围绕气候变化的框架还存在着许多不确定性和不可预测性：

> 国际气候变化框架内的大多数机制主要针对国家政府，并未明确指出地方政府、利益相关者和行动者可以参与的明确程序。尽管存在这些挑战，当前的多层次气候变化框架确实为城市层面的本地行动提供了机会。问题的关键在于，所有层面的行动者需要在短时间内采取行动，以确保长期且广泛的全球利益，而这些利益在最好的情况下似乎也是遥远且不可预测的。

在为气候变化适应和城市韧性提供概念框架方面，切尔里等（Chelleri等，2015）提出了气候变化韧性的三个（略有重叠的）阶段——恢复、适应、转型——分别与短期、中期和长期时间尺度相关。其中，恢复视角主要与系统冲击（内生和外生）有关，并通过工程韧性的视角来看待，重点在于恢复原状。第二个视角——适应——被视为"对实际或预期变化及其后果的调整过程，通过移动阈值来打破系统边界，从而使系统在相同制度内持续存在"（第7页）。第三个视角指的是接近危险阈值或临界点而在长期内发生的结构性转型，这将导致"系统基本属性的改变，从而使其进入一个新的制度"（第8页）。

从更具制度主义的视角出发，佩林（Pelling，2011）在其著作《气候变化适应：从韧性到转型》（*Adaptation to Climate Change: From Resilience to Transformation*）中也提出了三个相互重叠的层次。韧性思维可以嵌入气候变化适应之中——韧性（平衡性适应）、过渡性适应和转型性适应。他的关注点主要在于治理——这是一种不太显而易见的脆弱性原因——而非诸如防护基础设施等物质主义问题。在第一个层次中，韧性被视为一种寻求通过渐进式变化实现稳定的平衡性适应，并需要调整现有的治理框架。另外两个层次的适应则超越了将适应视为狭义防御任务的传统韧性理念。其中，过渡性适应出现在"适应措施或增强适应能力的努力干预了个体政治行动者（individual political actors）与构建治理政体的制度架构（institutional architecture that structures governance regimes）之间的关系之时"（第82页）。转型性适应则存在转变"社会中政治或文化权力平衡"的潜力（第84页），并通过从依赖现有工作方式的应对措施转向寻求重新定义实践和治理的响应，从而带来更激进的地方变革。佩林关于适应和韧性的渐进式框架强调了在气候变化背景下调整的挑战所具有的强烈政治性，通常伴随着现有的路径依赖以及对发展愿景、治理结构和应对策略的相应影响（Manuel-Navarrete等，2011，第250页）。同样地，政府间气候变化专门委员会的报告《气候变化2014：影响、适应与脆弱性——决策者概要》（*Climate Change 2014: Impacts, Adaptation, and Vulnerability—Summary for Policymakers*）对韧性的定义进行了修改，更加聚焦于学习和转型的理念，即：

> 社会、经济和环境系统应对危险事件、趋势或干扰的能力，通过响应或重组的方式维持其基本功能、身份和结构，同时保持适应、学习和转型的能力（IPCC，2014，第5页）。

转型在此体现为通过强化、调整或匹配范式、目标及价值观来推动气候适应进程，其中"适应能力"这一概念特指应对气候变化影响及动态需求的适应潜力。类似的，在城市与区域规划的具体语境中，布尔克利和图茨（Bulkeley，Tuts，2013，第655页）强调了规划师在促进转型性适应韧性方面的关键责任，这涉及以不同方式与公民和其他利益相关者互动，以及多层面的"整体性"思维：

> 渐进式（incremental）的气候变化适应方法无须对地方政府的规划、管理和治理系统进行根本性变革，但更具"激进性"（radical）或转型性的气候变化适应方法则将要求对这些系统进行根本性变革。这反过来表明，如果城市要严肃对待气候变化适应问题，就必须对城市规划进行根本性的重新思考（着重号为本书作者所加）。

与关于气候变化适应和城市韧性的框架一致，本章将分为四个主要部分，以阐明城市与区域规划在实现这一目标中的作用。第一部分我们将关注那些突出极端天气事件恢复以及为减轻其影响而建立的应对过程的叙事。以2005年的"卡特里娜"飓风及其引发的风暴潮为例，这场灾害重创了美国墨西哥湾沿岸的大部分地区，尤其是新奥尔良。这一案例突显了以减轻灾害影响为重点的应对方式的局限性。一个以保护性堤坝系统为基础的防御体系失效，导致该市大约80%的区域被洪水淹没，成为美国历史上最严重的城市灾难之一。我们还将强调随后出现的更具转型性和适应韧性的应对方式。第二部分借鉴荷兰的"适应性三角洲管理"项目，以及澳大利亚布里斯班所推进的一系列"与水共生"（living with water）的方法，我们强调一系列适应性和转型策略的出现。这些策略顺应自然，而非对抗自然，并且涉及在多个层面和多个利益相关者群体（包括当地社区）之间开展共识性对话。第三部分我们将聚焦于发展中国家日益增长的气候韧性发展运动。其中，城市韧性被视为减少脆弱性和使持续发展免受气候变化影响的主要手段。我们以牙买加为例，阐释这一方法，并强调气候韧性发展目标如何融入国家发展计划。第四部分将探讨跨国机构、城市领导者和城市社区如何通过韧性叙事共同推进气候变化的缓解与适应，并反思如何在集体和公平的方式下，创建治理机构以应对这些挑战所涉及的政治问题（Biermann，2014）。

6.2 从气候变化中恢复并减缓其影响

在2014年出版的《极端天气事件的韧性》（*Resilience to*

Extreme Weather Events）中，英国皇家学会指出："与天气相关的灾害作用于较短的时间框架，并且往往会产生重大后果，包括引发社会对政府在保护公民和调控风险方面承担新角色和采取新行动的需求。"（第4～5页）这一观点在2005年8月29日"卡特里娜"飓风袭击后的新奥尔良尤为真实，这场飓风给这座城市带来了毁灭性的影响。该飓风在当时是美国历史上代价最高昂且最具破坏性的"自然灾害"。飓风及其引发的洪水夺走了近2000人的生命，并在从佛罗里达中部到得克萨斯的墨西哥湾沿岸造成了估计高达1080亿美元的财产损失，其中大部分是由于风暴潮造成的。最严重的死亡和破坏发生在新奥尔良，那里的防洪堤系统被冲垮，导致城市80%的区域被水淹没。随后的恢复和重建计划揭示了历史防洪措施的不适应性，并促成了关于城市与区域规划干预措施的社会空间影响的更广泛讨论。这些干预措施旨在通过创新和适应性的方式增强未来的城市韧性。

奥尔尚斯基和约翰逊（Olshansky，Johnson，2010）对新奥尔良灾后复杂且充满争议的规划政治进行了深入剖析，揭示了试图恢复重建并重新安置社区，以及将韧性原则嵌入新兴规划项目和回归社区的种种努力。正如他们的作品《模糊不清：新奥尔良重建规划》（*Clear as Mud: Planning for the Rebuilding of New Orleans*）书名所暗示的，这一过程绝非易事，充满复杂的宏观和微观规划问题，且跨越多个尺度，涉及多个机构和资金安排。这同时也是一个关于失效和不适应的故事。正如我们在第四章中提到的，新奥尔良的防护失效在当时被认为是美国历史上最严重的土木工程灾难，并引发了根据1965年《防洪法案》对美国陆军工程兵团（US Army

Corps of Engineers）的诉讼。这一法案是在1961年"贝特西"飓风（Hurricane Betsy）过后制定的，当时国会将洪水防护权交给美国陆军工程兵团，并指示他们建造一个防洪系统，以抵御可能袭击路易斯安那州南部的最严重的风暴。尽管"卡特里娜"飓风是一场灾难性的事件，但正如奥尔尚斯基和约翰逊所说，它"数十年来一直在酝酿"（decades in the making）（第8页），并因显著且被低估的地点脆弱性以及一系列规划上的不适应而加剧。这一特定的地理和制度背景值得详细阐述，因为它突显了路径依赖轨迹如何被"锁定"，并严重削弱了城市的韧性。

缓解措施与设计失效的循环

新奥尔良始建于18世纪初，坐落在一片由数百年洪水冲积所形成的土地之上。正如奥尔尚斯基和约翰逊（Olshansky, Johnson，2010）所指出的，由于开发活动最初仅限于地势较高的区域，其地理位置的脆弱性起初是有限的。然而，20世纪初的快速城市化导致对现有定居土地的压力增大，进而促使人们在密西西比河三角洲周围的低洼地区进行建设。到了1960年，仅有48%的城市人口居住在海平面以上（相比之下，1919年这一比例为90%）。从一开始，新奥尔良所在地就是一个风险极高的城市选址。正如威尔班克斯和凯茨（Wilbanks，Kates，2010）所述，过去三个世纪中，该地区经历了多达27次重大洪水。在防洪方面，自1879年美国国会成立密西西比河委员会（Mississippi River Commission）以来，美国陆军工程兵团一直主要负责建造和维护防洪堤系统。直到1927年密西西比大洪水之后，根据1928年《防洪法案》（*Flood*

Control Act of 1928），新奥尔良才建造了更先进的防洪设施。"在密西西比河沿线发生重大洪水之后……陆军工程兵团沿整个河流建造了一个庞大而复杂的防洪堤、防洪墙、抽水站和排水渠系统"（Olshansky，Johnson，2010，第8页）。当时，美国陆军工程兵团所营造的这一工程是世界上最长的防洪堤和泄洪系统。

1927年的洪水淹没了密西西比河周边7万平方千米的土地，尽管工程界曾错误且自信地认为防洪堤不会被冲破：

> 陆军工程兵团建造了防洪堤以约束河流。它们象征着人类对自然的掌控……1927年春季，美国陆军工程兵团向公众保证防洪堤能够抵御洪水。毕竟，这些防洪堤是由他们建造的。然而，正如在河口的情况一样，工程兵团高估了自己的能力，而低估了河流的力量（Ambrose，2001）。

从社会层面来看，1927年的洪水还导致许多低收入的、主要是非裔美国居民流离失所，并成为加速非裔美国人向美国北部城市大迁徙的一个重要因素（Hornbeck，Naidu，2014）。正如之前提到的，"贝特西"飓风过后，美国陆军工程兵团对防洪堤系统进行了加固，获准建造超过563千米的防洪堤和防洪墙，以应对"标准项目飓风"（standard project hurricane）。这些防护措施鼓励了在低洼地区的新增开发，使1.7万户家庭的暴露风险增加（Wilbanks，Kates，2010）。到2005年，这一以工程为导向的防护系统仍未完工，其进程因政治争端而被拖延：

陆军工程兵团与众多地方防洪堤委员会之间复杂的建设和维护安排导致设计标准降低、施工质量下降，以及持续的维护问题，所有这些因素都导致了"卡特里娜"飓风期间系统的崩溃（Olshansky，Johnson，2010，第10～11页）。

其他因素，如在密西西比河三角洲平原上的过度开发、地下水的开采（导致地面沉降，使得新建的防洪堤高度低于设计标准）以及墨西哥湾石油和天然气勘探导致的海水入侵引发的淡水沼泽侵蚀（天然的风暴潮缓冲带被破坏），也加剧了"卡特里娜"飓风造成的破坏（同上，第11页）。

总体而言，防洪堤系统的建设为这座城市带来了"虚假的安全感"（a false sense of security）（同上）。这种感觉还被国家风险管理政策所强化，这些政策允许在易受灾地区建造数千座房屋，仅提供最低限度的保护（但符合洪水保险要求）。这是城市和区域规划的败笔。正如费舍尔（Fischer，2012，第98～99页）所指出的："这不是一场'自然'灾害……虽然没有人设计新奥尔良的防洪堤系统是为了造成如此灾难性的破坏，但我们也没有设计它以确保这种情况不会发生。"奥尔尚斯基和约翰逊（Olshansky，Johnson，2010）进一步指出，在"卡特里娜"飓风之前，"路易斯安那州既不要求地方制定综合规划，也不要求采用和执行建筑规范"（第12页）。尽管新奥尔良确实有一个总体规划、建筑法规和建筑安全部门以帮助符合洪水保险要求，但这些规定的执行和良好实践充其量是零散的（ad hoc）。

"卡特里娜"飓风的脆弱性和随后的破坏还与一系列社会经济因素有关——这些是被突发性事件暴露出来的长期性问题。正如风暴过后显而易见的那样，存在大量社会脆弱人群（主要是低收入的非裔美籍社区，许多人没有汽车），这"给大规模疏散、短期和长期避难以及其他灾害响应和恢复手段带来了巨大的后勤挑战"（同上，第13页）。这种社会韧性的缺失还伴随着服务的不足以及维护不善且支离破碎的基础设施所有权——这是该市数十年来因人口减少而面临的财政困境，导致税基（tax base）缩小的结果。

预见与治理的失效

韧性越来越依赖准确的风险评估和对未来危险的前瞻性预测。在"卡特里娜"飓风的案例中，风险和脆弱性是显而易见且广为人知的。一系列高层次研讨会［包括2005年3月在美国国家科学院（National Academies of Science）举办的研讨会］、情景演练［包括2004年以新奥尔良为中心的"帕姆"飓风（Hurricane Pam）演练］以及模拟建模都已清楚表明，如果再有一场大型飓风，新奥尔良将受到严重冲击——其防洪堤保护系统很可能会失效，整个城市可能会被洪水淹没数周甚至数月，大量人口将不得不被疏散到美国其他地区。正如一位专家在"卡特里娜"飓风之前指出的那样：

新奥尔良屏住呼吸，等待最坏情况是否会发生，而不是投资于沿海湿地恢复和能够改善该地区恶化环境的长期缓解措施（Olshansky，Johnson，2010，第17～18页）。

正如我们在第二章中指出的，预见灾难是一个具有内在政治性的过程，与行动主体和责任问题、国家与地方政府之间的张力，以及对过度反应的担忧密切相关。它还受到特定空间和时间背景的制约。在"卡特里娜"飓风的案例中，还有其他一系列因素导致了对灾难的预见和治理的失效。首先，联邦紧急事务管理局（Federal Emergency Management Agency，FEMA）在"9·11事件"后对应急管理进行了重组，成立了国土安全部（Department of Homeland Security），并建立了新的全灾种国家响应系统。这使得联邦紧急事务管理局在整合各种紧急功能和联邦响应计划方面的权力和责任被削弱，部分职能也从应对自然灾害转向反恐。与此同时，这一重点的转移导致许多经验丰富的操作人员离职，而大量缺乏自然灾害规划知识的军事人员加入了联邦紧急事务管理局的工作人员队伍（同上，第 16 页）。奥尔尚斯基和约翰逊还指出，用于新建防洪堤和维护现有飓风防护系统的联邦预算削减，使得许多人担心一场大规模飓风会摧毁新奥尔良。在20世纪90年代末和21世纪初，美国陆军工程兵团与环境保护署曾试图争取大量联邦资金用于湿地恢复，以作为飓风冲击的缓冲区，但未能成功。一位参议员在2005年飓风"卡特里娜"来袭前夕预言性地指出："问题不在于是否会（发生），而在于何时会发生。如果我们现在不投入数百万美元，以后就将不得不投入数十亿美元。"（同上，第20页）

规划恢复与韧性

城市和区域规划师以及像美国规划协会（American Planning Association）这样的代表机构在"卡特里娜"飓风过后的恢复工作中的作用，必须置于一个高度复杂且充满争议的灾后规划努力的背景中来理解。这一过程中充满了多层面的治理和资金挑战。正如罗丹（Rodin，2015，第249页）所记录的，即使在最基本的组织层面，大新奥尔良地区就有五个教区（parish），城市被划分为13个规划区、17个区和72个社区，这使得全市范围内的整合和战略思维极为困难。例如，她指出，最初负责协调规划进程的"重建新奥尔良委员会"（Bring Back New Orleans Commission）无法为其规划意图获得足够的资金，导致49个社区各自制定了自己的计划，而这些计划之间几乎没有整合。罗丹还强调，这一规划进程的失败促使洛克菲勒基金会应路易斯安那州恢复管理局（Louisiana Recovery Authority）的请求协助该进程，并帮助制定长期城市韧性的计划（同上；另见第五章）。

从城市韧性的角度来看，一些核心原则在旨在减少地方脆弱性并增强新奥尔良韧性的前瞻性规划进程中是显而易见的。这些规划不仅关注以往用于减轻飓风影响的技术和工程努力，而且越来越多地关注适应性和以自然为驱动的响应。

飓风过后，新奥尔良的规划工作既要应对眼前，又要着眼未来，体现了灾后响应的典型特征。以新奥尔良为例——这种情况在许多其他地区同样存在——灾后重建过程呈现为快速恢复与长期可持续公平变革之间的多重张力。其中最突出的矛盾体现为，是放弃城市的大片区域任其被水淹没，还是通过"重建得更好"（build back better）策略进行振兴的两难抉择。在新奥尔良，由于种族不信任的背景，快速恢复项目的尝试常常被指责缺乏深思熟虑和社区参与，甚至实际上增加了脆弱性。正如有学者强调的那样，"在洪水过后几个月内，该市匆忙发放数千份建筑许可证，降低了以减少洪水脆弱性的方式大规模重建建筑的可能性"（Olshansky，

Johnson，第219页）。

正如本章已经展示的那样，新奥尔良的防洪历史充斥着虚假的安全承诺以及不适应的、零散的和渐进式的设计。结合该城市的城市化模式，洪水易发性与社会经济劣势和种族高度相关。因此，"后'卡特里娜'飓风"不仅是一个通过长期规划战略增强城市韧性的契机，也是一个将社会和空间公平问题置于重建工作首位的契机。毫无疑问，规划制定过程、社区规划以及应急规划和准备工作确实有所改进。众多地方性规划已被一项具有法律约束力的总体规划所取代，以"防止市议会的临时性规划决策"（同上，第21页），治理透明度也随着公民参与度的提高和邻里规划项目的开展而显著改善。

"卡特里娜"飓风过后，美国陆军工程兵团立即开展了更多的飓风防护工作。这次采用了一系列湿地保护和恢复行动，这标志着防洪策略从过度依赖堤坝和防洪闸转向更多地纳入自然缓冲解决方案。以往只注重减轻影响的方法，如今融入了大量适应性元素。尽管新奥尔良无疑拥有美国沿海社区中最全面的防洪措施，但它在完全接受一个全面且多层次的防洪韧性项目方面行动迟缓。然而，自2010年起，该市发展了一项全面、综合且可持续的水资源管理战略，并于2013年最终确定为《大新奥尔良城市水规划》（*Greater New Orleans Urban Water Plan*）（City of New Orleans，2013）；这是一项城市水资源管理的长期愿景，也是美国首个区域性的城市水规划。城市水规划本质上是一项韧性规划研究，旨在制定可持续的水资源管理策略。该规划的具体行动为减轻洪水风险、限制地面沉降和改善水质提供了路线图。规划分为三个时间阶段：

- 近期（2013–2020年）：实施"智能改造"（smart retrofits），对既有基础设施或正在进行的项目进行干预，以纳入水资源管理策略。
- 中期（2020–2030年）：在实际项目规模内改善水流和连通性。
- 远期（2030–2065年）：将《大新奥尔良城市水规划》的战略推广至整个路易斯安那州东南部。

该规划所遵循的一般原则基于荷兰流行的创新性"减缓、储存与利用、排放"模式（见下一节）。这一方法通过采用生物滞留和渗透策略（例如雨水花园）来减缓水流（而非尽可能快速抽排），从而实现自然储存。预计这种模式将减少对财产和基础设施的损害以及相关的保险费用，并对房产价值产生积极影响。正如该规划的一位顾问所指出的：

> 通过城市水规划，大新奥尔良能够直接应对这些挑战，更好地利用其水资源资产，同时将工程、规划和设计方面的创新成果推广至其他沿海地区，因为对于这些地区而言，健全的水资源基础设施是生存和经济繁荣的关键（*Greater New Orleans Urban Water Plan*，2013）。

《大新奥尔良城市水规划》最近获得了美国规划协会2015年国家规划卓越奖（环境规划类），这一荣誉旨在表彰为创建更绿色社区和改善环境质量所做出的努力。最后，我们还应记住，"卡特里娜"飓风也是一个关于被迫迁移的故事。它撕裂了城市的社交纽带，成千上万的居民被疏散到美国其他州（正如1927年大洪水之后一样），其中许多人并未返回：

> 许多逃往超级穹顶体育馆（Superdome）和会议中心的被淹社区居民随后被疏散到远离新奥尔良的地方。2005年10月初进行的一项关于新奥尔良疏散人群的首次全面调查确定，39%的疏散者（大多是贫困的且为黑人）不打算返回。如果一个城市的恢复能力在很大程度上依赖其居民，那么如果居民流失，这无疑是一个糟糕的日子（Campanella，2006，第144页）。

然而，在"卡特里娜"飓风过后，也有一些展现社区韧性的励志故事，其中最引人注目的或许是越南裔社区的故事。这一例子被美国国家科学院最近的一份报告——《灾害韧性：一项国家要务》（*Disaster Resilience: A National Imperative*，2012，第101页）所引用，以说明那些与主流社会隔绝且有着移民美国集体经历的弱势族裔群体，仍然拥有强大的内部联系，从而能够抵御某些灾难的影响。报告还强调了在灾害恢复工作中理解文化的重要性。例如，在"卡特里娜"飓风之前，大约有4万名越南裔居民相对孤立地生活在新奥尔良，并将这场飓风视为重建社区、使其更加强大的机会。在飓风来临之前，他们通过当地天主教堂协调制定了社区疏散计划，而在飓风过后，社区成员齐心协力，依靠集体技能重建了该地区（同上，第102页）。

《纽约时报》在"卡特里娜"飓风十周年之际，特别关注了越

南裔社区在飓风过后的长期努力（Vanlandingham，2015）。报道
特别聚焦位于城市东部角落的"东村"（Village de l'Est）。该地区
曾遭受严重洪水侵袭，如今却"出现了热闹的餐馆、整洁的房屋
和精心打理的草坪，街道上车水马龙。相比之下，周边许多地区
似乎仍在苦苦挣扎"（同上）。现有证据也支持了越南裔社区比新
奥尔良其他社区更具韧性的印象，心理学家发现，越南裔美国人
的回归率远高于黑人和白人，且创伤后应激障碍（post-traumatic
stress）的发生率也低得多。"卡特里娜"飓风十周年之际，城市当
局也借此机会启动了其全面的城市韧性计划——《韧性新奥尔良》
（Resilient New Orleans）。这一政策议程呼吁在环境、城市服务
以及社会与经济公平三个广泛领域采取41项行动，并提出了面向
2050年的长期愿景（City of New Orleans，2015）。这一战略政策是
该市参与洛克菲勒基金会"100韧性城市"倡议的核心内容，其核
心韧性挑战被表述为（同上）：

> 我们的环境正在发生变化。气候变化正在加速这一进程。
>
> 公平对韧性至关重要。
>
> 面对不确定性，我们必须未雨绸缪。

6.3　规划长期的气候变化适应

　　如上所述，在"卡特里娜"飓风后的恢复期间，新奥尔良当局
从荷兰的经验中汲取灵感，制定了更有效的与水共存的计划，并开
发了涵盖城市和区域范围的防洪韧性规划。如今，许多国家和城市

正在推进此类计划，并将"水"或"蓝"规划的原则纳入日常规划政策和实践中，旨在通过创新性地适应三角洲地区来增强韧性。

荷兰的适应性三角洲管理方法

荷兰拥有悠久且备受赞誉的防洪历史，但对气候变化和其他欧洲国家的洪水问题的担忧日益加剧。全国性的三角洲计划于2008年9月启动，并于2010年2月正式通过，旨在使荷兰成为一个无论现在还是未来都安全且富有吸引力的国家。三角洲计划是一项全国性的合作项目，汇集了中央政府、省和市级政府机构以及水务委员会。此外，民间社会组织、商业界以及具有专业水资源知识的组织也参与其中。在三角洲计划中，一种被称为"适应性三角洲管理"的理念被广泛采用，以使城市和区域规划更具气候适应性和水资源韧性。荷兰三角洲计划将适应性三角洲管理定义为一种"分阶段的决策过程，明确考虑不确定的长期发展……对社会保持透明……并鼓励对土地和水资源管理采取综合且灵活的方法"（Delta Alliance，2014，第2页）。这被视为一项长期愿景（长达100年），涉及与当地社区的互动，得到众多政府部门的支持，并嵌入城市和区域规划实践中。虽然适应性三角洲管理旨在实现安全和社会经济目标，同时在实施管理干预的"方式和时机"上保持灵活，但短期决策也应具备长期可持续性或韧性。这要求适应性三角洲管理更具"预见性"，因为已经规划的行动不太可能足以应对气候变化的未来挑战和防止达到临界点。

正如我们在第二章和第三章中所强调的，城市韧性需要冗余性、方法的多样性，而不仅仅是一个单一的"A计划"。在适应性三角洲管理方法中，适应路径（adaptation pathways）被开发为传统"终点"（end-point）情景的替代方案，以支持稳健的决策制定以及对响应的连贯监测和评估。正如三角洲联盟进一步指出的那样，该方法计划通过适应路径来最小化路径依赖的影响，避免政策行动因先前决策而受到限制：

> 三角洲的历史表明，一旦某种发展模式开始，就很难轻易改变或适应新条件。从历史中汲取教训，并且知道我们无法预测未来，这促使我们避免此类锁定。实现这一目标的一种方法是使用适应路径（同上，第3页）。

适应路径的形成与对气候变化不确定性的承认密切相关，因此其大部分思考基于一个情景矩阵（scenario matrix）。该矩阵探讨了气候变化与社会经济发展之间的联系。这些情景如图6.1所示。在反思这种以情景驱动的适应路径生成如何使城市和区域规划更具韧性时，雷斯特迈尔等（Restemeyer等，2014）观察到：

> 情景被用来预见未来。路径有助于选择措施，因为它们不仅描绘了短期和长期的行动，还提供了一个概览，展示哪些措施可能形成适当的组合……它也为新兴的政策过程和结果留下了空间，因为它清楚地表明，政策行动取决于未来如何展开。

从城市和区域规划的角度来看，这种方法依赖反思性过程以及涵盖未来展望的健全的事前（ex-ante）政策分析，以便能够适应

社会经济增长

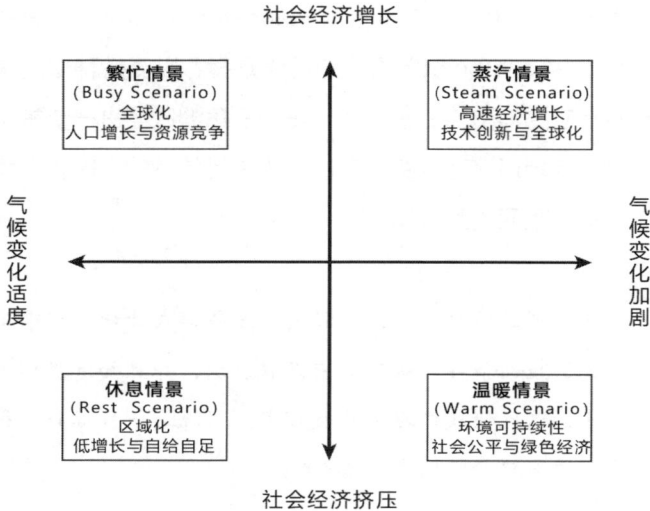

繁忙情景
(Busy Scenario)
全球化
人口增长与资源竞争

蒸汽情景
(Steam Scenario)
高速经济增长
技术创新与全球化

气候变化适度

气候变化加剧

休息情景
(Rest Scenario)
区域化
低增长与自给自足

温暖情景
(Warm Scenario)
环境可持续性
社会公平与绿色经济

社会经济挤压

图6.1　四种三角洲情景
图片来源：Delta Programme，2011，第14页

当前和正在出现的趋势。这将涉及"确定是否需要政策转型，评估替代的洪水风险管理策略，以及在不冒'为时过晚而做得太少'或'过早过多而后悔'的风险下进行规划"（Klijn等，2015，第845页）。此外，适应性三角洲管理呼吁采用"新方法，尤其是因为对长期未来发展的不确定性……这需要重新考虑其背后的原理以及技术措施组合与空间规划及其他政策工具的应用"（同上）。适应性三角洲管理的前提是为现在和未来找到稳健而灵活的解决方案，与一般规划系统一样，也需要良好的治理。三角洲联盟（2014，第10页）认为，这可以通过反映规划过程的循环过程来实现（图6.2）。

全国性的适应性三角洲管理规划通过九个子计划实现区域化，其中包括针对鹿特丹这一高度城市化地区的区域子规划。该地区

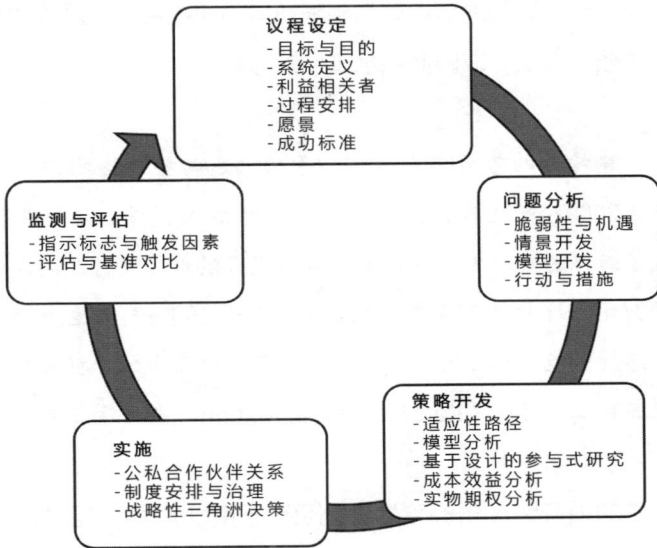

图6.2 适应性三角洲管理与规划循环

80%的土地低于海平面。在实践中，适应性三角洲管理在鹿特丹得到了很好的整合，该市的市政水战略与三角洲计划相协调。两者都强调需要采取多方面的应对措施，以多种方式缓冲意外水位变化，从而增强韧性并降低风险。在这两项规划中，水被视为一种资源。新的城市和建筑类型将洪水作为一种创新机会加以利用。水广场、漂浮花园和水道被确定为新的城市特色（Caputo等，2015，第7页）。卡普托等（Caputo等）进一步强调了创新是如何被引入规划过程的，例如将洪水缓解措施转化为独特的城市空间设计特色，以及通过公共教育项目让当地居民学会在可接受的水风险水平下生活（同上）。近年来，鹿特丹的水规划因其与新奥尔良一样被纳入洛克菲勒基金会的"100韧性城市"合作伙伴关系（见第五章）而得到了显著推动。该市的焦点非常明确地集中在综合水资源管理和创新性的气候适应上，以限制洪水事件的影响：

> 鹿特丹的努力仍在以1953年的洪水为鉴，这场洪水夺走了近2000人的生命，并造成了广泛的财产损失。这一事件突显了海洋的破坏力，并推动了荷兰现代洪水管理行业的发展。2007年，这座城市宣布了到2025年实现100%气候适应的雄心壮志——能够在任何极端天气情况下，以最小的干扰继续发挥经济和社会功能（Rockefeller Foundation，未标注日期）。

荷兰的适应性三角洲管理计划仍处于起步阶段，但其具有前瞻性、务实性、灵活性和预见性的理念已经在全球范围内得到应用，尤其是在孟加拉国、印度尼西亚和越南（例如，Planning Commission General Economic Department，2014），并且在美国新奥尔良也发挥了重要作用。在新奥尔良，通过一系列美国—荷兰研讨会［或称"荷兰对话"（Dutch Dialogues）］，该理念帮助塑造了"卡特里娜"飓风后的综合水资源管理战略（Meyer等，2009）。

以设计为主导的洪水风险韧性

正如我们在第四章中所指出的，澳大利亚布里斯班市的洪水问题日益严重，其影响因城市化进程和不适应的城市设计而加剧（Brisbane City Council，2011a；另见van den Honert，McAneney，2011）。作为回应，布里斯班市议会在1999年以来制定的一系列水资源管理计划的基础上，制定了水敏感城市设计（water sensitive urban design，WSUD）策略，旨在增强建成环境的渗透性（Brisbane City Council，2011a）。水敏感城市设计策略是一种规划和工程设计方法，将城市水循环（包括雨水、地下水和污水管理）整合到城市设计中，以减少环境退化并提升美学和娱乐吸引力。水敏感城市设计与20世纪60年代以来澳大利亚城市在更全面地处理雨水方面所做的尝试密切相关，目的是避免快速雨水径流导致的严重突发性洪水（Roy 等，2008）。

近年来，城市和区域规划师逐渐认识到需要采取综合管理方法，以使城市能够适应并抵御城市化和气候变化给老化的水利基础设施带来的压力（Donofrio等，2009）。因此，正如罗伊等（Roy 等，2008）所指出的，澳大利亚各州从20世纪90年代中后期开始发布水敏感城市设计指南，布里斯班市议会也于1999年发布了自己的指南。在布里斯班，水敏感城市设计已成为全面水循环管理计划的一部分。该计划首次发布于2004年，并于2013年最近一次更新（Brisbane City Council，2013b）。布里斯班的《全面水循环管理规划》（*Total Water Cycle Management Plan*）是一项长期实施计划——一个用于指导与市议会合作伙伴的战略规划与协作的工具，并与市议会的长期社区愿景，即《布里斯班愿景2031》（*Brisbane Vision 2031*）相一致。该规划制定了为期20年的实施蓝图与框架，旨在"指导涉及提升布里斯班雨洪韧性等议题的详细规划工作"（同上，第2页）。

作为该市的长期愿景，《布里斯班愿景2031》的目标是确保布里斯班成为一个更具韧性的城市：一个安全、自信且为自然灾害做好准备的城市（第29页）；居民和企业能够适应不断变化的环境，具备韧性，并为极端天气和自然灾害找到有效的解决方案（第27页）；并且能够设计和规划韧性，理解极端天气事件的影响，包括干旱和洪水的循环（第28页）。本质上，《布里斯班愿景2031》是一项聚焦气候变化适应的创新韧性战略：

> 气候变化为我们提供了在解决方案上进行创新的机会。布里斯班致力于改变我们管理公共空间、建筑、水道、地表径流路径和布里斯班洪泛区的方式，以使城市及其社区更具适应变化的韧性（第6页，着重号为本书作者所加）。

《全面水循环管理规划》提出了一系列详细的实施计划，其中最值得关注的是2010年的"智慧水资源"战略和2012~2031年的"智慧防洪"战略。其中，前者旨在保护和改善水道健康，打造经济可行、设计精良的活力宜居空间，并确保在人口增长背景下实现当地水资源的长期可持续管理。后者以"携手共进，打造更具韧性城市；一个安全、自信且时刻准备好的城市"（第1页）为口号，该战略的制定主要源于2011年该市遭受的特大洪灾冲击。该战略规划了六项目标，分别是：基于风险的洪水管理方法，综合且适应性强的方法，智慧规划与建设，受过教育且具有韧性的社区，世界级的响应与恢复能力，以及维护良好且不断改善的结构性资产。该战略指出：

> 我们可以成为一座与洪水和谐共处的城市。这意味着将洪水纳入预期、设计和规划之中。这意味着使我们的建成环境适应水流的自然运动。这也意味着打造能够抵御极端天气的韧性

社区。我们还需要应对未来的挑战。气候变化和不断增加的发展将要求我们对洪水风险管理采取适应性方法（第2页，着重号为本书作者所加）。

这种适应性和综合性的方法在图6.3中进行了总结，突出了城市和区域规划师在其中发挥的关键作用（Flood Smart，未标明页码）。

在布里斯班支持洪水风险管理的规划方法中，水敏感城市设计占据重要地位。2011年，布里斯班市议会发布了一套新的指导文件，即《水敏感城市设计：街道景观规划与设计包》（*Water Sensitive Urban Design: Streetscape Planning and Design Package*）（Brisbane City Council，2011b）。该设计包旨在为城市规划师、土木工程师、景观建筑师以及其他寻求在多种开发申请中所需的雨水管理技术指导的专业人士提供参考。其核心理念

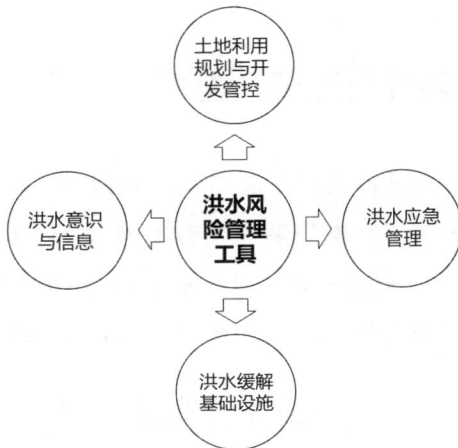

图6.3　规划师在洪水风险管理中的作用

是利用一种或多种雨水管理装置 [如生物滞留系统（bioretention systems）、植草沟（swales）、雨水口篮（gully baskets）和透水铺装] 来打造"水智慧型街道景观"。正如设计包所指出的，此类街道景观干预措施可以：

> 显著改善布里斯班流域和水道走廊的健康状况……[并且] 还可以在干旱时期保持街道的绿色，提升视觉吸引力，增加本土栖息地，并改善排水，且成本极低。为了获得最佳效果，应在项目的初始概念规划阶段考虑雨水管理装置。然而，它们也可以被改造进现有的城市街道中（第2页）。

简而言之，水敏感城市设计将城市雨水径流视为一种资源，而非一种麻烦或负担，这代表着在规划体系中传统的环境资源和水基础设施处理方式发生了范式转变。

6.4　气候韧性与变革性规划

本章前面的部分主要关注了发达经济体中的气候变化适应尝试。相比之下，本节聚焦气候韧性发展（climate-resilient development）——这是一种通常在发展中国家中实施的方法，旨在通过持续的发展努力，降低脆弱性并增强面对气候变化的韧性。

气候韧性发展

美国国际开发署（United States Agency for International

Development，USAID）（2014，第xvi页）指出："气候韧性发展将气候变异性和气候变化的考量纳入发展决策，以确保在实现发展目标的过程中考虑气候影响。"此外，气候韧性发展代表了一种实施国际发展的新方法：

> 气候韧性发展意味着确保人们、社区、企业和各类组织能够应对当前的气候变率，并适应未来的气候变化，从而保持发展成果，减少损失。气候韧性发展是将气候影响和机遇纳入发展决策过程，以改善发展结果，而不是以一种全新的方式实施发展活动。气候风险无法完全消除，但其对人类和经济的负面影响可以被减少或管理。气候韧性发展有助于最小化气候影响的成本和后果，使其不会阻碍实现发展目标的进程(同上，第2页)。

气候韧性发展旨在将适应和缓解气候变化纳入主流，并将更好的风险管理和融资嵌入地方规划和发展机会中，这与减灾方法和一般的社会—生态韧性原则（见第二章）类似。正如阿杰等（Adger等，2011，第706页）所指出的，气候韧性发展存在以下明确联系：

> 气候韧性发展明确地与灾害准备和灾害风险降低联系在一起；它强调提供保险保护的多层结构，并在适当时机设置安全网（safety nets）；同时致力于构建"气候智能"（climate smart）系统。因此，这种方法融合了韧性思维的多个不同方面，包括多尺度和跨尺度动态，对系统冲击和干扰的强调，以及工程韧性方面的内容。

气候韧性发展方法旨在在现有发展实践的基础上进行拓展，并促进新的思维方式和工作方式的形成。美国国际开发署（USAID，2014，第2页）强调，气候韧性发展方法与传统发展方法存在诸多不同之处，其中包括面向未来的战略性思维、长期规划，以及将灵活性和稳健性融入发展项目中。这些差异在专栏6.1中进行了详细说明。

专栏 6.1　气候韧性发展的不同之处在哪里？

展望未来并进行规划

气候变化的影响已经在当下显现，并将持续数百年。在许多地区，气候变化正在导致天气模式超出历史经验的范围，过去的经验可能不再能很好地预测未来。发展从业者应当识别未来的气候挑战，并将其与当前的气候变率挑战联系起来。

识别气候压力因素并利用适当的气候信息

气候压力因素应在发展计划中被明确考虑。在观测趋势和模型预测中，应使用与操作环境的性质和时间尺度一致的相关信息。对于短期活动，如农业推广，下个生长季的信息最为相关。对于长期的基础设施投资，覆盖投资寿命的50至100年的估算将更有用。

降低对气候压力因素的脆弱性

气候韧性发展必须有效减少气候变化造成的危害。这需要理解导致某人或某物脆弱的原因，并采取行动减少这些脆弱性。可能减少脆弱性的行动包括帮助人们更好地为应对或适应压力因素做好准备，改变位置或加固高价值区域以减少对压力因素的暴露，或者改变人们所依赖的事物，使他们对这些压力因素的敏感性降低。

促进灵活性与稳健性

尽管科学取得了巨大进步，但气候变化的影响仍然存在不确定性，并且这种情况将持续下去。政治和经济系统的持续变化以及偶尔的意外对发展从业者来说并不陌生，气候系统同样难以进行精确预测。将灵活性或稳健性嵌入开发活动中，涉及采用多种方法来管理风险，优先选择那些在气候变化较大或较小的情况下仍能产生效益的方案，并以适应性的方式管理风险。

> **随着国家与社区需求的演变以及气候压力因素的变化而持续推进**
>
> 　　适应气候变化必然是一个持续的过程，而非一次性行动。这是因为气候将持续变化，关于气候压力的新信息将不断出现并应被整合到应对措施中，新的应对选项将不断涌现，并且我们将从中学习到哪些措施行之有效，哪些还有改进的空间。

　　推进气候韧性发展方法当然具有情境依赖性，但正如气候适应经济学工作组（Economics of Climate Adaptation Working Group）[成员包括气候行动基金会（Climate Works Foundation）、全球环境基金（Global Environment Facility）、欧盟委员会、麦肯锡公司、洛克菲勒基金会、渣打银行和瑞士再保险公司（Swiss Re）等] 所强调的（2009，第13页），在国家或地方层面实施全面的气候韧性发展战略时，有几个关键步骤至关重要：创建包容性的国家或地方努力，定义当前和目标优先措施的渗透率，解决政策框架、机构能力和组织等现有发展实施的障碍，鼓励国际社会提供足够的资金，以及认可并动员每个利益相关者的不同角色。这种气候韧性发展方法可以通过牙买加正在采用的城市韧性方法得到具体体现。

牙买加的气候韧性规划方法

　　在任何气候韧性规划过程中，明确规划框架、确定适当的发展目标和长期目标以及现有的可能促进增强城市韧性的规划法律、法规和政策都是至关重要的。2012 年，牙买加政府寻求美国国际开发署的支持，制定了一项全新的气候变化政策，以配合该国国家发展规划《2030 愿景：规划一个安全与繁荣的未来》（*Vision 2030: Planning for a Secure & Prosperous Future*）（Planning Institute of Jamaica，2009）。通过一系列研讨会，牙买加政策在充分应对气候变化方面存在的差距被揭示出来，特别是在有效治理和资金方面，也包括更多监管方面的关切，如需要适当的立法、有效的分区以及对现有建筑法规的更好执行（USAID，2014，第14页）。在确定了一系列气候压力因素后，牙买加的气候变化方法得到了适当的情境化，并推动了一系列适应选项的提出。

随后，在 2012 年下半年，牙买加制定了《气候韧性战略方案》（*Strategic Program for Climate Resilience*，SPCR）。作为加勒比地区气候韧性试点方案（Caribbean Regional Pilot Program for Climate Resilience，CRPPCR）的一部分，SPCR旨在促进牙买加的气候韧性发展。CRPPCR为技术援助和投资提供资金，以帮助高度脆弱的国家将气候风险和韧性纳入其发展规划和实施框架；并通过这种方式，试图从"一切如常"的方法转变为更具主动性和综合性的战略。在牙买加，SPCR与《2030愿景》相一致，并且基于牙买加发展战略中确定的挑战进行构建；它是一项关键举措，将通过在各种政策领域嵌入气候变化适应政策，帮助该国为其国家发展提供气候保障。例如，在水利和农业这一核心领域，一系列政策优先事项——灾害风险管理、减少洪水、减少贫困、性别考量以及粮食安全——现在都在气候变化适应的背景下进行了整合。最近，在2015年，牙买加政府宣布在金斯敦（Kingston）大都市区开展一个600万美元的气候变化韧性项目——"通过基于生态系统的适应建设城市系统的气候韧性"（Building Climate Resilience of Urban Systems through Ecosystem-based Adaptation）——这是联合国环境规划署（UN Environment Programme，UNEP）专注于拉丁美洲

和加勒比地区的项目的一部分。正如牙买加环境部长指出的（引自
Caribbean Journal，2015）：

> 这为城市规划师、环境规划师、建筑行业以及民间社会带
> 来了新的挑战和机遇。这些是非常实际的问题——在哪里建
> 设、如何建设，以及生态系统服务可以发挥的作用——以便在
> 新的气候现实下发展和繁荣。

6.5 迈向气候变化下的变革性城市韧性议程

城市地区是气候变化影响的前沿阵地，许多城市高度暴露于洪
水风险之中，非常脆弱。这种暴露往往是历史路径依赖和锁定式方
法的结果。本章探讨了城市和区域当局，特别是规划师，传统上和
最近通过城市韧性话语来缓解和适应建成环境（以及相关治理机
制）的各种方法。这些方法是在气候风险增加和不确定性加剧的背
景下进行的。正如雷琴科（Leichenko，2011，第164页）所指出的：

> 韧性这一概念在关于城市和气候变化的文献中正变得越来
> 越突出。经常使用的术语如"气候韧性""气候防护"和"韧
> 性城市"，强调了城市、城市系统和城市利益相关者需要能够
> 迅速从与气候相关的冲击和压力中恢复过来。在城市和城市地
> 区，增强韧性被广泛引用为适应和缓解努力的关键目标。

本章还指出，一种范式转变正在发生，并且已经在一些城市地

区得到实施，即传统的以工程手段为基础的减排措施正在被规划师实施的更注重自然的适应性方案所取代，从而创造了一个更具气候韧性的建成环境和社会。虽然这还不完全符合佩林（Pelling，2011）所强调的具有变革性、适应性和激进性的本地化变革，但有明显迹象表明，在许多地方，气候变化正被以不同的实践和治理方式重新定义。

从单纯依靠防御和保护来降低气候变化影响（尤其是洪水）的概率，转向预防和准备，已经成为规划专业的关键优先事项，并且越来越多地被纳入政策和实践的主流。正如怀特（White，2008，第152页）所指出的："当前出现的自然管理模式的兴起，是因为人们认识到技术官僚方法的局限性，土地被归还用于洪泛区恢复，为水体腾出了更多空间。"然而，这种文化变革并非易事，正如布朗（Brown，2012）所指出的，目前的气候变化适应似乎更多的是渐进式变革，而非真正的转型。

尽管对气候变化韧性的保守性解读或许占据主导地位，但重要的是要在城市和区域规划的政策与实践中嵌入更具进步性的观点，拥抱适应性和转型能力，以减少对当前和未来风险的暴露。正如第二章所指出的，这种演进性的韧性视角拒绝平衡、确定性和预测，力求将更广泛的利益相关者纳入治理进程，并开发替代性的发展轨迹（Davidson，2010）。正如怀特（White，2013）进一步强调的，转向这种转型性方法将揭示当前计算洪水风险方式的危险性［他称之为"虚假精确性"（false precision）］，并消除锁定的决策。这种调整还将促进从程序性和理性规划正统观念的主导地位向一种拥抱不确定性的转变，并使城市和区域规划师越来越多地被授权以更具预防性的方式进行干预。然而，正如我们在本章和其他章节中所强调的，鉴于气候变化适应和其他形式的城市韧性对社会和空间正义的真正影响，以及积极地使公民和利益相关者成为风险管理者，治理这些新的规划方法将需要格外小心。库利克和施泰因弗勒（Kuhlicke，Steinfuhrer，2013，第115页）在谈到洪水政策时指出：

> 同时，这种向准备治理（governance of preparedness）的转变往往与新的权威和控制形式以及责任分配的变化密切相关。尽管政府仍然制定洪水政策，但它们同时也在寻求将成本和行动的责任转移给社会的其他部分。因此，处于风险中的人——居民、企业、农场、基础设施公司等——不再仅仅是洪水风险的暴露者；相反，他们正逐渐被转变为积极的风险管理者，因为他们被鼓励就洪水风险的预防和缓解做出决策和选择（着重号为本书作者所加）。

总体而言，正如联合国人居署（UN-Habitat，2011，第27页）所断言的，城市对气候变化挑战的响应是碎片化的，行动的言辞与现实之间存在着显著的差距。然而，通过城市韧性的视角，我们可以看到一些渐进性和转型性变化正在发生，因为：

> 气候变化议程已经从科学问题的框架（气候科学和气候影响的识别）转向更关注社会响应的实施（减排和适应），详细的政治、伦理、社会和规范性分析变得越来越重要(McEvoy等，2013，第281页)。

　　与所有城市韧性干预措施一样，情境至关重要。根本没有一种放之四海而皆准的解决方案，也没有关于城市和区域规划师应如何帮助城市适应气候变化影响的蓝图。本章所列举的案例既突出了规划过去的失败，也揭示了规划师如何能够成为转型气候变化议程的关键利益相关者，专注于创新和变革，而不是简单采用技术理性和一切如常的方法。尽管在综合气候变化韧性方面有进步的证据，但更具挑战性的是将其与可持续和公平的城市发展结合起来（见第十章）。

Security-driven Urban
Resilience

第七章
安全驱动型城市韧性

在灾害管理领域的传统文献中，城市韧性通常被定义为专注于抵御自然灾害和/或气候变化影响的保护与恢复能力。然而，正如前文所述，近年来，这一术语开始呈现出新的内涵，因为它逐渐与各国政府的国家安全倡议相融合。这些新兴计划的主要宣称目标是限制恐怖分子渗透目标的机会，并采取措施降低袭击成功后带来的损害（Coaffee等，2008a；Coaffee，O'Hare，2008）。尽管国家层面和国家政府所识别的恐怖主义威胁具有全球性，并且并非新问题，但此类议程在美国和英国自"9·11事件"以及2005年7月7日伦敦地铁自杀式爆炸袭击以来，得到了更加积极的推进。这并不是说防范城市恐怖主义的尝试早于这些事件，而是说这些事件充当了催化剂，促使人们更加重视在被认为风险更高的场所规划与设计中采用预防性措施，并将反恐作为更广泛且资金更充足的韧性议程的核心要素。

在"9·11事件"之后，国家安全政策开始转向主动性和先发制人的解决方案——正如王友光（Heng，2006，第70页）所称的"积极的预期和反思性风险管理策略"，这些策略在多个次国家（城市和区域）空间尺度上得以体现。尽管近期研究表明，此类政策干预以多种相互关联的方式在"9·11事件"后迅速发展，但其结果往往是延续现有对减少犯罪和恐怖主义的发生及其感知的推断。可以说，这一现象主要通过城市韧性框架下的四种方式得以体现（Coaffee，Wood，2006）。

第一种方式是公共和半公共城市空间内电子监控的增加，特别是自动化软件驱动系统的应用（Lyon，2003）。"9·11事件"成为高科技监控系统大规模引入的催化性事件——一种"监控激增"（surveillance surge），表现为现有系统的强化和扩展，以及与确保日常城市韧性密切相关的越来越精细技术的采用。

第二种方式是物理或象征性边界以及领土封闭概念的日益流行，例如住宅封闭社区的开发扩大，以及对机场、市政建筑和主要金融区入口及周边区域的加强保护，限制了人员的进入。在"9·11事件"之后，许多评论者推测，与恐怖主义威胁相关的恐惧会加速城市分化为安全区和不安全区，并对全球城市产生持久影响。其他人也记录了机构对恐怖主义的应对如何导致"城市空间的缩小"，因为社区寻求专门建造的封闭区域作为庇护所（Savitch，2005）。

第三种方式体现在各类组织和各级政府所推行的安全和应急规划的复杂程度以及成本的不断增加，其目的是减少脆弱性并提升在遇到袭击时的应对能力。大多数机构已重新审视并重新评估了各自的风险评估，以增强自身的韧性。全面测试和对灾难预案及情景的后评估如今也愈发普遍（Adey，Anderson，2012）。

第四种方式是将城市韧性和安全战略与流动全球的资本的竞争联系起来。如今，许多城市明确地将安全与城市复兴联系在一起，这既体现在对新文化街区的微观管理以及对绅士化进程的推动，也体现在通过城市营销计划对城市形象的宏观管理中。这些城市营销计划越来越强调城市作为商业场所的"安全性"，并将安全性和韧性作为其全球城市吸引力的重要卖点（Coaffee等，2008b）。这一点也体现在全球利益相关者开发的城市韧性指数的发展中，以及我们在第五章中讨论的韧性评估的专业化，其目的是吸引资本投资。

这四个城市安全的类别在政策辩论中变得日益突出，因为城市正越来越多地通过"韧性"的视角被审视。在实践中，这迫使人们重新思考传统的应急计划和反恐议程，因为所面临的威胁规模不断扩大，同时也将一系列非传统利益相关者——尤其是城市和区域规划师——纳入安全政策议程中。

与其他许多国家一样，英国政府一直在制定一系列与恐怖主义对国家安全构成威胁相关联的城市韧性战略。这种敌意对英国而言并非新现象，因为英国在过去曾面临来自爱尔兰共和组织（Irish Republican）的重大威胁，尽管这一威胁如今仍然存在，但程度已显著降低。许多政府和国家安全界都强调，新的恐怖主义战术和目标选择策略迫使人们重新评估针对特定地点和城市基础设施的威胁等级。此外，尽管诸如大使馆、军事设施和关键国家基础设施等特定目标仍处于高风险状态，但当前恐怖袭击威胁的一个显著特点是"它们常常蓄意针对从事日常活动的普通民众"（Home Office，2006，第7页），尤其是拥挤的公共场所被认为越来越具有吸引力，因此我们被告知必须加以防御。然而，正如本章所概述的，这些举措给负责在公共利益与安全考虑之间寻求平衡的城市和区域规划师带来了重大挑战，其中最重要的是他们需要与警察和安全部门官员展开新的合作，以实现这一目标。

在解读这一挑战时，本章借鉴了多项与安全驱动型城市韧性相关的研究成果，分为三大部分。首先，本章详细阐述了"9·11事件"之前规划师在应对恐怖主义威胁方面的职责范围，将当前对设计中融入安全特征的专注置于历史背景中加以审视。通过引用美国、以色列/巴勒斯坦和北爱尔兰的案例，展示了传统规划议程中关于可防卫空间或通过环境设计预防犯罪的理念是如何以国家安全的名义被"军事化"的。其次，本章转向关注英国和阿布扎比对当前感知威胁的潜在规划应对措施，提供了将安全驱动型城市韧性主流化到规划实践中的实证案例。最后，在第三部分，我们思考这种特定威胁对城市和区域规划专业所理解的"韧性"发展的重要意义。在强调专业规划师的角色如何被重新配置并在当代城市安全政策方面被赋予更大责任的同时，我们也要注意由此引发的担忧；这些担忧可能也与其他建筑环境专业（如结构工程师、建筑师、城市设计师和开发商）所共享。我们还指出，尽管针对参与国家安全议程的城市和区域规划师出现了大量新兴政策和指导，但在有效实践中却出现了实施差距，这主要是规划师与安全专家之间不适应的关系所导致的。规划文化和警务文化之间的不协调联系是一个关键特征，这种联系常常导致专业人员依赖既有的假设，而未能根据新的常态调整和创新方法。此外，我们还评论了经济衰退的影响，以及它如何使开发商和建筑所有者越来越不愿实施最适度的安全驱动型城市韧性措施。

7.1 反恐规划与设计：历史背景

自"9·11事件"以来，"韧性"一词越来越多地被用来指代那些将抵御恐怖袭击风险或减轻成功袭击后果的特征融入城市环境的规划政策：

> 国内安全规划师已采纳反恐措施，以创造一种难以被攻击、对此类事件后果具有韧性，并保护其人口和资产的人类环境。具体而言，反恐战略旨在通过降低目标对恐怖分子的真实和象征价值，同时减少其对恐怖威胁的物理脆弱性，从而改变恐怖目标的根本性质（Grosskopf，2006，第1页，着重号为本书作者所加）。

这些战略对建成环境产生了重要影响，不仅体现在建设什么以及如何建设方面，还体现在不建设什么方面。然而，鉴于恐怖主义风险评估的不确定性和保密性，以及规划专业人士对参与国家安全政策的担忧，许多国家一直不愿将恐怖主义预防纳入包括城市和区域规划界在内的综合应急管理体系（Coaffee，O'Hare，2008）。

此外，鉴于政府对恐怖主义研究和情报的高度控制，以及担心"灾害研究"这一标签可能被权力机构用于使主流恐怖主义话语中的民族主义（nationalistic）、种族中心主义（ethnocentric）和沙文主义（jingoistic）倾向合法化，该领域许多学者不愿将恐怖主义研究纳入灾害研究的范畴（Mustafa，2005）。

历史先例

试图为城市构建韧性或防御冲突和恐怖主义影响的努力并非新事物，且已有大量文献记录（例如，Graham，2004）。有许多案例表明，安全和防御机构曾开发过旨在保护特定空间的倡议和特征，例如具有标志性或象征意义的个别重要行政建筑（例如外国大使馆、纪念碑、关键公共建筑和遗产地），以及商业或工业中心或交通网络（Sternberg，Lee，2006）。

当前将反恐措施纳入城市韧性方法的尝试，应当承认其渊源可追溯至20世纪60年代的显著干预行动。当时，规划师开始尝试通过介入建成环境设计来减少犯罪和骚乱的机会。这种"防卫性"（defensive）规划的倡导者认为，可以创造出能够威慑机会主义罪犯的场所，尤其是居住区，并且能够激发居民的社区自豪感、归属感以及邻里监控。20世纪60年代末至70年代初，建筑师奥斯卡·纽曼（Oscar Newman）对圣路易斯和纽约的大型公共住房进行了研究，提出了"可防卫空间"的概念，认为这是一种"包括真实和象征性屏障……[以及]改善的监控机会——这些因素结合起来使环境处于其居民的控制之下"（Newman，1972，第3页）。随后，《可防卫空间——通过城市设计预防犯罪》（*Defensible Space：Crime Prevention through Urban Design*）（1972）一书的出版引发了一场关于犯罪与建筑环境之间关系的激烈辩论。纽曼认为，可防卫空间是一种手段，通过它可以重新设计居住环境，"使它们再次变得宜居，并且不是由警察，而是由共享同一地域的社区居民来控制"（Newman，1973，第2页）。可防卫空间为当时美国住房中正在引入的目标加固措施（target-hardening measures）提供了一种替代方案，而这一概念以及类似的观念，例如通过环境设计预防犯罪或"以设计促安全"（Secure by Design，SBD）（Jeffery，1971；Conzens等，2005）在20世纪70年代末和80年代被纳入英国政策，并应用于类似的大型高层住宅区（Coleman，1985）。

在城市环境中，尤其是在"高风险"地区，此类安全举措在20世纪90年代再次受到越来越多的重视。城市形态被认为遵循一种恐惧文化（Davis，1990，1998；Ellin，1997）。这种文化通过建成环境得以表达，甚至在某些情况下占据主导地位；几乎每个机构——酒吧、大学、诊所、体育场所、公共交通——都非常重视安全。防盗警报器、户外照明、紧急按钮、闭路电视摄像头以及众多私人安保人员的存在，都是一个繁荣的"恐惧市场"的有力证明（Furedi，2006，第3页）。这导致了一系列日益复杂的防御措施的出现，安保机构和民间管理者通过部署监控和安全管理技术来保护城市中被认为存在脆弱性的区域。可以说，这种做法是一种失衡的反应，与犯罪发生率几乎没有关联。这种明显不成比例的公民对日益增强的安全意识和军事化建成环境的引入方式，对城市的日常体验产生了重要影响，并且由此影响了城市当局和规划行业通过保护经济利益和关键国家基础设施来应对恐怖主义风险的策略。

可防卫空间的军事化

在规划行业最初采纳"可防卫空间"原则以保护社区免受机会主义犯罪侵害的同时，其他领域，尤其是军事规划师，也在运用类似的原则来应对民间骚乱和暴力行为。这些干预措施旨在"加固目标"或使区域和建筑更加坚固，往往对城市和建成环境产生了相当残酷的物理影响。例如，在北爱尔兰，为了对抗爱尔兰共和军（Irish Republican Army）针对商业区的袭击活动，安全部队采用了军事化的防御工事，在商业中心周围构建了"钢铁之环"，以创建专门设计的物理屏障，限制公共空间对准军事行动的渗透性（Brown，1985；Coaffee，2000）。这些防御特征包括新的交通限制，用带刺铁丝网围栏和高大的钢制屏障限制进出敏感区域或被认为"高风险"的空间，实际上使这些区域变成了被围困的城堡。除了对公共空间和共享空间进行加固，隔离还被正式化并部分制度化为管理和控制民间冲突的方法——这一过程通过创建分隔冲突社区的空旷"无人地带"，以及随后的铁丝网、装甲车、"和平墙"和一系列警察与军队检查站来标记（Shirlow，Murtagh，2006）。

另一个规划在安全化方面发挥重要作用的显著例子是20世纪80年代和90年代的以色列。这一过程与军事化安全规划紧密相连，对土地利用以及地方的日常体验产生了重大影响。以色列的军事与规划之间的联系不仅需要从历史背景来审视，还需要从国家、区域和地方层面的不同干预策略角度来理解（Soffer，Minghi，2006）。这种策略创造了一个专注于潜在威胁、防御战略和预防措施的"安全景观"。在这种情况下，随着针对以色列定居点的袭击威胁公共安全，安全部队在规划过程中扮演了更加重要的角色。

近年来，以色列/巴勒斯坦争议地区对"国家安全"的高度需求导致了更加残酷且显而易见的领土防御工事的建设。这些防御工事大多由以色列当局建造，主要是为了应对来自巴勒斯坦领土的自杀式炸弹袭击风险。其中最引人注目的是，2002年以色列国防军开始在巴勒斯坦西岸和加沙地带的大部分地区建造"隔离墙",将之前的围栏和墙体连接起来,形成了一道坚固的屏障,以保护以色列地区和犹太定居点,其估计成本约为15亿美元。这道"隔离墙"由"8米高的混凝土板、电子围栏、带刺铁丝网、雷达、摄像头、深沟、观察哨和巡逻道"组成(Weizman,2007,第12页)。通行仅限设有X光扫描仪的武装检查站,且其全线部署了数千名安保人员巡逻。

在上述两个案例以及其他类似情况中,安全机构和军事力量的介入导致了在建成环境中嵌入明显且极端的保护形式,有时这种高度安全化的措施如此广泛,以至于实际上被常态化了。此类以规划为主导的干预措施,尽管往往显得粗糙,但至少在表面上被普遍认为是有效的,因为它们能够阻止潜在袭击者渗透目标和空间。从这个意义上说,规划师和设计师最初为防御性特征的选址提供了指导,但在建设和设计过程中几乎没有影响力。

"9·11事件"之前规划师在安全驱动型城市韧性中的作用

尽管在20世纪90年代,许多西方城市曾遭受针对经济目标或标志性建筑的高调恐怖袭击,并引发了随后的军事化干预,但学者和建成环境从业者通常认为,当代社会中反恐的起源可以追溯到"9·11事件"。虽然这起事件是推动这一议程的重大催化剂,但在更早的恐怖袭击发生后,规划师的作用就已经开始增加,尤其是在美国,车辆携带爆炸装置穿透目标建筑所引发的袭击事件更是如此。第一次是1993年2月在标志性的世界贸易中心地下停车场发生的袭击,造成6人死亡,超过1000人受伤;第二次是1995年4月俄克拉荷马城(Oklahoma City)艾尔弗雷德·P.穆拉联邦大楼(Alfred

P. Murrah Federal Building）被卡车炸弹摧毁，导致168人死亡，超过800人受伤。这些发生在美国本土的袭击，以及1998年8月在达累斯萨拉姆（Dar es Salaam）和内罗毕（Nairobi）同时发生的美国大使馆爆炸事件（共造成257人死亡、5000人受伤，主要是非洲平民，但也包括许多美国平民），以及1996年在沙特阿拉伯胡拜尔塔酒店（Khobar Towers Hotel）发生的炸弹袭击（造成19名美国军事人员和1名沙特阿拉伯公民死亡、近400人受伤），促使人们更加关注建筑物的防护。虽然此类袭击并非完全史无前例或出乎意料，但发生在美国本土街道和公共建筑上的袭击对于将反恐特征纳入规划体系的主流化进程具有重要意义。

1993年世界贸易中心袭击事件震惊了美国公众，此前美国公众似乎对困扰世界其他地区的恐怖主义行为具有免疫力。此次袭击引发了迅速的防御性反应，越来越多的建筑物和商业区纷纷尝试通过设计来"防范恐怖主义"（Coaffee，2004）。这些反应引起了公众的广泛关注，一位记者明确提及奥斯卡·纽曼的工作，并指出："路障和防撞柱已成为这个国家精神边界上最新的装饰品……你或许可以称之为偏执的建筑。他们（规划师）则称之为可防卫空间。"（Brown，1995）作为对当时美国遭受的最具破坏性的恐怖主义行为——俄克拉荷马城爆炸案的回应，美国政府通过立法，要求加强联邦建筑的安全性，并通过增强结构坚固性来实现潜在的"防爆"（bomb-proofing）（1995年10月19日第12977号行政命令）。人们高度关注联邦大楼在爆炸中遭受的严重破坏（大楼如同纸牌般坍塌），专家们被委以重任，评估未来如何保护建筑物。对俄克拉荷马城爆炸案影响的审查详细说明了建筑物如何能够被"加固"和防御，并强调与军事设施不同，民用设施几乎没有可用的标准和指南（Hinman，Hammond，1997）。

在这些事件发生后，政府机构的实际反应相当被动，采取了粗糙但坚固的方法来保障领土安全，并再次将"可防卫空间"的概念作为其主要行动方式，因为美国公众对"本土"（home-grown）恐怖主义的威胁以及建成环境的脆弱性变得越来越敏感。由此，城市和区域规划专业人士在"防恐怖"（terror proofing）城市方面可能发挥的潜在作用变得更加明显。当时，伦敦也因金融核心区域发生的一系列大规模爆炸事件而产生了类似的担忧。在此背景下，伦敦同样建立了粗糙的防御警戒线，试图"挫败炸弹袭击者"（Coaffee，2000）。

当时对建筑物和结构本身进行主动防御以抵御爆炸的举措并非新鲜事。人们认为"冷战遗留问题"——即"抗爆设计专家以及他们用于理解爆炸的工具"——已经足够应对（Baer，2005，第2页）。正如所指出的，大多数此类专家被部署去保卫的并非民用建筑，而是军事设施，例如导弹发射井或掩体。面对针对民用建筑的恐怖袭击威胁，城市规划师如今被敦促将反恐韧性纳入规划之中，但他们同时面临着"预算和美学方面的考虑，而这些原本从未打算用于应对冲击波加固（blast hardening）"的挑战（Hinman，Hammond，1997，第18页）。这些问题虽然在20世纪90年代已经被识别出来，但直到现在，规划行业才开始在推进以安全为导向的城市韧性战略的过程中予以重视并加以解决。

这种以目标硬化为形式的防御并非没有受到批评。建筑评论家马丁·帕利（Martin Pawley，1998）认为，随着城市恐怖主义的抬头，城市区域可能会被一种"恐怖主义建筑"所打断。这种建筑以对更高安全性的需求为主导，并且可能更广泛地成为"匿名"设计的对象，以降低其作为标志性目标的吸引力。还有观点指出，一旦建立了这种安全设计，除非安全风险显著下降，否则很难逆转（Coaffee，2004）。由此推断，对特定地点的目标硬化或防御可能会导致风险转移，因为袭击的注意力可能会转向其他地方。还有人担心，包括领土性措施（territorial measures）在内的此类防御可能是一种过度反应。正如芬奇（Finch，1996，第1页）在1996年伦敦码头区爆炸事件后指出的：

> 事实是，我们并不设计建筑物以抵御炸弹爆炸，因为炸弹爆炸是例外而非常态……关键点在于界定风险与轻率（recklessness）之间的界限。我们通常不会以理论上可能发生的最糟糕的事情为基础来开展我们的生活。

7.2　安全要素融入规划流程的主流化路径

在"9·11事件"及其引发的全球一系列"基地"组织相关袭击和行动之后，安全形势日益严峻，许多国家纷纷采取更为积极的城市反恐战略，并展现出对潜在脆弱性的更高敏感度。这些举措的一个特定方面是对被认为存在风险的场所进行物理保护。因此，本章这一部分着重阐述了当前恐怖主义威胁的形势背景，以及针对这些威胁的应对措施如何转化为更具广泛性的韧性建设立法与政策议程——这对建成环境和规划专业领域产生了重大影响。接下来，我们详细阐述对"9·11事件"的即时反应,并将关注点转向英国和阿布扎比政府的当代反恐政策,同时特别关注这些政策对城市和区域规划师以及规划过程的影响。

在"9·11事件"之后,许多国家面临巨大压力,要求对关键建筑(包括标志性公共建筑和商业建筑)进行保护,以防止恐怖袭击。这导致许多坚固但粗糙且突兀的防护设施几乎被"随意地"安置在关键场所周围。事实上,在某些情况下,安全设施需要"让人看到在做什么"、采取有效的功能,但不一定是可以接受的,也不一定是美观的。例如,有研究指出,美国在"9·11事件"后对关键建筑进行保护的努力,由于其相对杂乱无章和临时性的表现形式,优先考虑了建筑使用者的安全,而忽视了社会、经济、审美或交通等方面的考量(Hollander,Whitfield,2005)。还有人描述了"9·11事件"后立即采取的"枪支、警卫、围栏"式的防御姿态是不合适的,因为这种措施"实际上加剧并强化了公众对围困或脆弱性的感知,从而增加了对迫在眉睫的危险和即将发生袭击的预期"(Grosskopf,2006,第2页)。例如,在华盛顿特区,竖起的泽西式护栏(Jersey barriers)和链式围栏(chain-link fences)并不受游客和规划师的欢迎。人们指出,这些防御措施更适合建筑工地:"由于缺乏资金用于更好的设施以及政策制定者之间缺乏战略协调,美国的首都已经变成一个布满柱状物、掩体和屏障的堡垒城市"(Benton-Short,2007,第426页)。

其他人则认为,这些"安全区域"不太可能具备成功的公共空间的任何特征:"可用性、可达性以及精细设计。"事实上,许多人认为,这些地方可能被规划得不那么令人欢迎(Hollander,

Whitfield，2005，第250页）。在相关方面，人们也对这些特征可能对城市肌理以及场所的渗透性和宜居性产生的影响表示担忧。华盛顿特区发布了规划指南，试图创造一种能补充甚至促进景观、开放空间、可达性以及城市标志性意义的安全性（National Capital Planning Commission，2001）。这种被动的、后装式的加固模式在许多国家都得到了重复。例如，在伦敦，像议会大厦和美国大使馆这样的高调目标被混凝土屏障和网状围栏所环绕（Coaffee，2004）。

英国政策中的安全驱动型城市韧性政策

要理解城市和区域规划师在国家安全议程中可能扮演的角色，我们首先必须理解更广泛的安保和反恐政策（例如，详见Cabinet Office，2008）。英国目前的反恐战略被称为CONTEST（counter-terrorism strategy）——一种旨在发展"抵御恐怖主义威胁的韧性"的长期战略。该战略分为四个部分：预防、追踪、保护和准备（Home Office，2006）。其中，保护部分特别旨在保障公众、关键国家服务以及英国海外利益的安全，涵盖边境安全、关键国家基础设施和人员密集场所等一系列问题，并为规划职业提供了关键角色。其他学者也描绘了从"硬目标"（如政府机构）向"软目标"（如夜总会、酒吧和酒店）的转变，并断言纳税使针对以公民为袭击目标合法化（Dolink，2007）。

2007年7月25日，在伦敦夜总会和格拉斯哥机场遭遇汽车炸弹袭击未遂事件之后，以及在两年前伦敦交通网络遭受自杀式袭击导致52人死亡、770人受伤的事件之后，时任首相戈登·布朗（Gordon Brown）发表了关于安全问题的声明。他在声明中指出："对于我国重要的基础设施和人员密集场所的防护与韧性，需要持续保持警惕。"（Brown，2007a）他还提到，反恐安全顾问已经对900个购物中心、体育场和场馆进行了安全评估，同时向其他10,000处场所提供了更新的安全建议。随后，在2007年11月，负责安全与反恐事务的国务大臣议会次官（Parliamentary Under-Secretary of State for Security and Counter-Terrorism）韦斯特勋爵（Lord West）向政府提交了一份审查报告，就如何更好地保护"人员密集场所、交通基础设施以及关键国家基础设施免受恐怖袭击"提出了建议（Smith，2007）。

　　虽然出于国家安全考虑该审查报告未予公开，但议会声明和媒体等多种渠道披露的大量信息揭示了拟议政策倡议的核心内容，也突显了其对规划行业产生的影响。韦斯特的审查报告强调了增强首相所言的"战略国家基础设施（车站、港口和机场）以及其他人员密集场所的韧性"的必要性，并且要加强对可能遭受汽车炸弹袭击的实体防护，包括英国最繁忙的250个铁路车站和机场航站楼、港口以及100多个敏感设施（Brown，2007a）。他还提到，国家安全机构将与规划师合作，鼓励他们在新建筑设计中"嵌入"防护性安全措施，包括设置安全区域、交通管控措施以及使用抗爆材料。首相特别指出，他将对规划流程进行"改进"，以确保"从设计阶段开始就更多地采取措施保护建筑免受恐怖主义威胁"（同上）。他继续提到，这一工作将得到相关专业机构［如英国皇家城市规划学会（Royal Town Planning Institute，RTPI）和英国皇家建筑师学会（Royal Institute of British Architects，RIBA）］的支持，以提高规划师、建筑师以及警察建筑联络官在反恐防护安全方面的意识和技能。与韦斯特审查报告同时发布的首相发言人声明指出，这些宣布将使"公众为可能看到人员聚集场所建筑物理布局发生变化做好准备"（Number 10 Press Briefing，2007）。

在通过CONTEST战略的"保护"环节减少人员密集场所的脆弱性这一认知需求方面，涉及将防护性安全措施嵌入城市建筑结构时，提出了几项一般性原则：成比例性（proportionality）、集体责任（collective responsibility）和可见性（visibility）。

首先，部署的防护性安全措施应与所面临的威胁成比例。这种对成比例性的追求在随后的英国政府文件中得到了进一步阐述。文件指出，人员密集场所面临的威胁应根据"风险评估矩阵"（risk assessment matrix）以标准化的方式进行判断，该矩阵将评估恐怖袭击的可能性及其潜在的社会、经济和物理影响。这将使地方合作伙伴能够"优先开展工作，以减少人员密集场所对恐怖袭击的脆弱性"（Home Office，2009，第4页）。成比例的方法被认为是必要的，以尽量减少对日常活动的干扰，以及对个人和企业"开展正常社会、经济和民主活动的能力"的影响（Home Office，2009，第5页）。从更愤世嫉俗的角度来看，我们可以说这是一种试图将风险（以及城市韧性的责任）从政府安全部门"转移"（pass on）给地方利益相关者的尝试。

其次，韦斯特审查报告强调，为了使人员密集场所更加安全，需要众多利益相关者之间的合作，其中最突出的是私营企业和规划师等建筑环境专业人士。这里明确指出，此类干预措施应在规划过程的开始阶段就被考虑在内，以便能够有效地且被接受地融入空间设计之中。因此，降低脆弱性不仅体现在安全专家向地方政府和企业提供指导，更关键在于通过多方利益相关者的协同行动，切实落实防护措施，从而提升那些被评估为恐袭高风险密集场所的安全性。这与围绕城市整体韧性以应对一系列风险的更广泛关切是一致的，这种关切必然扩大了需要协调其投入的专家和专业的范围（见第二章和第三章）。

最后，报告指出，附加安全设施的设置应尽可能不负面影响日常经济和民主活动。这种对反恐设施社会可接受性重要性的认识促使韦斯特审查报告宣布，安全设施应尽可能不显眼，而找到"微妙性"（subtlety）与"安全性"之间的正确平衡被视为至关重要（Coaffee，Bosher，2008）。正如当时所论及的，将反恐原则纳入设计往往导致城市设计和建筑外观不具吸引力，以及对公共空间准入的控制增加。然而，这并非必须如此。正如一位评论员所指出的："我们或许生活在危险的时代，但这些时代不必同时是丑陋的。"（Bayley，2007）为了应对这一挑战，选定地点的安全设施越来越多地被伪装并隐秘地嵌入城市景观之中，以便在公众眼中它们并不明显地服务于反恐目的（Coaffee等，2009）。这种"隐蔽性"（stealthy）设施的例子包括装饰性或景观化的措施。例如，2008年在伦敦市中心政府安全区内作为公共领域"街道景观"改善的一部分竖立的栏杆，也试图以更具吸引力且不显眼的方式融入安全设计，而不是使用常规的安全柱（security bollards）（图7.1）。

在可见安全设施谱系（图7.2）的更远端，我们可以观察到建筑实践中正在涌现的"隐形"安防形态，例如可塌陷路面（collapsible pavement）或所谓的"虎阱"（tiger traps）装置。然

图7.1　伦敦北部酋长体育场的防冲撞车辆屏障

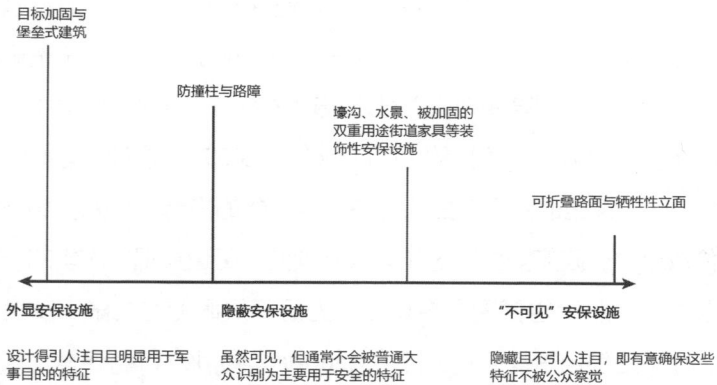

图7.2　可见安全设施的谱系
图片来源：基于科菲等（Coaffee等，2009）改编

而这类设计隐含着政治争议：其隐蔽性特质可能导致其未经公共辩论便悄然成为政治与公共政策的既定要素。正如评论家所言，这种趋势"或许预示着公共建筑与空间加固设计的未来方向：外表柔和，内藏刚硬，恰似市政天鹅绒手套里包裹的铁拳（the iron hand inside the civic velvet glove）"（Boddy，2007，第291页）。

伦敦一个最近的开发项目——美国大使馆新馆——标志着规划在安全驱动型城市韧性中的角色日益重要，并突显了上述集体关切。2010年2月，在一些争议中，新的美国大使馆建筑设计方案被公布。该大使馆计划建在伦敦西南部旺兹沃斯（Wandsworth）的一块当时空置的场地上。获得规划许可后，建筑工程于2013年11月开工，预计将于2017年完工，耗资超过10亿英镑。新馆的建设需求被认为对于"安全目的"至关重要，因为旧馆的场地被认为容易受到攻击，且由于其位置受限，保护其免受恐怖袭击既困难又代价高昂。自"9·11事件"以来，位于伦敦市中心格罗夫纳广场（Grosvenor Square）的旧馆场地已经成为一个被防御的堡垒，周围环绕着住宅和商业建筑。公众对围绕场地的高围栏、混凝土路障、防撞钢制阻车器以及保护场地免受车辆炸弹袭击的武装警卫强烈不满，并进行了大量抗议（Coaffee，2004）。

在更近的时期，现有的大使馆——被称为"广场上的堡垒"（the fortress in the square）——被认为冒犯了当地居民的"审美情趣"（aesthetic sensibilities），其中一些居民甚至选择搬离，不愿居住在被视作恐怖袭击目标的附近（Coaffee等，2009）。2010年新馆的设计以及从现有场地搬迁的理由，将英国CONTEST战略中"保护"环节所体现的当代安全驱动型韧性防护设计的诸多特征整合在单一设计之中。此外，可以说在国际范围内，许多国家，尤其是美国和英国，正在"通过海外大使馆的建筑风格夸大国家安全利益"，目的是传递一种抵御袭击的物理防御信息（同上，第500页）。即使在最自由的城市中，大使馆也正在遭受极端的目标强化，从而对日常城市生活产生影响。因此，确保一个坚不可摧的封闭场地已成为全球许多大使馆设计者的核心理念。

　　在更近的时期，许多大使馆常见的堡垒式设计——这种设计在冷战时期非常普遍，并且在许多情况下在"9·11事件"后的时期进一步加剧——开始更加关注建筑设计的美学，以及此类建筑结构对周边地区和社区的广泛影响。秉持这一关键原则，目前位于伦敦西南部的新馆的规划试图纳入许多创新的且大多是"隐蔽性"的反恐设计特征。其中许多特征让人联想到中世纪时期，尤其是城堡要塞的蓝图：一个被护城河或壕沟环绕的受保护的城堡中心，通过坡道可以跨越这些壕沟。设计者宾夕法尼亚州基兰·汀布莱克（Kieran Timberlake）建筑事务所的首席建筑师指出，他的设计灵感来源于欧洲城堡建筑，并且除了采用防爆玻璃外墙之外，他还试图创造性地利用景观特征作为安全装置。这样做的目的是尽量减少围栏和墙壁的使用，以避免让场地呈现出"堡垒感"。此外，他还建议使用池塘和多层花园作为安全设施，部分目的是在场地周围提供一个30米的"爆炸缓冲区"。在谈到以玻璃为主的建筑设计时，首席建筑师进一步在《卫报》上表示："我们希望每个人看到的信息是它是开放和友好的，并且它是一个民主的灯塔——充满光线并且发出光芒"（Booth，2010，第13页）。

简而言之，该设计（图7.3）突出了当代反恐理念的几个关键特征：需要将有效的防护性安全措施融入高风险场所的设计之中；建筑环境专业人士（如规划师、建筑师和城市设计师）在安全规划中的重要性日益增加；以及需要考虑安全措施的可见性影响，并在适当时使这些措施尽量低调。

图7.3　伦敦九榆树地区美国大使馆新馆的初步设计
图片来源：基兰·汀布莱克（Kieran Timberlake）建筑事务所

更广泛地说，与成比例性、集体责任和可见性这些核心原则一致，自2007年以来，英国的意图是开发一个全国性的框架，用于在人员密集场所推广防护性安全措施。其目的是在长时间内实现城市脆弱性持续且显著的降低。这种框架的开发涉及多个与城市和区域规划流程相关的组成部分，包括：

- 利用地方专业知识增强协作：在地方层面，如犯罪与治安减少合作组织和本地韧性论坛（local resilience forum）等，警察、地方政府以及其他关键利益相关者（如规划师）聚集在一起，共同合作以降低脆弱性。

- 发展全国性的反恐专家与安全设计顾问网络：这些经过良好培训的专家和顾问能够为地方规划师提供关于所面临的威胁水平以及防护性安全干预措施的成比例使用的指导和建议。

- 在地方层面创建绩效管理指标：以协助地方政府专注于降低人员密集场所对恐怖袭击的脆弱性的需求。使用此类绩效管理工具表明，地方当局及其合作伙伴在与地方警察和专业反恐安全顾问协商后，将有法定责任确保人员密集场所的保护是"稳健的"（DCLG，2007a）。

- 建立工作坊与培训计划：通过国家反恐安全办公室（National Counter Terrorism Security Office，NaCTSO）举办的阿戈斯专业项目（Project Argus Professional）工作坊，以及为参与城市规划和设计指导的地方警察，即所谓的建筑联络官（architectural liaison officer），提供增强型培训计划，提升城市和区域规划师的技能基础（NaCTSO，2010）。

- 制定定制化的规划指导文件：通过非法规性指导文件，提升规划知识共同体在将安全特征嵌入建筑环境方面的专业能力。2010年3月，就在伦敦美国大使馆新馆的设计方案公布的同时，英国政府作为其"携手保护人员密集场所"（Working Together to Protect Crowded Places）计划的一部分，发布了针对建筑环境和安全专业人士的成套技术和程序指导文件，这些文件涉及减少城市地区脆弱性的问题：《规划体系与反恐》（*The Planning System and Counter Terrorism*）和《保护人群密集区域：设计与技术问题》（*Protecting Crowded Places: Design and Technical Issues*）（Home Office，2010a，2010b；另见2014年重新发布的修订版）。此后一年，国家基础设施保护中心（Centre for the Protection of National Infrastructure）发布了一份专业设计指南，即《综合安保：针对敌对车辆的公共领域设计指南》（*Integrated Security: A Public Realm Design Guide for Hostile Vehicle Mitigation*）（Centre for the Protection of National Infrastructure，2011）。

- 以双重用途设计将高效性与安全性特征融入建成环境：通过所谓的双重用途设计（dual use design），增强实施安全措施的商业论证（Coaffee，Bosher，2008）。在提供更高水平的安全性时，也需要解决成本问题。将高效性和安全性特征融入建成环境可以"有助于实现经济对能源供应和基础设施中断更具韧性这一更广泛目标，并产生长期的能源成本节约，这反过来又会降低基本安全改进的净成本"（Harris等，2002，第6页）。

阿布扎比的安全与安保规划

英国或许在推动城乡与区域规划参与安全驱动型城市韧性建设方面走在了最前列。如今，英国的这一模式正在经历政策转移，其他国家纷纷寻求借鉴这种模式，并结合自身特定的规划背景来实施。

作为其2030愿景的一部分，在广泛借鉴英国经验的基础上，阿拉伯联合酋长国阿布扎比的城市规划委员会于2013年制定了《阿布扎比安全与安保规划手册》（*Abu Dhabi Safety and Security Planning Manual*，SSPM），旨在"确保创建安全、安保的社区，提升生活质量，并反映酋长国的独特身份"（Abu Dhabi Urban Planning Council，2013，第9页）。具体而言，该手册提出了"规划与设计指导方针，将反恐防护安全措施嵌入我们的建成环境，减少脆弱性，增强社区的韧性"（同上，第21页，着重号为本书作者所加）。

SSPM使规划师能够与其他众多政府部门利益相关者携手合作，指导安全和安保社区的发展。在这里，社区安全（community safety）包括旨在减少犯罪发生的风险及其对个人和社会可能产生的有害影响（包括犯罪恐惧感）的策略和措施，通过干预以影响其多重成因；而防护安保（protective security）则是一个有组织的防护措施体系，旨在实现并维持安保状态。该手册将人员安保、信息安保和实体安保这三大知识领域相结合，以构建"纵深防御"（defence in depth），其中多层防护协同作用，以威慑、延缓、探测并阻止袭击（同上，第20页）。该手册还试图开发一项综合开发流程，使规划师能够与其他利益相关者合作，推进城市韧性建设，并以一种能够在开发流程的早期阶段嵌入安全和安保规划原则的方式进行。正如SSPM（同上，第13页）所指出的：

良好的建成环境规划与设计是社区安全和防护安全的核

心，然而，犯罪和安保问题很少在开发流程的早期阶段受到足够重视。本手册的目的是确保安全和安保能够嵌入开发提案中，而通过综合开发流程来实现这一目标是最佳方式。

该手册提出了八项规划原则，这些原则构成了安全与安保规划方法的基础（表7.1）。这些原则被视为具有普遍适用性，无论何种开发项目都需考虑，但其具体应用方式需根据当地实际情况进行调整（同上）。

《阿布扎比安全与安保规划手册》的八项规划原则　表7.1

序号	焦点	描述
1	通路与连通性	平衡安全与安保需求和车辆及行人交通流动，并确保街道设计符合《城市街道设计手册》的要求
2	结构与空间布局	确保建成环境的布局不存在易受攻击的脆弱区域，并以合理的方式进行风险管控
3	所有权	通过增强使用者对场所的归属感与责任感来提升安全与安保水平
4	监控	合理的自然监控与电子监控能够提升安全与安保水平，但需与遮阳和隐私需求相平衡
5	活动	确保场所具备适宜的活动与使用模式，以降低犯罪率并吸引合法使用者
6	物理安保	物理安保措施应合理且适度，并通过风险评估融入城市肌理
7	公共形象	场所应得到良好维护与管理，并积极塑造良好的公众形象与认同感
8	适应性	场所应具备适应性，以应对变化，增强安全与安保水平，并在规划与设计中考虑用途变更

这八项规划原则已被发展为具体的政策声明，旨在引导规划师将安全与安保原则嵌入综合且整体的开发流程的各个阶段。此举标志着规划文化的主动变革——力图使安全要素与其他规划要求并列成为核心考量，在开发前期即统筹安全设计，并为新建与既有开发项目制定最佳实践准则。该框架尤其强调通过风险评估流程判断犯罪或恐怖主义风险的可能性及其影响，并确保新开发项目和既有开发项目中的社区安全与防护安全措施"必须适合用途，与风险相适应且成比例"（同上，第22页）。值得注意的是，规划师需与开发商协同决策，根据安保措施是否会影响建筑有效运营来判断"风险处置"（risk treatment）的容忍阈值，并遵循"风险处置应尽早实施，且须在措施最适用、最有效的阶段开展"的工作准则（同上，第254页）。这一流程还涉及规划师与一系列传统上很少参与规划流程的非规划利益相关者的合作。安全与安保规划也被视为一种务实的权衡行为，因为"很少有组织能够拥有资源和授权去缓解每一种可能的情景"（同上，第77页）。正如进一步指出的：

> 为每一种可以想象的情景实施特定的安全对策几乎不可能，也通常不具成本效益。然而，将安全贯穿于规划和设计的全过程，能够使项目团队在风险水平、可用资源和适当的缓解措施之间达成一种负责任的平衡（同上，第74页）。

SSPM所提出的最终政策方向使得阿布扎比以安保为导向的城市韧性模式与包括英国在内的其他地区的模式呈现不同之处，因为它规定了"与社区安全和防护安全相关的成本应由责任主体（即业主）来承担"（同上，第22页）。为支持这一规定，该手册还配备了一个在线决策支持工具，该工具可在项目的前期规划阶段使用，以帮助评估安全与安保因素对开发提案的潜在影响程度。此外，与其他规划体系不同的是，SSPM还通过法规得到了强有力的执行保障。例如，《城市设计政策VII—U23：犯罪预防》（Urban Design Policy VII–U23 Crime Prevention）明确规定，开发商应"通过建筑和景观设计完成一套预防犯罪的指南，并据此管理开发项目，以促进环境安全并保持阿布扎比在犯罪防控方面的卓越纪录"（同上，第20页）。阿布扎比酋长国的环境、健康与安全管理系统的相关权力也赋予了市政当局对良好实践进行监督和执行的职能。

　　SSPM还力求与当地实际情况相结合，因此并未规定任何特定的解决方案。它承认"安全与安保风险因地点而异，某一地点适用的解决方案可能在另一地点并不适用"（同上，第20页），并且"需要考虑当地情况，所有参与建成环境的开发、管理和维护的利益相关者必须协作并以整体的方式应对安全与安保风险"（同上）。该手册旨在通过这一流程，实施专属于阿布扎比酋长国的安全导向型城市韧性原则。在此过程中，城市规划委员会对国际安全与安保干预的最佳实践进行了调整，以适应文化与宗教需求（隐私的重要性意味着监控、视线通透和遮挡需要谨慎处理，以免让居民感到不适）、炎热干燥的气候（例如，通过建筑布局和创建狭窄路径以增加遮阳，这可能会限制监控的视线范围）、快速的开发进度（这意味着安全与安保原则可以作为总体规划的一部分加以应用，而不仅仅局限于单个地块）（同上，第31页）以及本土建筑形态。

如前所述，SSPM是更为宏大的2030愿景计划的一部分，该计划雄心勃勃且涉及大规模的开发。《阿布扎比2030城市结构框架规划》(*Abu Dhabi 2030 Urban Structure Framework Plan*，2011)是一项城市演进计划，旨在优化城市的开发进程，为构建一个社会凝聚力强、经济可持续且能够保留酋长国独特文化遗产的社区奠定基础。因此，它体现了一种"下一代规划"理念。作为"2030愿景"的组成部分，一项由政府资助的大规模实施计划正在通过SSPM全面推行，旨在甄别既有建筑及新建项目所需的安全防护升级措施。对建成环境进行适当的安保化(securitisation)改造被视为维持和促进未来经济增长、确保阿布扎比"在持续发展并吸引多样化活动、人群和机遇的过程中保持安全、安保和开放"(Abu Dhabi Urban Planning Council，2013，第19页)的必要条件。这一优先事项与阿布扎比政府所认为的其主要目标相一致，即建立一个安全、安保的社会和一个充满活力、开放的经济体系(Abu Dhabi Government，2008，第6页)。

7.3　规划安全驱动型城市韧性措施：从规避到收编？

在"9·11事件"之前及其发生后的最初阶段，安保干预措施相对较为粗糙，主要以物理上的稳健性为主导需求，且在某些情况下被设计成一种潜在的、具有威慑力且显而易见的防御手段。然而，如今越来越强调在防御性设施中推广"良好设计"和"景观元素"。这些被倡导的政策和举措对建成环境的潜在影响可能是相当可观的，需要协调一系列具有普遍性但往往相互竞争的利益相关者观点（表7.2）。

利益相关者对设计反恐特征的新兴（且具代表性的）认知　　表7.2

建成环境专业人士 / 利益相关者	主流的新兴看法
规划师	作为其他既得利益的潜在调解人
建筑师	保护创新设计的灵活性
城市设计师	平衡创新设计与公共可用性
景观建筑师	将景观元素嵌入反恐策略
结构工程师	确保物理结构的稳健性
测量员	控制成本
开发商	关注可用性与成本效益
警察	实施物理安保与阻止犯罪/恐怖主义
应急规划师	缓解多种危害与威胁的风险
公共空间管理者，例如市中心管理者，或建筑使用者	营造活力、安全且易于运转的空间
保险公司	降低风险与减轻攻击的影响

　　一个更具深思熟虑的规划过程有可能带来物理和社会层面的改善，从而使得恐怖主义犯罪不再继续破坏场所，并且能够得到全面且成比例的应对。然而，尽管城市和区域规划专业人士在这些活动中被赋予了重要地位，但在许多情况下，他们在国家保护性安全中的确切角色以及他们所处的法定和专业背景并不明确。更根本的

是，关于规划专业人士在参与这些议程方面的有效性，出现了新的关切（Coaffee，O'Hare，2008）。在此，我们将简要讨论这些新兴的主题和关切。

正如所指出的，目前尚不清楚上文所概述的新兴安保议程将如何渗透到规划实践中。尽管存在多种选择，但有些选择更有可能被采纳。在大多数情况下，通过严格的管制来强行实施反恐设计特征是不太可能的（尽管在阿布扎比是这种情况）。更有可能的是，通过为建筑开发商或使用者提供各种激励措施，或者通过开发培训课程和决策支持框架来推动这些特征的实施，这些课程和框架将帮助各类建成环境专业人士（不仅仅是规划师）采用这些方法来增强城市韧性，并将其嵌入建筑物和场所的设计中，以促进更广泛的可持续发展目标的实现。

事实上，来自建筑及公共场所使用者的压力可能成为变革动力——这种态势与20世纪80年代受害者权益运动所倡导的"规划减少犯罪计划"（designing out crime schemes）相呼应。这种情况引发了一种担忧，即私人土地所有者可能面临日益增加的责任风险（Conzens等，2001）。然而，具有讽刺意味的是，也有人提出，如果没有相关法规约束，或者没有对那些不考虑国家和安保部门议程的行为施以制裁的威胁，规划师或开发商可能会无视这些压力。进一步来说，试图在这一领域进行监管的努力可能会被视为一种不必要且成本高昂的负担。尽管政府推行的议程倾向于支持将安保驱动型城市韧性视为"最佳实践"，并鼓励在规划行业内以适当的方式推广这一理念，但毫无疑问，比较英国和阿布扎比的现行制度后会发现，一个强有力的监管体系无疑有助于推动这一议程的实施。

对于规划行业而言，更为根本的问题在于，是否将安全与安保特征嵌入建成环境的尝试代表了对更具普遍性且极具争议性的内外政策的合法化，这引发了严重的关切。此外，还可能质疑这是否意味着规划师和其他专业人士进一步失去了自主性。规划师参与这一议程是否会将无处不在且日益普遍（omnipresent）的安保措施视为正常现象？它是否代表了对规划行业的进一步"责任化"（参见第二章）？有观点认为，"城市权利"在"9·11事件"之前就已受到威胁——"对恐怖主义威胁的虚假利用只是加剧了早已存在的趋势"，其结果是，应对城市安保和城市韧性的政策变得愈发具有预见性，并且基于"为最坏情况做规划"（Coaffee，2009，第299页；另见Marcuse，2006）。

其他人则指责技术发展和设计要求创造了"几乎"看不见的或"轻触式"（light touch）的安全措施（Briggs，2005）。这些措施在带来审美和可及性方面益处的同时，也带来了严重的挑战，并产生了一系列质疑：谁做决策，以及如何对这些决策进行监督？权力在哪里？技术将如何在公共和私人空间中使用？在反恐战争中，公民自由与安全之间的平衡在哪里？规划师将发现自己扮演什么角色？还有一些人断言，公众在这一过程中的参与不足以及对"超安保"（hypersecurity）计划的支持性言论引发了这样的担忧："优先考虑安保而非公共空间的可及性，可能与一项更广泛的社会—政治议程有关，该议程试图限制公共空间的总体使用"（Benton-Short，2007，第445页）。

从更广泛的意义上讲，人们也对关注恐怖主义这一特定威胁产生了担忧，这种担忧既是在当代城市所面临的更广泛且更具灾难性的威胁（例如大规模洪水）的背景下产生的，也与规划师本身已经繁重的工作负担密切相关。因此，我们必须审慎思考，公众认知可能如何扭曲风险的本质？这种扭曲或将导致决策者偏离真正的工作重点，并采取过度的应对措施。反恐议程的参与，不仅可能意味着规划专业被收编吸纳（co-option）——被强行纳入安全治理的责任框架——更可能隐含着对恐怖主义目标的无意识屈服（capitulation）（Coaffee，O'Hare，2008）。

正如我们所强调的，旨在增强安保性的规划以及与规划相关的设计和建设措施，正越来越多地被推崇为整体城市韧性的重要组成部分。上述以色列和北爱尔兰的反恐历史案例突显了公共区域安全采取军事化立场的实例。在这些案例中，规划过程以及专业规划师的作用微乎其微，甚至是可有可无的。即便在建成环境专业人士有所参与的情况下，这种参与也主要被物理安保的需求所主导，而整个过程则主要由军队和安全部门把控。在许多方面，专业规划师的角色为了所谓的国家安保而被绕过。随着时间的推移，专业规划师的角色逐渐增强，发展到如今，他们和其他建成环境专业人士被视为制定国家安保、城市韧性以及灾害救援和恢复任务战略中不可或缺的合作伙伴。然而，对于专业人员参与这些议程的有效性和适当性，仍然存在许多关键的担忧和问题。

近年来，反恐关切被纳入更广泛的城市韧性议程，这突显了当规划师和其他建成环境专业人士考虑缓解各种城市脆弱性时一些重要的关键特征。毫无疑问，恐怖主义的威胁增加了对城市韧性的关注和资金投入。因此，规划师需要考虑的不断发展中的安保驱动型城市韧性实践的关键特征包括：

- 主动性与前置性方法（front-loaded approach）的重要性：设计和管理问题应在开发项目的规划设计阶段尽可能得到解决。这将提高有效性并降低潜在成本，因为后期改造通常更为昂贵，且往往在美学上不够吸引人。

- 培训与技能发展的关键作用：提高所有参与决策过程或在开发项目中拥有利害关系的人对可用选项的认识。

- 不同政策领域之间改进的整合与潜在协同效应的发展：例如犯罪预防、环境可持续性、气候变化缓解和反恐等领域，以便更好地为安保投资提供财务上的合理性论证。

- 在平衡风险缓解与美观且可接受的设计之间的适宜性（appropriateness）：这里的可接受性与所提议干预措施的突兀性（obtrusiveness）、成本以及关于管理和维护的收入问题有关。

- 建立良好组织的灾害风险系统：用于管理城市环境，并根据社会、政治和经济标准适当地影响设计修改。

- 通过安保与应急防备实现的城市韧性：这一过程日益与品牌化实践（branding practices）相关联，并被治理体系用于将特定地区宣传为安全、可靠且能够抵御攻击的地方。随着安全、营销、经济发展和复兴的必然交织，城市韧性已成为吸引内向投资（inward investment）的一个重要因素（Coaffee，Rogers，2008）。

尽管在本章中我们专注于与反恐相关的城市韧性的"硬件"方面，但也应逐渐认识到集体治理风险缓解的重要性（参见第二章和第三章）。韧性解决方案应涉及来自公共部门、私营部门和社区部门的众多利益相关者，这在许多地区对社区和社交韧性的关注中得到了体现。

　　鉴于已识别的城市地区面临的威胁范围、潜在危害的广泛性以及其影响的毁灭性和不可预测性，将城市韧性嵌入其中并缓解风险无疑是一项巨大挑战。就此而言，与其他研究者一样，我们认为城市韧性"避免过度规定性"（not be too prescriptive）（Bosher等，2007；Coaffee等，2008a）；相反，它应该使城市和区域规划师以及其他建成环境专业人士能够集体做出明智的决策，以在现有和未来开发项目的设计、规划、建设、运营和维护过程中积极整合安保和韧性活动。

Coping with Large-scale
Disasters

第八章
应对大规模灾害

近年来发生的自然灾害，例如美国的"卡特里娜"飓风（2005年8月）和"桑迪"飓风（2012年10月）、澳大利亚昆士兰洪灾（2010年12月）以及东日本大地震（Great East Japan earthquake，2011年3月），再加上"9·11事件"和"7·7爆炸案"等重大恐怖事件，促使人们更加关注如何在大规模冲击后迅速恢复平衡。社会、自然和技术系统的高度综合性和全球性意味着，作为一个研究领域和规划的政策框定工具，降低灾害风险或提高灾害韧性的重要性日益突出。在这一针对大规模冲击的规划领域，人们特别关注"黑天鹅"事件（Black Swan Events）——即概率低但影响巨大的事件。这些事件超出了风险管理与保险系统的常规补偿范围，往往产生剧烈、深远且持久的影响，这使城市和区域规划师日益面临制定应对策略的迫切需求。正如塔勒布（Taleb，2007）在《黑天鹅：如何应对不可预知的未来》（*The Black Swan: The Impact of the Highly Improbable*）一书中所指出的，对这类灾难性事件的关注可能在投入与成本上不成比例；它们还可能导致政策制定者目光短浅，忽视那些更频繁但不太直接的风险或"慢燃事件"，而这些事件在未被察觉时可能带来严重后果（详见第九章）。

关于灾害管理的规划与响应文献非常丰富且不断发展（Berke等，1993；Olshansky等，2006）。这些文献通常围绕技术、操作、社会与经济（TOSE）要求构建框架（Bruneau等，2003），并涵盖系统的准备、响应、恢复与减灾，以实现平衡（即反弹）（Olshansky，Chang，2009）。从"平衡"的角度来看，国家政策与战略往往强调协调与应对"冲击"事件，以民事突发事件为框架，并将社区定位为冲击事件的第一道防线，通常也是反弹的主要工具（Edwards，2009）。然而，大规模灾害会根据具体情况引发截然不同的反应；社区结构常遭彻底破坏，而居民参与重建的诉求与旨在降低自然灾害损失的技术性解决方案之间，往往存在根本性矛盾。

正如第二章所强调的，冈德森和霍林（Gunderson，Holling，2002）提出了"扰沌"的概念，以揭示路径依赖性与反馈循环在时间与系统间的影响，特别是对社会技术系统（如规划）的相关性。"扰沌"概念认为，系统周期可能并非固定或连续的，而是嵌套的，并在时间与空间上相互作用，这揭示了突发冲击事件如何引发多重网络系统的连锁性崩溃（参见Olshansky等，2011）。这种扰沌事件表明，需要采取多机构与多尺度的响应：在这种情况下，初始冲击对集成系统构成威胁，增加了在一系列基础设施系统内部及之间发生"级联故障"的可能性。考虑到从互联网、输电网到社会与经济网络等多尺度、多功能网络之间的相互关联性与相互依存性，尤其是在城市环境中，这些网络在空间上紧密相邻，因此这些复杂网络对级联故障的韧性变得愈发重要。尽管这些网络通常通过补偿系统、备用资源或冗余设计来应对预期挑战（见第二章），但它们仍容易受到意外威胁的影响。这种系统的悖论使得韧性既是优势也是劣势，正如第四章所指出的："随着补偿系统复杂性的增加，它本身也成为脆弱性的来源——接近一个临界点，即使是一个小干扰，如果发生在正确的地方，也能使系统崩溃"（Zolli，Healy，2013，第28页）。霍林（Holling，2001）进一步指出，当嵌套系统（nested systems）"过度连接"时，就会达到"临界点"（tipping point）。在这种情况下，系统的韧性最弱，因为过度连接与资源过剩是"等待发生的事故"（an accident waiting to happen）（Holling，2001，第394页），并且"'黑天鹅'事件的可能性……是被设计进去的"（Zolli，Healy，2013，第28页）。

在本章中，我们将2011年东日本大震灾（即地震—海啸—核反应堆熔毁三重灾害）视为扰沌性（panarchic）"黑天鹅"事件，并探讨灾前与灾后韧性规划战略的相关努力。2011年的地震也被称为福岛地震（Fukushima Earthquake），因为它对日本东北部福岛县沿海的福岛第一核电站造成了毁灭性影响。本章中，我们将其称为"东北地震"（Tohoku Earthquake），因为15,891名遇难者中的大多数以及数以万计的流离失所者都生活在东北地区——位于东京北侧本州主岛上的一个区域，包括福岛（Fukushima）、秋田（Akita）、青森（Aomori）、岩手（Iwate）、宫城（Miyagi）和山形（Yamagata）六个县。这场三重灾害引发了福岛核电厂的技术级联故障、辐射污染及全区域电力中断，导致社会、经济、生态与环境网络及物流系统的破坏，这种破坏持续影响着人们对风险的认知（Frommer，2011）。

本章其余篇幅分为四个主要部分，按时间顺序（事件前、事件中和事件后）探讨2011年3月11日发生在日本的巨大地震及其引发的级联事件。我们特别借鉴了对日本的实地考察以及与负责灾害管理及灾后重建工作的规划师的深入对话，以分析在日本风险治理日益转向预防性的背景下，韧性原则是如何被逐步融入城市与区域规划实践中的。

第一部分概述了日本的规划与韧性背景，指出日本几十年来在多个空间尺度上主要采用技术化、管理化与中央集权化的灾害管理方法。第二部分聚焦东北地震及相关事件的直接影响；第三部分则介绍了地震后的重建计划与规划流程。通过分析，我们在最后一部分总结了一系列规划经验，这些经验可用于提升全球易受灾地区与城市未来的韧性，并阐明了从震前预测、震前准备到震后恢复的整个抗灾周期中的多种尝试。

8.1 预测冲击：日本的规划与韧性背景

正如第三章所强调的，尽管在许多国家，城市与区域规划和灾害管理之间存在不协调，但日本的情况却截然不同。日本是一个极易遭受火山、地震和海啸等自然灾害的国家，其活火山数量占全球的7%（108座），而在截至2010年的十年间，日本发生的6.0级以上地震占全球地震总数的近20%（212次）（Japan Cabinet Office，2011，第1页）。因此，风险规避与规划减灾在日本的多尺度规划中根深蒂固。

　　日本当代的规划与灾害管理系统以19世纪末的立法实践为基础，这些立法在社区、城市、地区和国家层面持续为灾害规划管理提供管辖权与协调机制。日本历史上的这一时期被称为"明治维新"，代表了日本为实现现代化与工业化所做的努力，以及对西方价值观与影响的开放态度。规划系统与土地管理条例的发展在很大程度上借鉴了西方，尤其是美国、英国和德国。自然灾害的威胁以及日本在全球竞争中的需求，使得灾害管理在1897年《侵蚀控制法》[①]（*Erosion Control Act*）所确立的现代规划体系中占据了重要地位。该法对邻近自然灾害（如地震、洪水及火山爆发后的土地滑坡）的土地开发进行了规范。尽管该法案标志着日本现代灾害规划的开端，但日本当代韧性建设与灾害管理规划的基石是1961年的《灾害对策基本法》（*Disaster Countermeasures Basic Act*）。该法案是在伊势湾台风（Ise-wan Typhoon）——日本现代史上最严重的自然灾害之一，造成，5,000多人死亡、近4万人受伤——发生两年后颁布的（Japan Water Forum，2005，第52页）。伊势湾台风导致本州岛遭遇前所未有的洪水，工业用地与建成区遭受大规模水浸，因此1961年的法案推动了在日本海岸线上进行大规模防洪投资。

　　伊势湾台风暴露了日本工业化沿海地区的脆弱性，而1995年阪神·淡路地震（Hanshin-Awaji Earthquake，通常称为神户地震，Kobe Earthquake）则揭示了日本老城区中心及基础设施（特别是低收入住房与社区）的脆弱性。在东北地震之前，神户地震是日

---

① 　《侵蚀控制法》又称《砂防法》，于1897年颁布实施，由此开始了日本砂防事业的法制化和制度化。——编者注

本所有自然灾害中造成房地产损失最大的一次。它摧毁了废物管理、交通与通信等重要基础设施，损失高达6万亿日元（几乎占当年日本国内生产总值的3%）。第二次世界大战后，日本社会的飞速发展导致了以经济需求为导向而非基于安全或减灾的建筑方法，这种不适应的方式在神户等工业化城市的老城区与市中心集中了大量结构简陋的木制公寓楼。这些地区的地块细分是日本城市内部日益加剧的隔离与贫困的结果，这些较为贫困的区域为临时工与散工提供了居住功能。他们生活在破败且拥挤的环境中，从事所谓的"三K"工作——肮脏（Kitanai汚い）、危险（Kiken危険）和有失尊严（Kitsuiきつい）的工作。神户的物理与社会条件催生了强大的民间社会团体，如工会与居民协会，它们联合起来要求改善社区环境，并推动了社区营造（Machizukuriまちづくり，直译为"城镇制造"，意译为"社区营造"）委员会的兴起。这些历史悠久的邻里协会可追溯至20世纪60年代，意味着该市在日本某些政策领域享有高度自治权。希利（Healey，2010，第85页）指出，在21世纪初，有超过100个以居民为基础的社区团体或社区营造组织在神户注册。

　　尽管神户的社区发展活动蓬勃发展，但高度集中的资源分配与决策机制并未显著改善神户的居住条件，也未改变其住房与邻里环境的高度隔离状态。尽管20世纪80年代的房地产再开发与房地产泡沫改变了东京的大部分住房状况，但日本一些地区的恶劣住房条件与结构性不足问题一直持续到20世纪90年代。根据1993年的人口普查数据，在1995年神户地震中受灾严重的地区（即神户、奈良、和歌山），只有不到一半的住宅配有冲水马桶，而当时东京几乎95%的住宅都已具备这一设施（Japan Statistics Bureau，1999，第127页）。在神户地震中丧生的6,500人中，大部分居住在因地震而毁坏的7万间简陋住宅中。超过90%的死亡发生在最初的15分钟内，主要原因是建筑物倒塌导致的压死或窒息（数据来自神户地震纪念馆）。

尽管神户的社区营造委员会在规划方面享有一定程度的自主权，但这并未能防止其最贫困街区遭受重大生命与住房损失。然而，它在指导抗震规划实践、改善减灾措施以及降低日本全国城市地区建筑物倒塌风险方面产生了深远影响。从神户地震中吸取的教训、兵库防灾中心的设立以及与受影响居民团体的合作，促使日本在1995年至1999年间采取了循环性的灾害管理方法（预防/减轻、准备、应对和恢复/重建），并通过了五项议会法案和两项立法修正案以加强减灾措施。这些法案包括《地震防灾对策特别措施法》（*Earthquake Disaster Countermeasures Act*，1995）、《建筑物耐震改修促进法》（*Promotion of Earthquake-Proof and Retrofitting Buildings Act*，1995）、《促进提高人口稠密地区灾害韧性法》（*Promotion of Disaster Resilience Improvement in Densely Inhabited Areas Act*，1997）以及《灾民生活重建支援法》（*Support for Livelihood Recovery of Disaster Victims Act*，1998）。这些干预措施通过以下方式显著加强了减灾与防灾工作：

- 投资并开发改良建造技术。
- 重建大都市地区的交通与废物管理基础设施。
- 改进街区设计。

- 更加重视小型口袋公园的建设，以减轻火灾与洪水的影响。
- 进一步推动社区营造的发展，以增强社会韧性。

1945年至2011年间，日本颁布了近100项议会法案或现有立法修正案，旨在规范土地使用或引入应对灾害与突发冲击事件的特别措施（Japan Cabinet Office，2011）。在战后时期，诸如神户地震与伊势湾台风等重大冲击事件在加强防洪与建筑倒塌预防措施以及制定韧性规划方面发挥了关键作用。其中，1997年《人口稠密地区法》（Densely Inhabited Areas Act）的出台可能是"韧性"首次在日本灾害规划立法中得到体现（该法日文名称中的"整备"一词字面意为"维护"，但意译为"韧性"）。然而，神户地震也暴露了通信系统韧性与响应协调的薄弱之处。尽管政策中采用了韧性的措辞，但政治领导层在实践中未能充分贯彻韧性原则，也未能迅速认识到神户地震对国家的影响如何超越其在地方与区域的表现形式。

神户地震后，日本最显著的变化是设立了国家灾害管理大臣（Minister of State for Disaster Management）一职。这一部长级职位的设立旨在加强减灾、灾害响应与灾害规划救济工作的政治力量，并在内阁（Cabinet）及内阁秘书处（Cabinet Secretariat）实现对安全与风险管理的全面控制。负责地震、火山等自然灾害以及人为冲击（例如1995年东京地铁沙林毒气袭击事件）的规划与灾害管理的各部门主管，均可直接向内阁办公室（Cabinet Office）的灾害管理主任（Director General for Disaster Management）汇报。内阁办公室引入更强的政治问责制，据称能够提升未来灾害救援的响应速度与协调能力。

在一个多世纪的韧性规划系统发展过程中，日本已成为"预防性治理"的典范。日本通过开展先发制人的风险管理活动，绘制城市脆弱性地图，规划高影响的"冲击"事件，并发展与增强实用技术专长，以帮助减轻破坏性挑战的影响并促进恢复（De Goede，Randalls，2009）。日本为所有地方自治体制定了疏散程序与措施，为灾害期间需要帮助的人提供支持，并在每年9月1日的防灾减灾日（Disaster Reduction Day），于每个地区与都道府县开展大规模的防灾减灾演习。尽管日本对大地震（特别是以东京为中心的地震）进行了充分准备，但2011年东北地震的规模与连锁反应导致了对传统日本灾害管理方法基石——技术与管理措施——的重新评估。正如后续章节将展示的，东北地震及其相关影响不仅在身体与心理上造成了毁灭性打击，还揭示了日本在未来几十年需要应对的一系列严重"慢燃"挑战。东北地震还引发了对灾害管理政策层级性质的重新评估，并重新激发了提升社区韧性的呼声。

8.2　2011年3月的三重灾害

东北地震发生于2011年3月11日星期五日本标准时间14：46左右。这是日本有记录以来遭遇的最大地震，也是自20世纪初现代记录开始以来全球第四大强震（Fukushima Action Research，2013）。震中位于太平洋，距离东北地区宫城县仙台市以东约70千米。地震引发了前所未有的海啸，淹没了日本东北沿海地区的大量土地，并迅速包围了仙台机场等战略要地。几分钟内，地震触发了一系列事件，最终导致了三重灾害的发生。根据日本国家警察厅（National Police Agency）的数据，截至2015年5月，地震导致15,891人死亡，2,594人在事件发生四年多后仍然失踪（*Japan Times*，2015）。绝大多数死亡（15,824人）发生在岩手县（4,673人）、宫城县（9,539人）和福岛县（1,612人）三地。

　　1995年神户地震后，日本建立了一套系统，用于自动分发地震及其他自然灾害的影响数据。作为综合灾害管理信息系统的一部分，当发生震级达到4.0或以上的地震时，系统会在震后十分钟内报告地震事件，类似的措施也适用于海啸与火山活动。卫星影像与地理信息系统也被用于调查受损区域，并向公众公开信息。日本气象厅（Japan Meteorological Agency）在检测到地震后几乎立即发布了预估影响与海啸预警。然而，神户地震后为提高结构韧性与灾害响应而采取的措施被证明是不足的。当局未曾预料到如此强烈的地震会袭击日本东海岸，也未对海啸带来的水量与淹没程度做好充分规划，这种海啸在日本现代史上前所未有。海啸的预测远低于实际情况，导致了随后的混乱与民众的困惑，主要原因是沟通不畅与疏散程序执行不当，造成了大规模的溺水死亡。其中还包括250名救灾志愿者，他们在海啸袭击海岸线后的几分钟内丧生（Hasegawa，2012）。

　　截至2011年2月，信息与通信系统已得到加强，建立了卫星移动电话通信系统，并辅以地方政府的地面系统作为支持。由于日本沿海地区的脆弱性，这些系统通过无线通信与社区内的公共广播扬声器系统相连。社交媒体也得到了利用，尤其是推特（Twitter），在"追踪受自然灾害影响人群的公众情绪以及作为早期预警系统"方面表现出显著效果（Doan等，2011，第58页）。第一条推文在地震发生后的90秒内于东京发出（同上，第62页）。然而，通信与电力系统普遍出现故障，许多社区不得不主要依赖本地经验与口口相传获取信息并对事件发展作出反应。整个东北地区的本地无线电通信系统受到严重影响，随后的研究表明，由于电力中断以及公共广播系统与电线塔的损坏，只有不到十分之一的逃难者对地方政府的无线电警报作出回应（Hasegawa，2012）。

地震的突然冲击还暴露了级联与相互关联系统（扰沌）的潜在脆弱性。一个典型例子是三重灾害如何揭示了日本电力传输系统的路径依赖性与不足。在这方面，日本在发达国家中可能是独一无二的，因为它拥有两种基本独立的电力系统，因此缺乏关键的系统互通性与韧性。东京地区及其北部和东部区域使用50赫兹交流发电机系统，而日本西部，以大阪—近畿（Osaka–Kinki）地区及其以西为中心，则使用60赫兹系统。所谓的"频率边界"位于静冈县（Shizuoka）和新潟县（Niigata）的富士川（Fujigawa）与糸鱼川（Itoigawa）河流交汇处。这两个"电力区域"分别由不同供应商提供的发电机独立发展。在大阪和西部地区，这些发电机最初由美国提供，而在19世纪末明治维新时期供应给东京的发电机则来自德国AEG公司的前身企业。这种国家频率的不协调以及日本电力网络的独立发展问题从未得到解决。因此，地震后的情况因国家电力系统未能有效支持受灾地区而进一步恶化，具体表现为电力系统未能将来自地震影响较小的日本西部的电力重新分配到东部与北部的受灾区域——该区域因福岛第一核电站故障而遭遇停电与严重的电力供应中断。这意味着在3月11日地震与海啸之后，当东北与东京地区出现电力短缺时，日本东部几乎失去了三分之一的电力，而无法从该国西部的一半地区共享电力。

在停电与通信系统故障导致的混乱中，超过五分之二的受影响者依靠自己的判断或亲友的建议寻找安全路线（Hasegawa，2012）。一些居民因过度依赖地方政府制作的灾害地图指导疏散过程而丧生。这些地图基于对远低于9.0级东日本大地震震级的震动下可能被淹没区域的估计，但由于地震与海啸的规模前所未有，这些估计完全不准确。实际上，这些地图在居民心中营造了一种确定感，却引导他们前往后来被淹没的疏散点。

除了海啸应对的失败，福岛核电站的核灾难也暴露了一系列类似的灾前规划缺陷。尽管反应堆在地震发生后几乎立即启动了紧急停堆（scram）程序，但协调的疏散工作直到事件发生超过48小时后才开始。日本国会调查委员会（The National Diet of Japan，2012）报告称，在第一天，只有不到20%的受影响居民知道发生了事故，而被告知应疏散的居民不到10%。这种情况部分归因于日本政府监管机构与运营商创造的"绝对安全神话"（Myth of Absolute Safety），他们声称日本核电站永远不会发生严重事故。例如，对核事故的调查揭示了电厂管理层的失败，并将其描述为"日本制造的失败"。此外，负责监管日本核工业的经济产业大臣承认，"对日本核电技术的信心过于盲目"，并且核工业"在安全思考方面缺乏坚实基础"（Onishi，2011）。这种文化缺陷导致中央政府反应迟缓，且未能及时公开辐射数据。由于缺乏来自中央政府或东京电力公司（Tokyo Electric Power Company，TEPCO——核电站的所有者）的最新信息，地方政府自行决定疏散居民。在某些情况下，这导致居民被疏散到放射性烟羽的下风向区域，如福岛市

（Fukushima）和大熊町（Okuma），那里的辐射暴露水平甚至更高。

　　"绝对安全"的理念深深渗透到疏散程序与基础训练的预先规划中。长谷川（Hasegawa，2012）的报告指出，疏散演习与训练主要在核电站周围一至三千米范围内进行，设想的是小规模海啸且无显著辐射泄漏的场景。对受灾核电站附近村庄的疏散者进行的访谈显示，来自该地区的疏散者中仅有1/50参与过疏散演习，而大多数人对疏散程序一无所知。在第一号反应堆建筑物爆炸的第二天，在一个被用作疏散中心的地区，学校建筑外准备了午餐并分发给受海啸影响的居民。显然，疏散者并未被告知事故的严重性，也未被告知他们将无法返回随后宣布的隔离区内的家园。因此，许多人在未携带任何必需品（如额外衣物、金钱、食物或法律文件）的情况下离开了家园（Hasegawa，2012）。

　　这些沟通上的失败与地质物理防御（geophysical defences）的失败相呼应。在日本许多地区，特别是海啸多发的东北地区，沿海防护林系统无法有效应对类似东北地震及海啸这样的"黑天鹅"事件，甚至在许多情况下，作为沿海防御手段的防护林反而加剧了灾害后果。宫城县气仙沼市（Kesennuma City）周围的森林被快速流动的海啸淹没，导致大量木材被拖拽过地景，成为巨大的撞锤，加剧了对建筑物与重要基础设施的破坏（Fritz等，2012）。该地区230千米长的保护性沿海森林中有三分之二遭到海啸的重创。海啸在陆前高田市（Rikuzentakata City）达到了15米的高度，并"在向内陆推进之前摧毁了宽度达200米的森林，对城市的大部分地区造成了破坏"（Cyranoski，2012，第142页）。海啸的威力将汽车、工业设备与船只卷入内陆，摧毁了一切障碍。图8.1展示了海啸的威

图8.1　2013年3月日本宫城县气仙沼市街道上的"第18共德丸"渔船

力，其中一艘60多米长、330吨重的渔船从其停靠的气仙沼港被冲至近1千米外的居民区。

　　面对如此强大且极具破坏性的力量，海岸防御机制和疏散尝试的不足暴露了一系列与灾害规模和范围相关的不适应性反应。这些反应随着灾害的演变和扩散逐渐显现（Ando，2011）。例如，地震灾害评估结果被证明存在错误，许多居民未能收到准确的海啸预警。此外，一些年长居民对海啸的既有认知也导致了行动迟缓和疏散失败。部分年长居民曾经历过地震震动与海啸来袭之间10～15分钟的延迟，然而在东北地区，此次海啸从首次震动到抵达海岸却耗时多达40分钟。基于以往经验返回家中的人员中，部分人不幸溺亡：

　　　　55岁以上的当地居民中，有50%经历过1960年的智利海啸，其规模远小于3月11日的海啸。基于过往经验，他们认为"海啸将会很小"，这种认知将他们的生命置于极高风险之中（Ando，2011，第412页）。

因此，老年人和残疾人成为此次海啸的最大受害者。长谷川估计，超过60%的遇难者年龄超过60岁（Hasegawa，2012）。

灾害的另一个不适应性特征是基于对安全的错误假设以及对现有海堤防御的过度信任，导致了一种过度自满的心理。当时的部分海堤（图8.2）高度达6米，使许多居民误以为它们能够保护沿海社区。这种过度信任反映了对海啸机制和威胁的缺乏理解，正如安藤（Ando，2011，第412页）所指出的："[居民]认为有了防波堤，只会导致轻微积水，搬到家中的二楼就足够了。"此外，对东北地震和福岛不断发展的局势的初期响应不足，实则映射出日本灾害应对体系的技术官僚化、管理主义与等级制特征。时任首相菅直人（Naoto Kan）直到2011年4月初，即地震发生后三周，才访问受灾地区，这在某种程度上象征着国家的疏远、不协调和技术官僚的反应。中央政府因反应迟缓且未在灾区设立救灾指挥中心（仅通过东京的内阁府远程指挥）而遭受严厉批评。

8.3　灾后重建与韧性规划

2011年的灾害加剧了日本东北等边缘与农村地区在过去20年中因人口老龄化、低生育率及净外迁所面临的经济收缩问题（Matanale，Rausch，2011）。日本收缩的宏观经济——自20世纪90年代初以来的经济停滞、通货紧缩及随之而来的公共财政困难——因灾害导致的直接人口损失而进一步恶化。例如，陆前高田市在地震后的一年内人口减少了近五分之一。与此同时，东北地区东海岸的城市，如仙台、气仙沼和石卷（Ishinomaki），正处于一个重要的转折点。这些城市试图在预计2010年至2040年间区域人口将减少超过四分之一的背景下，协调规划响应以重建震后家园（Sendai City Council，2014）。

姥浦（Ubaura，2015）指出，在东北地区经历了前所未有的三重灾害与长期缓慢萎缩的背景下，城市与区域规划领域发生了范式转变。自1945年以来，日本的城市规划与发展一直以扩张与增长为背景。然而，面对灾害后的复杂局面，东北地区实现以"均衡"为核心的韧性规划方法变得不切实际。因此，该地区正面临一项重大挑战：如何将短期的灾后重建与长期的区域重新定位相结合。例如，日本国土交通省（Ministry of Land，Infrastructure，Transport and Tourism，MLIT）提出了一个目标，试图通过改善日本北部东西海岸间薄弱的交通连接，打造具有国际竞争力的制造业走廊。然而，该地区需要通过创新项目（如可再生能源供应）来振兴经济与重塑社区，而非仅仅依赖传统的"大型"建设项目进行重建。这类项目往往隐含着对东京经济圈辐射效应的过度依赖。

居民搬迁、土地利用规划与韧性

地方政府当前的首要任务是恢复日常生活秩序，重塑日常感；这一过程复杂而艰难。鉴于区域与国家规划范式已发生转变（Ubaura，2015），虽然大规模灾害及其相关风险频发，但由于缺乏针对地方重建规划的综合性法律框架，灾后恢复工作的协调效率与推进速度始终未能得到有效提升（Murakami，Wood，2014，第243页）。为此，国土交通省于2012年设立了复兴厅（Reconstruction Agency），对地方重建需求进行了全面调查，并划定了灾害地区搬迁区域，以指导重建工作及中央资金的分配。与此同时，农林水产省（Ministry of Agriculture，Forestry and Fisheries，MAFF）下属的水产厅（Fisheries Agency）也采取了一系列措施，旨在保护渔业与沿海港口。然而，农林水产省与国土交通省提出了两种不同的策略：一是向高地搬迁，二是通过加长与增高堤坝或海堤来预防未来海啸的侵袭。这两种策略之间的分歧在日本多个城市的灾后重建工作中显露无遗，我们将在后文具体阐述。

仙台、气仙沼和石卷等城市的地方政府制定了灾害减缓与规划规定，主要针对相对频繁的海啸，即每十年或每世纪发生几次的海啸。然而，在东北地震这样的"黑天鹅"事件中，海啸在某些地区达到海平面以上近40米的高度，并向内陆推进了多达10千米，原有的防护措施在极端情况下作用有限。针对每千年发生一次的超大规模海啸，需要采取技术性（结构性）与社会性（社区基础）相结合的解决方案。然而，地震后的即时计划中，计划沿东北海岸线延长320多千米的海堤，并在某些地方将高度增加至近10米。图8.2展示了地震发生时受海啸严重影响的气仙沼海岸线的海堤高度，而图8.3则展示了同一海岸线上新海堤的建设情况。新海堤的高度是原有海堤的两倍，并将由当地学校的学生进行装饰与粉刷。

这些技术解决方案已导致社区分裂，并被一些人视为未能满足居民、商业与环境的需求。许多市民对仙台市的分区计划中将

图8.2　2013年3月气仙沼现存的海堤防御设施

图8.3　东北地区海堤防御设施的扩建与加高工程实施情况

1,214公顷土地及约2,000户住宅宣布为不适宜居住表示不满,一些人甚至威胁要提起诉讼(Cyranoski,2012)。信州大学(Shinshu University)与日本城市与区域规划师协会(Japan Society of Urban and Regional Planners)对因海啸被迫离开原住地重新安置的居民的经历进行研究,发现他们对城市采取的快速解决方案高度不满,这似乎是随着重建工作加速而出现的应对策略(Uehara 等,2015,第119页)。建设海堤与制定搬迁策略的一个重要原因是为了应对重大事件带来的记忆丧失与隐性知识的缺失。仙台及更广泛的地区曾在1896年和1933年遭受海啸破坏,尽管幸存者迁移到了山上,但后来的几代人又回到了原址。正如仙台重建部门负责人山田文雄(Fumio Yamada)所指出的:"如果你只是警告人们,而没有法律规定,人们就会回来。"(Cyranoski,2012,第142页)

因此,中央政府的工作基于这样一个原则:规划需要融入长期记忆,以防止土地利用中的复返或自满情绪。结果,地方政府陷入了双重困境:一方面需要在人口萎缩的背景下为未来规划,另一方面则必须在重建机构划定的灾区搬迁区域(Disaster Area Relocation Zones)和2012年《东日本大地震复兴基本法》(Basic Act on Reconstruction)的框架内工作(Tomita,2014,第243页)。由国土交通省和农林水产省主导的高度集中与自上而下的重建方法继续影响地方成果。然而,为了获得重建所需的资金,地方政府必须划定淹没区并规划诸如海堤等减灾措施以保护现有社区。因此,像仙台这样的地方政府需要强制指定淹没区与建造海堤,以获取中央重建资金。这导致了老旧社区与新社区之间的分裂（Tricks，2012），但也推动了复兴厅通过新法律实施"最坏情况规划"，要求地方政府制定关于"抗海啸"城市的预报与最坏情况的模拟（即每隔三四百年发生一次的最严重海啸）。如果预测海啸将上升到4米高，就会宣布新的搬迁区与淹没区，并且不允许住宅建设。如图8.4所示，地方政府在复兴厅划定的淹没区与灾害地区搬迁区的要求范围内，已采取了五种缓解与土地调整策略：

- 将居民和住户迁移至地方当局辖区内的高地。
- 在受海啸影响的区域，集中现有居民区内的住房单元，并修建或加高海堤。
- 提升低洼地区附近的地势，并加固海防设施。
- 结合住户迁移和地势提升的措施。
- 修复必要的基础设施，以确保居民能够继续留在该地区。

图8.4展示了地方当局为满足复兴厅关于灾害地区搬迁区政策规划要求而采用的新规划方法（参见Murakami，Wood，2014；Ubaura，2015）。图8.5以剖面形式展现了日本（此处以仙台为例）正在构建的海啸韧性城市规划雏形。

图8.6生动地展示了多种规划和土地调整机制的实践发展情况。图中展示了仙台以北的石卷市港口区域，该区域已被指定为第一类搬迁区域（Type 1 relocation zone），需要进行清场。九个月前的卫星图像（2010年6月25日）显示，这里曾是一个人口稠密的住宅区。然而，海啸发生一周后（2011年3月19日），该区域几乎

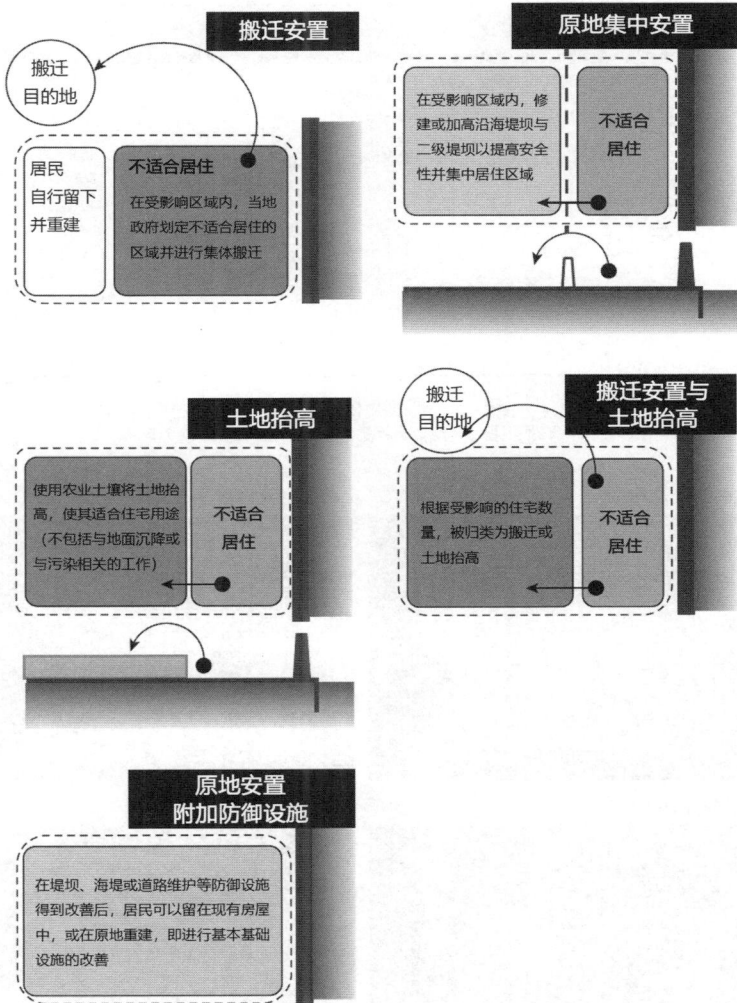

搬迁安置

搬迁目的地

居民自行留下并重建

不适合居住
在受影响区域内，当地政府划定不适合居住的区域并进行集体搬迁

原地集中安置

在受影响区域内，修建或加高沿海堤坝与二级堤坝以提高安全性并集中居住区域

不适合居住

土地抬高

使用农业土壤将土地抬高，使其适合住宅用途（不包括与地面沉降或与污染相关的工作）

不适合居住

搬迁目的地

搬迁安置与土地抬高

根据受影响的住宅数量，被归类为搬迁或土地抬高

不适合居住

原地安置附加防御设施

在堤坝、海堤或道路维护等防御设施得到改善后，居民可以留在现有房屋中，或在原地重建，即进行基本基础设施的改善

图8.4 地震后东北地区的重建模式与规划方法
图片来源：基于姥浦道生（Ubauru，2015）改绘

规划一座抗海啸的城市

仙台正在考虑重新规划其沿海区域。建造一座抬高的海堤可以阻挡普通的海啸，而一条抬高的沿海公路则可以抵御巨大的海啸。一项新的法律强制实施分区限制，以减少死亡人数。

疏散设施　　　沿海公路抬高6米　　海啸防护林宽度为　　混凝土海堤
　　　　　　　　　　　　　　　200-400米　　高度为7.2米
　　　　　　　　　　　　　　　人工山丘

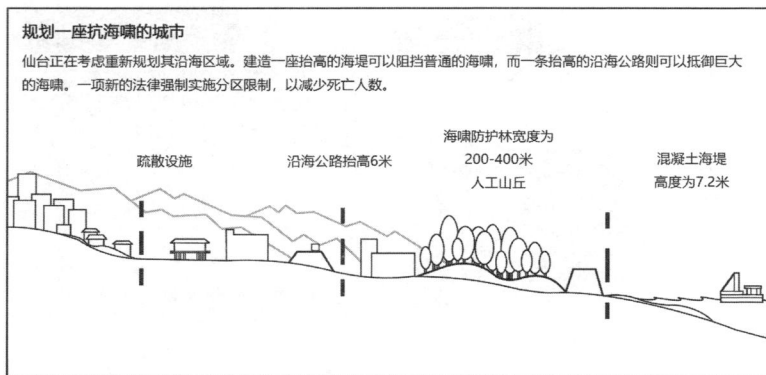

图8.5　抗海啸/韧性城市的规划

图片来源：基于西拉诺斯基（Cyranoski，2012）改绘

2010年6月25日　　　　　　2011年3月19日

2012年2月8日　　　　　　2014年4月1日

图8.6　石卷市港口的受灾搬迁地区

图片来源：谷歌（Google）地图数据，日本ZENRIN图像，法国国家空间研究中心（CNES）/SPOT图像公司，数字地球（Digital Globe），访问日期：2014年5月27日。

被完全清空，并因洪水冲击而彻底摧毁。此处的住宅极易受到超过4米高的海啸影响。一年后，拆除和清理工作全面展开；到2014年4月，支持清理工作的临时设施已被拆除，部分在海啸和地震中基本完好的港口基础设施也被移除。在这种情况下，森林植被既是助力也是障碍。尽管森林防护系统未能保护社区，并对部分地区造成了严重破坏，但位于受灾最严重区域西面和北面高地的邻近工业区和居民区基本未受影响，这得益于森林边界的保护。因此，该地区需要进行植树造林，政府仍将其作为一项战略措施，以应对高频低冲击事件的影响。

> 日本政府决定投资590亿日元在东北地区重新植树。支持者认为，这些树木还具有其他功能，例如提供风障，防止沙子吹入内陆。此外，有证据表明，森林能够减缓由较小地震引发的海啸波浪。甚至在去年，也有一些成功案例。例如，在波浪高度超过6米的八户市，树木牢固地阻挡了20多艘船只，防止它们被卷入内陆并造成进一步破坏（Cyranoski，2012，第142页）。

在国土交通省划定的灾害地搬迁区内，任何剩余住宅均需接受土地调整措施和清场。图8.7展示了一栋现代风格的、据称具有抗海啸能力的房屋。该房屋建在"高脚柱"上，以抵御低水位淹没。然而，海啸仍淹没了这栋高架建筑的地面和一楼，同时冲走了周围和邻近的所有房屋。由于该房屋位于石卷市新划定的海啸淹没区内，根据灾区搬迁政策，房主必须迁移至高地或重新调整的城市区域，并通过复兴厅从地方政府获得补偿。

图8.7 石卷市附近"海啸淹没区"内的韧性住房，以及政府划定该区域为海啸淹没区或灾害搬迁区域的标志牌

灾后恢复和重建的普遍应对措施包括：居民自行购买土地建造住房、搬入临时避难所或公共住房，或根据综合搬迁计划在其他地方重建房屋。在许多情况下，新的抗海啸区域设计需在确定拟建房屋数量后才能确立。这导致了搬迁与减灾投资之间的长期延迟与对峙，以及短期与长期规划结果之间的权衡。在缺乏强有力的土地征用程序的情况下，私人投机者也在购买土地，并抢先于中央和地方政府进行土地收购，从而破坏了搬迁的协调响应。搬迁计划导致的空置地块再利用问题重重，进一步加剧了城市萎缩。特别是被指定为灾区搬迁区域的地区，由于政府在土地用途（住宅或工业）上的职责分工不同，这些区域逐渐荒废。随着东北地震后许多地块面临贬值，人们越来越认识到修正当前规划方法的必要性：

> 日本的土地区划整理政策（Land Readjustment Policy，LRP）在城市增长和扩张时代可能是合适的，但对于萎缩的边缘社区是否适用仍值得怀疑，因为重新规划后的土地增值无法得到保证。然而，目前尚无其他可行的重新规划方法。现有的

城市规划方法亟须审查和更新（Miyake，2014，第248页，着
重号为本书作者所加）。

在接下来的部分，我们将反思这些事件所揭示的规划文化与实
践的变化，并探讨大规模灾害应对中韧性规划的更广泛意义。

8.4 向东北地区学习：恢复、冗余与重建社区

灾难规划与韧性平衡模型已深深嵌入日本的规划体系中，在防
止大规模灾害造成无数生命损失方面表现出极高的有效性。然而，
东北地区三重灾害的扰沌事件揭示了一系列系统性失败，使中央和
地方政府对事件的发展准备不足，导致数千人遇难。如果采取更加
灵活且不那么集中化的规划过程，许多死亡本可避免。正如前文所
述，旨在预测和评估日本地震风险的技术预报措施被证明并不准
确，导致许多受影响的沿海城市收到了错误的海啸警报。同时，过
去对海啸的了解不足以及对海啸机制及威胁的认识有限，加之通信
系统的失效，造成了不必要的死亡。部分居民因过度依赖海堤等高
度技术化的解决方案而产生安全感，导致一些社区出现自满情绪。
在缺乏系统化的社区基础实践和疏散演练的情况下，系统响应高
度依赖集中化的技术官僚化、管理主义和等级制过程。日本东部
2011年"三重灾害"发生后，早期学术研究即对其城乡规划体系影
响展开探讨。学者们推测，这些系统性失败、随之而来的死亡以及
核辐射的持续威胁，可能会对日本的规划体系产生深远影响。
要对如东北地区三重灾害等扰沌事件具备韧性，需要多样化的

规划与灾害管理响应及干预措施。其中，迈向更具演进性的城市韧性方法的一个关键方面，是更加强调基于社区的规划（例如借助日本的社区营造体系）。在一定程度上，三重灾害激发了草根阶层的活跃主义与参与，特别是年轻人对核问题的回应，这挑战了嵌入在规划体系中的技术官僚式灾害应对（Tricks，2012）。国家政府面临越来越大的压力，需要适应变化并允许社区更多地参与长期规划。过去，在东北地震前，旧有的保守文化曾压制了这种参与，尤其是在经历萎缩的地区。一些人认为，2011年3月之后的发展可能会重新平衡日本的社会关系与规划实践（Murakami，Wood，2014，第237页）。

　　然而，由于日本深陷财政紧缩困境，规划系统依然僵化，受东日本大震灾影响地区的规划与重建进展不可避免地陷入停滞。许多社区对重建进展缓慢感到愈发沮丧（Suzuki，2015）。高度技术化、自上而下的重建方案旨在平衡（适应）现有的社会空间关系，却与重新定义（将适应性嵌入）受洪水破坏的村庄和沿海社区作用的建议方案直接冲突。更广泛地说，适应性（adaptation）与适应能力（adaptability）之间存在张力——旨在"反弹"的韧性方法与挑战能源生产、消费、土地利用及人口变化假设并旨在发展地区角色的方法之间形成了紧张关系。

　　诸如建造海堤和划定灾害区域等快速技术解决方案，表面上营造了一种恢复的假象，实则阻碍了对"这些渔村的社会、经济和环境可持续性进行开放性考量"，也阻挠了当地空间—社会关系的重塑（Tomita，2014，第244页）。这种自上而下的解决方案还引发了关于应对未来事件的相称性以及谁能从重建中受益的问题。建造海堤以保护社区免受千年一遇事件的影响，可能会使社区产生自满情绪，误以为自己完全免受自然灾害的威胁。与此同时，沿东日本海岸修建海堤等大规模基础设施项目的实施，使大型建筑行业获益，突显了自由政府与大型企业之间的关系，而这种关系在灾难后得到了进一步强化（Murakami，Wood，2014，第240页）。

东北地震揭示了各系统之间的综合依赖关系，以及一个系统的失灵如何引发扰沌失效。在制定适当的韧性计划方面进展缓慢，部分原因是缺乏协调的空间和战略恢复计划，同时也反映了文化、社会与经济关系中的路径依赖。例如，在第二章中，我们注意到风险行业和保险业如何支持以平衡主义的方式制定韧性规划政策。在东北地震后，地方当局采取了速效技术干预措施，因为这些措施使其能够获得《东日本大地震复兴基本法》规定的资金。国家支持的解决方案往往较为保守，导致"一切如常"的做法，规划政策倾向于维护社会与经济行为中的基本假设。作为灾后重建和更新工作的一部分，日本法律要求对基础设施进行同类替换（like-for-like replacement），这给地方当局带来了巨大压力，迫使其以平衡的方式实现韧性能力，即恢复到灾前的稳定状态。此外，此类法律要求将这种周期性的不适应性设计到规划过程的监管体系之中，正如富田（Tomita，2014，第244页）所指出的：

> 重建被毁的低洼地区引发了另一个问题，即大规模设施的集中化。根据1951年的日本法律，受损或毁坏的公共设施必须按原样重建。因此，所有港口设施都将恢复到海啸前的状

态，尽管一些渔村已经消失，或在搬迁至新的共用山坡位置时与其他村庄合并。

这些文化特征及其内在的平衡倾向或许可以解释为何"自下而上的社区发展方法会陷入僵局"（Murakami，Wood，2014，第239页），并促使一些人主张重塑收缩地区的治理流程，以增强社会资本（Dimmer，2012，2014）。然而，三重灾害还揭示了一系列与核能相关的潜在关系，这些关系对治理关系产生了深远影响。例如，一种孤立且"不愿质疑权威"的倾向可能解释了为何尽管1995年神户地震后社区规划的重要性有所提升，但其发展势头却逐渐停滞。基于灾害应对的规划传统所体现的韧性平衡方法，反映了一种倾向于维持僵化与确定性，而对接纳能够融合新社会与经济关系的灵活性与适应性持排斥态度的文化特征。日本有一句传统谚语："出る釘は打たれる"，意为"突出的钉子会被敲下"（枪打出头鸟），这可能是治理和公民社会中实现演进适应性、多样性和变革的文化障碍。尽管规划的价值得到了认可，但其价值观和文化特征可能会阻碍向韧性演进模式的过渡，并反映出规划过程缺乏创新性与多样性。这种冗余与多样性的缺失影响了规划文化的变革，构成了另一组相互交织的过渡障碍。核电（基础设施）之外的能源生产多样化失败、两个电力系统之间缺乏互操作性、决定被摧毁设施必须被替换（平衡）的规划系统，以及日本人口减少地区的老龄化（缺乏多样性），以上种种均指向了规划体系所面临的一系列停滞不前的环境影响因素。与此同时，日本持续经历通货紧缩与经济萎缩，政治选区趋于保守并嵌入一系列政治网络，企业的路径依赖在中期内似乎占据主导地位。这包括一种文化心态，这种心态对日本应对三重灾害的方式产生了深远影响：

> 必须承认——且这种承认是痛苦的——这是一场"日本制造"的灾难。其根本原因在于日本文化中根深蒂固的传统：我们条件反射式地服从，我们不愿质疑权威，我们对"按部就班"的执着，我们的群体主义，以及我们的封闭性（National Diet of Japan，2012，第9页）。

城市韧性在西方被视为应对突发事件时创新与适应的机遇。然而，对日本而言，要为东北地区开辟新的规划路径，不仅需要在能源生产方面进行创新，还需要在人口收缩的地区改变公民与能源生产之间的关系，以实现更加多样化和更具韧性的能源未来。三重灾害揭示了能源领域的固有路径依赖以及核安全在面对此类冲击时的脆弱性。改变像东北地区这样的收缩地区的"能源"轨迹，对于发展替代性发展路径和打破灾难记忆的影响至关重要。日本的大型基础设施项目（如能源和交通）的决策权高度集中于国家层面。受项目选址直接影响的社区群体不仅缺乏参与渠道，更难以进行实质性协商——这种根深蒂固的中央集权决策模式，正是东日本大地震和福岛核事故后亟待改革的关键症结。

值得注意的是，日本国会将三重灾害的问题归咎于内部因素：灾害的原因被归因于管理文化。这一点至关重要，因为它限定了问题的范围，并确保诸如核技术等问题不会被质疑。因此，尽管日本政府最初决定停用核能，且核设施重启的政治反响广泛（2015年4

月京都北部的高浜核电站重启决定遭到法院禁令），但2014年4月允许部分居民返回福岛核电站禁区的决定，仍反映出中央政府维持政策稳定及核电利益链的强大惯性。灾难发生后的12个月内，全球核电站数量从547座增加到558座（Holloway，2012），这一增长反映了推动国内核能生产的强烈政治与经济动力。尤其关键的是，日本一方面依赖从中国等国家进口化石燃料（这削弱了其地区影响力），另一方面又积极向越南、印尼等新兴核能消费国推销其技术，试图以技术输出重塑其区域影响力。

这些深层次的制度性关联，在维系现有规划体系稳定性的同时，也顽固抵制着可能改变社会空间关系的城乡规划机制变革。由于固有的路径依赖和长期以来灾害管理中的平衡驱动，这些关系难以被改变。因此，福岛的阴影仍然笼罩着该地区，使得其面临的问题几乎"超出了规划的范畴"。

从战略和长期规划的角度来看，日本向我们揭示的一个重要事实是，灾害准备和规划的传统与价值观已深深植根于公民社会、文化习俗以及建筑和施工实践中。这种持续的城市韧性可以通过东京晴空塔（Tokyo Sky Tree）来展示。该塔于2012年5月开放，建成时是世界第二高的建筑，高达634米。它位于地震频发区，作为工程技术的大胆创举，生动地象征了日本在城市与区域规划体系内嵌入的灾害管理模式。东北地震发生在晴空塔建设期间，塔楼凭借其创新的抗震结构——由一个中央混凝土支柱通过减震器系统与外部钢结构连接——成功抵御了历史上第四大地震造成的损害（Euronews，2015）。

尽管东京晴空塔和2021年东京奥运会象征了日本在灾后恢复

中的韧性，但受三重灾害影响的社区未来的韧性仍令人担忧。然而，这场三重灾害为更广泛的规划和韧性问题提供了宝贵的教训。地震和海啸揭示了风险的隐蔽性，同时也暴露了重组和规划工作中潜在的深层次问题。这些风险包括对核能安全的过度依赖以及一个缺乏互操作性（interoperability）的脆弱能源供应网络。能源规划需要具备多样性和互操作性，以实现微型发电（micro-generation）和跨尺度的能源转移；地震则暴露了日本能源多样性规划中的僵化和冗余性不足的问题。突如其来的冲击还表明，现有的灾害应对假设和实践无法实时适应实际情况。应对突发事件的计划需要建立冗余能力，以便在情况变化时灵活调整。由于日本的减灾传统和高度同质化的社会，向演进韧性的转变显得更加困难。这种情况为规划中的平衡韧性框架创造了条件。相比之下，在更加多样化且灾害发生频率较低的国家，向演进韧性的过渡可能会更为顺利。这些问题将在第十章中进一步探讨。

第九章
应对"慢燃"冲击事件的准备

尽管已有大量研究致力于评估灾害和突发冲击后的韧性水平，但对于"慢燃"事件和非特定威胁而言，韧性的概念仍缺乏明确的界定（Pendall等，2010）。马丁和桑雷（Martin，Sunley，2015，第12页）指出，慢燃事件与区域经济学中韧性研究的理论和分析发展关联不大，他们认为突发冲击事件更能揭示系统的韧性及其适应能力。然而，针对城市和区域规划系统，他们提出了关键问题："韧性的对象、目标、手段以及结果是什么？"这一论断引发了关于城市和区域规划界如何应对跨越时空尺度的长期事件、通过前瞻性技术理解城市未来以及更广泛地研究城市韧性的重要问题。因此，空间系统面临的核心挑战在于准确确定长期或慢燃事件的空间和时间维度：事件何时开始，哪些地区受到影响？例如，近期的"信贷紧缩"（credit crunch）、全球经济衰退、信用危机引发的紧缩措施，以及人口流失、城市萎缩、住房需求低迷和邻里废弃等长期事件，都突显了在时空维度上衡量"韧性的对象、手段和结果"的复杂性。

在本章中，我们通过探讨代理机构的作用以及累积决策的重要性，展示了演进性和预见性方法与韧性的相关性。这些累积决策在城市和区域规划系统中形成慢燃压力，不仅由冲击事件揭示，同时也加剧了冲击事件的后果。我们将此与经济学家使用的"滞后"概念相联系，以阐明冲击事件对系统自然阈值产生的持久影响。这类论述认为，即使在冲击过后，系统的扰动记忆仍将持续 [通常称为"残留"(remanence)]，例如通过决策者行为的改变（Romer，2001；Cross等，2010；见第二章）。这种由冲击诱导的行为改变可能显著改变经济系统的轨迹。正如马丁（Martin，2012，第8页）所指出的："因此，'生态'韧性的概念——特别是在冲击导致系统超出其'弹性阈值'(elasticity threshold) 的情况下——与滞后和残留的概念紧密相关。"然而，尽管生态韧性和滞后是具有吸引力的理论命题，但它们本质上是对系统如何响应冲击变化的平衡性解读，未能充分考虑到社会、政治和基于代理人的行为所增加的复杂性，以及更持久的慢燃压力的累积影响。

在此背景下，本章聚焦区域住房问题，将其作为区域系统适应能力的一个示例：通过这一视角，我们可以考察跨时空尺度运作的慢燃事件的特征，例如进化与平衡（第二章）、适应与不适应（第四章）等。本章特别强调慢燃事件与城市韧性实践的高度相关性，并指出进化过程驱动的韧性论述旨在避免"临界点"(tipping point) 并推动预见性政策的制定。我们的分析基于作者自20世纪90年代末以来为英格兰地方和区域当局开展的一系列研究，这些研究关注次区域方法（sub-regional approaches）与国家战略住房市场评估指南的内部一致性，以及低需求住房的再生问题。后续研究不仅影响了住房市场更新（Housing Market Renewal）中的投资决策——这是一项于2003年至2010年间在英格兰北部和中部地区实施的住房市场干预国家计划——还对该计划在地方和地区的实施情况进行了评估。

在本章的其余部分，首先我们从演化经济学（evolutionary economics）的视角探讨了2008年全球经济危机这一"突发冲击"事件。我们指出，传统的平衡论韧性方法无法为此类事件提供充分的因果前情（causal antecedents），并阐明如何通过将其视为在多个尺度和时间范围内运行且具有复杂反馈回路的社会空间系统——即第二章所述的"扰沌"——来更好地分析慢燃事件。其次，我们将这种"扰沌"解读应用于区域尺度上的历史和当代住房市场分析，例如对英格兰利物浦低需求住房问题的详细研究。再次，在分析住房市场时，我们重点关注代理机构在慢燃事件的演进韧性解释中的作用，即规划知识共同体中代理人顽固且常被锁定的行为如何以路径依赖的方式引导市场，揭示了改变传统工作方式的困难。在此，我们强调，在一个相对封闭的政策知识共同体中，特定代理人及其行为通过选择某些规定的评估措施，影响了战略性地区住房政策的形式和效果。最后，在本章的结尾我们指出，英国的地区住房战略缺乏适当的"韧性"机制来预测当地变化，也缺乏替代行动路径（即决策过程中的冗余性和多样性）作为政策反应的机制。这种解读表明，需要从更演进的角度看待区域尺度的韧性，将灵活性、冗余性和多样性结合起来；这种视角不仅将韧性视为区域应对冲击事件的能力，还将其扩展到区域开发新增长方式和保持长期适应能力的范畴。我们认为，实现这一目标的最佳途径是建立松散耦合的网络和结构，使其能够摆脱对以往行动路径的依赖。

9.1 慢燃事件与自我恢复平衡动态

在城市和区域规划领域，韧性的发展叙事发生了重大转变，这一转变与2008年全球信贷危机后的经济衰退期相吻合。信贷危机突显了对系统冲击进行分类的复杂性，以及平衡响应与演进响应之间的选择问题。金融危机的余波至今仍在持续（截至2015年10月），恢复至冲击前的状态显然已不可行。尽管信贷紧缩是一种系统性冲击（其标志性事件可追溯至2008年9月15日雷曼兄弟公司的倒闭），但它无法像洪水、地震或恐怖袭击等系统性冲击那样被简单分类，因为慢燃压力是由一系列相互关联的系统先前变化的累积结果所引发的。长期或"慢燃"事件，如去工业化和城市萎缩（Pendall等，2010），是多种事件的组合，涉及系统内部结构变化的长期过程。信贷紧缩的突发冲击几乎立即引发了大范围的经济衰退，并对社会、政治和文化体系产生了深远影响。具体而言，它预示了一段时期的投资停滞以及建筑和规划行业就业的显著减少。

美国次级贷款市场的债务违约引发了系统性的连锁反应，并在不同空间尺度上产生了多重影响。冲击中特有的滞后现象使得信贷紧缩既是系统冲击，也是慢燃事件——其根源在于银行监管的放松、向信用评级极低的低收入群体过度放贷、依赖以房地产为主导的城市更新和全球股票（global equity）模式，以及不可避免地、作为分散投资风险和尽可能多地实现期房（off-plan housing）销售和利润机制的"以租养房"产业（buy-to-let industry）的兴起。然而，尽管我们认为慢燃事件与各种冲击的相互作用对于发展城市和区域规划中的韧性实践以及揭示不同的空间影响至关重要，马丁和桑雷（Martin，Sunley，2015，第16页）却指出，韧性对区域经济学和规划的解释潜力不在于分析慢燃事件，而在于区域系统如何适应突发性冲击事件：

> 韧性概念应与长期适应性增长（long-run adaptive growth）相区分，最好将其限定于对冲击事件的研究，包括此类冲击可能引发的任何"反应性适应"（reactive adaptation）。否则，韧性概念可能会承载过多的含义和解释，从而失去其分析上的有效性（analytical purchase）。

鉴于资本主义和区域经济体系中，追求剩余价值最大化所引发的"创造性破坏"（creative destruction）（Schumpeter，1976）是推动其发展的关键动力，因此采取这一立场似乎是合理的。然而，对城市和区域系统中慢燃事件的理解，揭示了区域系统的适应能力及其吸收经济变化的能力。这对我们理解韧性作为一种演化过程至关重要，尤其是地方如何实现"跃进"。"自我恢复平衡动态"（Martin，Sunley，2015，第4页）的概念深植于主流经济学，可能影响了区域城市经济学和区域规划中基于工程平衡的韧性思维模型的采纳。这种平衡方法将经济韧性视为将减灾理念嵌入治理日常实践的过程，旨在确保区域经济体能够维持其在全球经济网络中的作用和能力。工程韧性方法中隐含的自我恢复平衡动态可用于分析全球物流供应链的系统性能维护；区域经济的扰动可能引发整个全球系统的故障，导致公用事业、运输或能源中断，并对业务连续性产生影响（Rose，2007，第385页）。这突显了理解区域经济系统吸收能力的重要性，以及这些系统在受到冲击时如何保持功能的重要性（同上，第384页）。

然而，在城市和区域规划等社会技术系统（Smith等，2005）中，系统边界往往难以明确界定。克里斯蒂娜·比蒂、史蒂夫·福瑟吉尔和保罗·劳利斯对矿业关闭和地区劳动力市场的研究（Beatty，Fothergill，1996，1998；Beatty，Fothergill，Lawless，1997）表明，大型工厂或矿业的关闭作为单一时间点的冲击事件，在其发生前后均会通过吸纳、转移和重新分类失业人员的方式在不同范围内产生影响。家庭、公司、地方当局和国家政府都在这些适应战略中发挥了作用。在这种情况下，冲击的规模、地点和持续时间的确切影响被掩盖了。对于城市和区域规划而言，冲击并不会将冲击前和冲击后的状态截然分开，因为很难在某一时间点上明确划分冲击后的反应。慢燃事件可能会被长期掩盖，这表明系统的某些部分具备吸收冲击、适应变化并在系统资源重组的同时继续运行的能力；"在经历变化的同时进行重组，以保持基本相同的功能、结构、特性和反馈"（Walker等，2004，第2页）的能力可能是韧性系统的一项功能。然而，这也可能隐藏着长期未被发现的功能失调和系统失灵（不适应）。在某一时刻，系统可能无法吸收冲击，从而形成新的平衡，而这种平衡可能不如冲击前的状态。这一特征在住房市场中表现得尤为明显——固定资产与沉没成本往往难以跟上经济创造性破坏的步伐，也无法适应自由市场在推动发展过程中混乱无序的运行方式。

在第二章中我们指出，韧性思维和实践的争议日益加剧，不断变化的非平衡系统的性质促使许多研究人员主张采用更具演进性的方法。对社会—生态系统平衡模型及其适应性循环的批评，促使冈德森和霍林（Gunderson，Holling，2002）修正了他们的方法，以考虑变化的不可预测性以及系统间的相互作用。这种不可预测性与城市和区域规划等社会技术系统尤为相关，在这些系统中，适应性循环受到规划决策的刚性、路径依赖性以及微观和宏观因素相互作用的影响。这些因素共同塑造了空间和时间范围内的住房与经济行为。

冈德森和霍林（Gunderson，Holling，2002）认识到路径依赖和反馈循环在不同时间和不同系统中的影响，提出了"扰沌"的概念。城市变化的过程并非以固定的顺序模式发生；各系统相互作用，并可能相互嵌套。扰沌是一种启发式方法——一种人为构想，旨在解释以平衡主义的单一循环方法理解城市复杂性的局限性（Holling，2001，第394页）。这一概念已成为解释城市和区域经济韧性与适应性的关键框架（Simmie，Martin，2010）。

在周期的每个阶段以及每个嵌套系统中，都存在试验和重组的机会，这些机会受到"自下而上"和"自上而下"过程的影响。在这一系列不同步的动态过程中，未能进行试验以创造重组和活力的条件，可能是由于某个地区因累积优势（cumulative advantage）或集聚效应而被正向锁定，或因缺乏物理、制度或生产资本而被拖累，即所谓的"制度滞后和不变的文化"（Simmie，Martin，2010，第16页）。这种制度滞后形成了反馈循环，导致负面的象征资本（symbolic capital）或残留："冲击的影响是永久性的，而非短暂的——冲击具有记忆，即所谓残留"（Martin，Sunley，2015，第5页），从而形成既影响又作用于连锁系统的反馈循环。

演化经济学和城市规划的进展改进了扰沌模型的某些方面，使韧性的解释潜力超越了传统的反弹方法（Folke等，2010，第25页）。演进韧性要求建立具有预见性的系统，以管理持续的变化，避免重大的系统扰动，并通过提高治理对策的适应性来增强区域系统的韧性。正如第二章所述，达武迪（Davoudi，2012，第304页）强调："演进韧性促进了对地方的理解，即地方并非分析单位或中性容器，而是复杂且相互关联的社会空间系统，具有广泛且不可预测的反馈过程，并在多个尺度和时间范围内运行。"

9.2 扰沌与区域住房市场

在英国的城市和区域系统中，过去25年最具挑战性的系统失败之一是英格兰北部和中部部分地区因住房需求低迷及社区废弃引发的问题。"低需求"作为住房政策问题的显现，最初以多种挑战传统住房管理智慧的过程为标志。直至20世纪80年代末，英国的住房政策仍以战后公共住房（council housing）建设计划为基础，具有高度的市政属性。因此，地方当局的住房战略角色并未超出公共住房的管理范畴。直到20世纪90年代初，随着公共住房的"私有化"、新式可负担住房补贴政策的变化以及大规模的存量转移，地方当局与社会业主之间的战略伙伴关系开始发展，这是购房权（Right to Buy，RTB）政策的结果。许多受低需求影响的当地政府从90年代中期开始意识到社会住房部门以及受购房权影响的小区中出现日益严重的问题。然而，到90年代末，后工业化时期北方城市的住房问题显然无法通过临时性的单一租赁方式解决，而需要采取战略性方法（Murie等，1998）。这些问题与处理"难以出租"的社会住房存量的微观管理问题截然不同（Power，1997；Power，Mumford，1999）。低需求状况在私人住宅区和社会住宅区中普遍存在（DETR，2000a），这表明需要一种更具战略性和市场导向的方法来理解这一问题（DETR，2000b）。

1998年至2003年，英国开展了一项广泛的研究，收集了关于低需求和空置住房的证据基础（Murie等，1998；Lee等，2001；Nevin等，2001）。该研究表明，由于宏观和微观层面的因素共同作用，导致市场不同部分的需求变化以及内城某些地区的废弃成为一个普遍问题。因此，直至90年代末，学术和政策报告才开始系统性地论证这一问题。随后，中央政府出台了支持城市更新的政策，并调整规划政策以促进所谓的城市复兴。作为实现可持续社区的更广泛措施的一部分，英国政府投资了一项20亿英镑的住房市场更新计划，并加强了关于住房市场的预见性和监测指导，以推动这一议程（覆盖地方、次区域、区域等不同地理空间尺度）。下一节我们将以英格兰西北部利物浦市为例，探讨住房需求扰沌模型的核心特征，并继续反思代理机构在应对住房需求持续低迷且波动所形成的慢燃冲击中构建演进城市韧性的作用。

利物浦的需求变化

我们以英格兰利物浦为例来说明这些问题。从1950年到2000年，利物浦的人口几乎减少了一半，在一些内城社区，超过30%的住房空置（Lee，Nevin，2003）（图9.1）。自1945年以来，福利政策、国家补贴住房的扩大、凯恩斯主义福利国家假设和充分就业等方面发生了渐进式变化，随后是20世纪70年代石油危机后的结构调整和国际货币基金组织的干预，以及80年代和90年代城市管理方面的变化和城市企业主义（urban entrepreneurialism）的兴起。由于利物浦宏观和微观环境的这些渐进式变化，其人口从1945年的875,000人减少到2000年的475,000人（Lee，Nevin，2003）。显而易见的是，尽管利物浦的住房和规划官员从90年代初就意识到其辖区内的低需求和废弃问题，但解决这一问题的政治意愿和资源却严重不足。

图9.1　1999年4月利物浦L8邮政编码区的格兰比，店铺与房屋被木板封住

大片住房的废弃可以用一系列级联事件（扰沌）来解释。基于凯恩斯经济和福利政策的规划假设，即假定充分（男性）就业和高出生率，导致了对人口预测和家庭形成率的高估，从而引发了人口分散的过程。默西塞德（Merseyside）次区域 [包括伦康（Runcorn）、斯科默斯代尔（Skelmersdale）和威勒尔（Wirral）] 内新城的建立以及新的住房机会促使人口向城市外迁移。截至21

世纪初，利物浦市已形成与收入及住房区位密切相关的显著梯度分化——以该市22,000名公共部门雇员样本为例，近40%的行政文职人员与65%的专业医疗技术人员选择在城外居住（Nevin等，2001）。

利物浦的经济适用房轨迹部分源于地理和形态上的路径依赖，以及默西河在城市经济发展中的重要性。传统上，低收入住房主要分布于两类区域：一是连排式街道住宅，二是受20世纪20～30年代欧洲现代主义建筑启发兴建的新型住宅区，如圣安德鲁斯花园（St. Andrews）项目。后者借鉴了德国建筑师布鲁诺·陶特（Bruno Taut）与马丁·瓦格纳（Martin Wagner）设计的马蹄形住区（Hufeisensiedlung）理念，被视为工人阶级住房的革命性解决方案。这些社区最初多毗邻码头与市中心开发。20世纪60和70年代，随着自动化、集装箱化和去工业化席卷整个城市，这些传统地点的工作机会随之消失，由此产生了由家庭、市场和国家主导的应对措施。例如，面对劳动力技能贬值与高失业率，家庭采取多样化策略——通过动用职业养老金与遣散费投资房产等手段，其行为模式客观上掩盖了住房供给与消费领域的深层结构性问题。这种应对机制虽未必导致人口外迁，却形成了特殊的住房市场缓冲模式。与此同时，城市未能使其经济基础多样化，这将对未来经济发展浪潮中住房需求的变化产生深远影响（Harding等，2004）。

这种线性叙事的简化框架下，实则蕴含着社会福利体系重构所驱动的文化变迁——该时期的文化转型始终与地方经济及住房供给变革持续互动。高等教育的扩张使得一代人首次能够通过国家补贴的学生资助接受大学教育。学生在私人租赁市场中获得了更为实惠和规范的住房，这是因为提供了公平租金（Fair Rents）而非"市场"租金，以及"安全"租赁而非短期租赁。这一代接受高等教育的资助和补贴体系提高了社会和居住流动性，扩大了离开城市的机会。因未能实现经济多元化或部分住房和社区的现代化，许多人没有理由或意愿返回，由此造成了技能短缺。尽管城市扩大了大学教育供给，为一些内向迁移和在次区域内留下的毕业生提供了机会，但高等教育的扩张却进一步掩盖了更广泛住房市场中的潜在结构性问题。这一现象通过"学生化"（studentification）过程得以实现：原本建于城市核心附近、旨在为低收入工人提供住房的传统住房存量，转而成为学生住房（Groves等，2003）。

取代工人阶级住房的过程是渐进且零碎的，其"学生化"趋势最初是由市场驱动的。这一过程主要通过私人业主的行动实现：他们在拍卖会上或通过当地报纸刊登广告，利用被遗弃的市内私人房产，并在购房权政策实施后，将原公共住房商品化。这一商品化过程部分激活了一些曾被边缘化的存量住房［例如，1999年秋季，《利物浦回声报》（The Liverpool Echo）上的一则广告显示，同一条街上五处房产的叫价额仅为7,500英镑］（Forrest，Murie，1988；Lee，Murie，1999）。随后，"学生化"进程由大学主导，当地大学和私营部门开始提供定制化的学生宿舍。颇具讽刺意味的是，这种做法减少了对这类"学生化"内城房产的需求，进一步削弱了脆弱的市场。

最初，私人业主为学生提供住房的行为掩盖了潜在问题。然而，一系列平行的收购行为在城中展开，多个住房协会或注册社会房东（Registered Social Landlords）购买了原先的私人房产。例如，在拥有1.8万户家庭的格兰比（Granby），十几家注册社会房东负责了60%的住房存量（Lee，Nevin，2003）。因此，公共政策治理安排高度分散，普遍未能将社会住房与其他租赁形式整合到一个整体战略中。结果，注册社会房东在内城采取了不同的投资策略，有的收购了更多房产，而有的则选择了撤资。

　　但这同时导致了对日益减少的租赁房产客户的高度不稳定竞争，原因在于市场上低端和入门级住房供应过剩。自20世纪70年代以来，城市持续的高失业率和经济结构问题引发了从80年代初开始的政治不稳定。地方工党的分裂体现在"激进派"（militant tendency）的影响上，反映了地方政治与撒切尔主义（Thatcherism）下国家经济政策之间的根本分歧。市议会副议长德里克·哈顿（Derek Hatton）作为议会的实际领导人（putative leader），推行"赤字预算"（deficit budget）政策，利用国外贷款投资增建社会住房（即所谓的"哈顿"住房）。这进一步加剧了低收入住房供过于求的问题，并在市场上造成了更大的动荡，特别是考虑到住房多样化的需求、70年代中期以需求或"愿望"（aspiration）为导向的住房政策以及80年代以来城市治理的变化（Harvey，1989）。以人口流失、低收入家庭需求下降和供过于求的不稳定组合为特征的住房市场，进一步受到住房补贴变化以及1982年从砖瓦补贴（bricks and mortar subsidy）转向可携带住房福利（portable housing benefits）政策的影响。这导致了内城地区占用情况的快速变化，增加了邻里内流动和周转的波动性（volatility of churn and turnover）。

这些因素的综合影响形成并维持了一种恶性衰退循环，逐渐使现有居民处于不利地位，并将其锁定在社会排斥的进程中。当时，内城地区高度的社会极化和经济隔离导致了社会冲突。1981年和1985年，利物浦内城（以及在此期间英国其他城市和城镇）发生了一系列重大的社会冲突和骚乱。多年来，托克斯特斯（Toxteth）[以及伦敦的布里克斯顿（Brixton）和伯明翰的汉兹沃思（Handsworth）]的骚乱已成为内城衰退的代名词，以及英国城市诸多"弊病"的象征。这些骚乱的冲击记忆经久不衰，形成了一种残留效应（Martin，Sunley，2015），并反馈到未来住房需求的波动中。因此，尽管主要动因常常与那些事件本身无关，但这种残留效应将行动的地点远远置于其原因之外（见第二章，我们在该章中提到对韧性的核心批评，即其因果关系的内生位置）。在20世纪90年代末和21世纪初的研究中，我们发现利物浦内城很大一部分（超过20%）的空置住房的所有权证书由律师持有，并在市政税登记簿上登记为"遗嘱执行人"（executors of will）——即最后一位居住者已经去世且未留下遗嘱时，则收款人将被记录为遗嘱执行人。因唯一幸存的家庭成员死亡而导致的空置住房，标志着一整套遗弃过程的终结，而这些遗弃过程的根源则是一系列相互关联的过程和系统。图9.2展示了一系列在时间和空间上相互作用的过程，这些过程导致了20世纪90年代英格兰住房市场的低需求和遗弃现象。

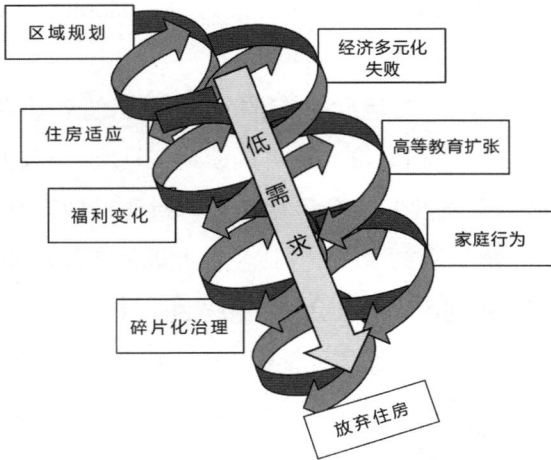

图9.2　区域住房市场的"扰沌"现象：区域与国家住房系统级联反应中的低需求

9.3　慢燃事件中的演进韧性及其代理人的作用

　　地方政府需超越传统的"住房条件"或"住房管理"方法，以解决这些问题。21世纪初，人们逐渐认识到，需从更广阔的视角审视结构性过程，包括土地利用规划与区域经济和劳动力市场的相互作用及其对低需求状况的影响（Murie等，1998；DETR，2000a，2000b）。1997年至2010年期间，城市和区域规划政策对低需求和弃置问题的回应愈发直接。大量证据表明，市场存在不平衡性和重构性，且不存在所谓的韧性平衡的"自然"状态。在此背景下，行动者和政策工具在干预市场条件方面的作用被认为至关重要，并体现了英国政治中的"第三条道路"（A Third Way）（Giddens，1997）。这一时期的高潮是地区空间战略（regional spatial strategies，RSS）、地区住房战略（regional housing strategies，RHS）和战略性住房市场评估（strategic housing market assessments，SHMA）等相关规划工具的出台，以及现已解散的国家住房和规划咨询机构（National Housing and Planning Advice Unit，NHPAU）制定的关于实现地区经济适用房目标的详细指导意见。虽未明确说明，但这些安排的目的均为在经历极度失调和动荡的市场环境后，构建更具韧性的地区住房市场。在下一部分，我们将探讨在中央指导下为解决低需求和理解区域住房轨迹所汇集的证据。

实施区域住房战略以应对慢燃冲击

如上所述，这一时期的规划政策具有高度指令性，对次区域住房状况和轨迹的数据、分析和解释依赖一系列证据，包括法定地方当局的报告以及人口普查、就业和英国土地登记局（Her Majesty's Land Registry）的数据。由于评估发生在房价达到顶峰的时期，因此特别强调了对房价和可负担能力的分析。这体现在对地方当局和次区域层面房价趋势的详细描述，以及通过比较房价与平均收入来开发替代性可负担能力的衡量指标。

由于过度强调房价的可负担能力，对市场条件某些方面的分析往往被忽略或未深入探讨。存量房产的状况、适用性（fitness）和老化问题（obsolescence）在低需求动态和住房市场轨迹中发挥着重要作用（Ferrari，Lee，2010）。然而，在许多证据中，这些因素并未得到详细考虑，住房需求被解释为住房"愿望"和"增长"，从而更加强调住房"机会"这一概念。这一倾向反映出，相关证据收集工作正值政策导向开始强调供给与竞争力协同，且住房问题被日益纳入经济绩效"透镜"下考量的特殊时期。由于缺乏对住房需求的综合性分析（在全国范围内，不同的调查承包商使用不同的方法进行了许多单独的住房需求研究），住房需求往往是从战略性住房市场评估之前的时期（即信贷紧缩之前的经济增长期）盛行的经济趋势中推断而来。在经济与更广泛的住房市场之间建立联系时，这种联系被视为一种明确的积极因素，其影响被认为是"线性的"。例如，显示经济繁荣改善的预测趋势数据被转化为住房需求，并在一份战略性住房市场评估中总结为："住房需求模式的现有趋势将加速，并继续向自住型、更多空间的需求，以及追求愿望的能力持续转变。"同时，对整体经济实力的预测被推断为收入分配可能显著增加的证据，对住房市场具有重大影响。然而，仔细检查发现，预测的收入增长率仅为年均不到1.9%，远低于评估时的房价通胀率。这些问题背后的原因在于，基于对大群体数据的分析而对小群体行为做出错误的主张，即所谓的生态谬误，以及未能区分各个地区经济对人和地方的影响，即对不同家庭和邻里的影响。

战略性住房市场评估研究的初步前提影响了住房、更新以及更广泛规划政策在区域和地方层面的配置方式。以人口迁移为例，其对经济的重要性不言而喻，因此不止一份战略性住房市场评估得出结论：只有通过增加供应和鼓励迁移来扩大经济活跃人口，才能维持经济表现。然而，案例研究区域存在规模显著高于全国平均水平的低技能群体——若提升该群体技能水平与经济活动参与率，既可能减少对外部迁入人口的依赖，又能通过降低吸引移民所需的新建住房需求来缓解供给压力。因此，若能综合考虑就业与培训政策的潜在影响，或将根本改变未来住房建设规模与类型的决策方向。

总体而言，细节说明的不足导致了一种叙事倾向，即强调需要推动更多的私营住房供应以对房价施加下行压力，以及为了住房增长而不考虑现有存量的当前状况或现有居民的经济条件。一项次区域评估认为，目前没有对社会住房的需求，应当鼓励私营住房以吸引内向迁移，从而增强经济表现。这种增长叙事反映了一些根深蒂固的既得利益，尤其是在区域层面上的政策选择和结果。战略性住房市场评估是由四家不同的私营咨询公司进行的，这些公司专门从事房地产和经济发展，其中包括一家全球性的房地产顾问公司；它们在不同程度上都对增长和特定发展路径的合法化感兴趣。支撑这一点的是，中央政府对战略性住房市场评估的指导也是由一家私营房地产咨询公司开发的（ODPM，2004；DCLG，2007b）。

这些战略性住房市场评估反映并支撑着内城的住房增长轨迹，这一轨迹正在改变英国市场的供应性质和所有权模式。战后时期，住房供应量普遍下降，从1968年的352,540套峰值下降到1995年的战后最低点157,150套。然而，在21世纪初，住房供应量在这一长期下降趋势中出现了回升，其中2007年建成175,560套住房，达到1995年后的峰值（DCLG，2011a）。在这一周期中，复苏的住房供应中有相当大一部分是北部城镇和城市的公寓住宅。例如，利物浦市中心的公寓数量起点很低，但在2002年至2007年期间却建成了12,000套公寓，英格兰其他城市的情况也类似（Unsworth，2007，第7页）。许多这类发展项目是由私人投资者通过"以租养房"市场筹集股本以及预售方式购买的。英国私人的"以租养房"按揭数量增加了3,500%，从1996年的不到3万笔增加到2007 年的100多万笔（CML，2008）。总体而言，2000年至2007年间，英国的抵押贷款总额翻了约三倍，从1,190亿英镑增至3,640亿英镑（Parkinson等，2009，第16页），其中670亿英镑是在截至2006年的十年间通过"以租养房"途径投资的（House of Commons，2006b，第100页）。因此，私营部门通过股权杠杆（equity leveraged）的"以租养房"投资取代了社会住房投资的私人融资，而后者在更长的17年期间［即1988年至2005年，自1988年《住房法》（Housing Act）实施以来，首次允许住房协会通过筹集私人股本为新建住房融资］的总额不足380亿英镑。

在住房繁荣的高峰期，来自抵押贷款机构理事会（Council of Mortgage Lenders，CML）的数据显示，50多岁的"中年"投资者呈现出强劲的增长趋势，他们凭借较高的私人股本支持其投资活动（CML，2005）。受"以租养房"投资趋势的影响，一居室和两居室住宅在总竣工量中的占比从1996年的34%大幅上升至2009年的近60%（DCLG，2011b）。与此同时，在2002年至2010年间，社会租赁部门中三居室和四居室房产的等候名单分别增长了40%和超过80%（HSSA，2011）。然而，市场仍在提供较高比例的小型住宅，尽管在关于可负担住房的议会特别委员会上有证据表明，小型家庭数量有所增加，并不一定意味着总体上对更小的房屋或公寓存在需求：

> 我们现在面临的危险是，如果假定家庭规模会缩小，就会开发出太多一居室和两居室的单体公寓。住户仍然会有朋友，

如果他们已经离婚并有了家庭，他们会希望自己的孩子在家里过夜（House of Commons，2006b，第25～26页）。

这些趋势得到了一系列分析和规范性指导的支持，这些指导认为有必要改变房价梯度，并创造条件以实现市中心公寓供应的变革，从而推动城市复兴政策。在2008年信贷紧缩之前，战略性住房市场评估中收集的证据主要基于对房价、城市竞争力以及在棕地上供应高密度住房需求的范式观点（paradigmatic view），以影响竞争力和社会包容议程。信贷危机与低需求一样，是一个慢燃事件，其根源可追溯至20世纪90年代中期，当时预售和"以租养房"抵押贷款的扩张为其埋下了种子。那么，为什么区域住房政策会如此缺乏灵活性和应对能力，以至于无法预见这些慢燃事件呢？在下一部分中，我们将探讨行动者在形成共同愿景方面的作用，以及他们是如何为这些结果提供条件的。

演进韧性中的代理机构与区域"知识共同体"

马丁（Martin，2012）以及布里斯托和希利（Bristow，Healy，2014）认为，复杂适应系统理论与理解区域系统的韧性最为相关。在此，适应性韧性被定义为"一个系统为最小化不稳定冲击（destabilizing shock）的影响，进行预见性或反应性的形态和/或功能重组的能力"（Martin，2012，第5页）。正如本章所展示的，区域系统内广泛的利益相关者为改变区域住房规划轨迹提供了适应能力。我们还阐释了一系列相互关联的扰动过程如何导致低需求和废弃问题，而解决这些问题要依赖一系列共享观点以及旨在解决这些问题的官方文件。这种方法是一系列关于低需求和城市复兴的规范性立场的集合——一种僵化陷阱。它借鉴了在规划领域内运作于地方、区域和国家层面的知识共同体所形成的关于房价、可负担能力（英格兰南部）和低需求（英格兰北部）的流行范式立场。

"知识共同体"体现了一套"基于分析和共享有效性观念的规范性、原则性和因果信念（causal beliefs）"，并由此产生了"共同的公共政策事业"（Haas，1992，第3页）。数据分析以及在核心规划文件中呈现的实证证据、政策建议和叙事，构成了支撑区域住房系统适应能力的互联网络。区域住房的"演进适应能力"体现在所有参与战略性住房市场评估过程的人员身上，包括区域住房和规划专业人员、区域议会成员以及私营咨询公司。知识共同体的代理人解读并应对趋势，批准影响城市—区域资源开发的投资和政策。住房知识共同体的"因果信念"体现在一些重要文件和实践中，这些文件和实践确定了不同尺度（国家、区域和地方）的规划和住房政策的基调和方向：

- 城市特别工作组的《迈向城市复兴》（*Towards an Urban Renaissance*）（Urban Task Force，1999）和规划政策声明（Planning Policy Statements，PPS）等前瞻性文件反映了一套共同的规范性和原则性信念。

- 《区域空间战略》（*Regional Spatial Strategy*，RSS）、《区域住房战略》（*Regional Housing Strategy*，RHS）以及相关的战略性住房市场评估（strategic housing market assessments，SHMAs）为这些规范性或共同的因果信念提

供了证据基础。

- 向私营咨询公司采购和出租合同，以及围绕"增长"和"供应"展开的叙事，均展示了在追求竞争力和可负担能力政策方面共享有效性观念的证据。
- 《巴克规划与住房审查报告》(*Barker Review of Planning and Housing*)(Barker, 2004)提出了一项将增长与住房发展作为竞争力与可负担性核心组成部分的共同政策事业。财政部经济学家凯特·巴克(Kate Barker)被任命对英格兰的规划进行审查和全面改革(Barker, 2004)，并将有利于发展的假设置于体系核心，这一举措也强调了这一点。

随后，对国家规划政策的修订敦促地方当局和区域合作伙伴在分配住房时"考虑区域经济的需求，并关注经济增长预测"(DCLG, 2006, 第12页)。2007年，社区与地方政府部(Department for Communities and Local Government, DCLG)将自身重新定位为一个经济部门，声称"经济是该部门所有活动的核心"(DCLG, 2007c, 第4页)，从而进一步强化了经济学与区域住房竞争力的论述。这些政府政策的转变以及负责住房的部门的重新定位，是知识共同体内"共同政策事业"的例证(Haas, 1992, 第3页)。在1997年至2007年间，住房被提升为提高经济竞争力的关键变量，并推动了城市生活水平的显著提升。区域规划和住房代理人被锁定在"供应—增长—房价"的范式中。这一范式促使形成了一种叙事，即住房被视为解锁经济潜力的主要驱动因素。

在这种叙事背景下，形成了一种集体压力，要求开发新的住房并释放更多土地，以增加选择和提供灵活性。这种叙事基于房价和短期经济表现的单一变量和描述性分析。研究过程和情报强调数据和监测，但缺乏一种更辩证的方法来为"供应—增长—房价"范式提供结果或情景。如上所述，在区域层面上，多种因素共同作用，导致了一系列相互矛盾的住房供应压力。扩大住房所有权和增加小型住房供应以满足家庭需求的规范性政策框架得到了金融工具和信贷供应扩张的支持。提供更高比例的小型住宅单元被合理化为解决房价问题和确保经济竞争力的一种手段。然而，未能对数据进行三角验证或提供替代性叙事，导致了住房需求的位移，表现为"表达的需求"（expressed demand），其典型例子是得到认知叙事内因果信念支持的"以租养房"现象。需求和供应的不均衡反映了基于住房的股权不均衡，导致住房周期扭曲，进而影响未来开发浪潮和城市—区域系统的韧性。

　　这些因果信念和做法表明，人们在对待区域和国家住房规划要求时，持有一种演绎平衡论的观点，而非一种试图协调多种轨迹和系统间互操作性的归纳演进方法。对于像区域规划和住房这样复杂的适应性系统而言，演进韧性要求代理人理解住房消费的演化本质，以及它和其他社会与经济政策在时间和空间尺度上的互动。在信贷紧缩前的英格兰区域规划中，隐含的预期是，负责区域层面的规划和住房代理人将响应社会与经济需求，且家庭需求被视为经济韧性的关键。人们期望区域和城市—区域代理人能够在适应性强的区域规划体系中提供一种缓冲机制——制衡宏观经济政策的过激行为，并创造一种符合当地情况的叙事。然而，区域代理人理解和应对事件的机制（如SHMAs）所依据的证据和解释极为有限，其基础是建立在财政部住房供应和房价模型的宏观假设之上的区域空间战略（RSS）（Barker，2004），该模型未涉及住房市场或消费差异的区域性变异或假设。区域知识共同体（包括RSS、SHMAs及相关适应能力）未能提供针对宏观经济和住房政策的缓冲机制。

信贷紧缩的到来既表现为一个突发事件，又是一个慢燃事件——它揭示了宏观住房政策在面对冲击时的脆弱性，也暴露了区域规划体系的潜在弱点。这一事件对区域住房轨迹（慢燃事件）产生了持续影响，并导致英格兰区域住房规划的重组与废除。这使得区域经济和住房变化规划踏上了一条相对不受约束的道路，在收集情报和证据以评估本章前几节所述扰沌事件的风险和轨迹方面，其多样性和冗余性极为有限。突如其来的信贷紧缩冲击也暴露了英格兰地区规划知识共同体在韧性和缺乏冗余性（多样性）方面的潜在结构性问题。正如我们在第二章中所讨论的，冗余被认为是提高系统韧性的关键属性和手段，即通过增加可替代元素或替代途径来增强系统韧性（Bruneau等，2003）。因此，它可以被视为系统对功能丧失的保障程度（Gitay等，1996）。哈斯（Haas）曾警告说，技术的不确定性和全球的复杂性使人们对政策制定者是否有能力完全理解他们所管理系统的无政府性质（anarchic nature）提出了质疑（Haas，1992，第2页）。将冗余概念应用于像区域规划这样的社会—技术系统，表明应利用更多样化和分布式的代理人群体，以实现满足城市和区域需求的结果。

冈德森和霍林（Gunderson，Holling）的适应性循环表明，当连接较为松散时，系统韧性最强。所谓的松散意味着政策制定者应采取更为自由放任（laissez-faire）的方式，通过分散连接来提高系统的适应能力。然而，市场的完全放开并未充分考虑其内在的不均衡性。本章已证明，若不加以干预，区域住房市场并不具备天然的自我恢复平衡能力。当区域规划系统过于松散、缺乏管控，或未能充分认识到系统间相互作用的长期影响时，低需求可能导致扰动系统的长期相互作用。如果代理人的价值观基于一套有限的标准且具有平衡主义的性质，那么他们的干预也可能带来负面影响。因此，有必要采取干预措施以重新平衡，并持续监测那些导致市场功能失调的慢燃问题。然而，依赖自我恢复"自然"平衡的方法可能导致区域代理人的退却，这与英国放弃区域治理安排、强调实体经济（real economics）和地方主义（localism）的政策方向一致（LGA，2007）。这种现象反映了一种以自力更生和责任化为核心的意识形态，这是平衡主义韧性框架和思维的关键特征（Pendall等，2010）。它引发了关于在区域规划等复杂适应系统中实现演进韧性所追求的策略的重要问题，以及在冲击事件期间或之后可供演化的替代路径。

9.4　理解慢燃事件及其对发展城市与地区韧性的影响

住房在区域经济体系中扮演着至关重要的角色。首先，它为不同的居住和邻里环境提供了基础，而这些环境需要适应性强且多样化的住房类型和市场。其次，住房发展的过程展现了向城市复兴的过渡，这一复兴以住房和房地产为主导的投资为特征，并处于一个住房投资大多不受争议的后政治环境中。再次，住房是检验国家和地区经济长期趋势以及反映不同经济时代沉没成本的试金石（litmus test）。最后，从住房需求、消费和生产的变化中捕捉到的区域慢燃趋势，反映了住房市场的间接适应能力——更具体地说，是家庭对变化的吸收能力。这些过程最初被隐藏，但最终会揭示与经济长期变化相关的潜在尺度效应，因此也是检验区域系统应对慢燃事件能力的试金石。

区域规划这样的社会技术系统在应对长期或慢燃事件时面临的问题是，不同空间吸收冲击的能力存在不平等。各个地方（如住房市场、地区、城市区域）在资源和抵御冲击的能力上存在差异。这种不平等反映了正面或负面的反馈、"锁定"效应或路径依赖，即之前的发展时代以及建筑环境投资的遗留问题（Robertson等，2010）。在第二章中，我们强调了代理人之间更灵活的联系可提高系统的响应能力，从而增强系统韧性，消除系统僵化现象（Pike等，2010）。然而，在城镇和区域规划中构建更具预见性和灵活性的治理体系常常受到公共政策路径依赖的阻碍。这种路径依赖的特点是"一个方向上的初始举措会引发更多同一方向的举措；换句话说，事物发生的顺序影响它们发生的方式；某一特定点之前的变化轨迹限制了那一点之后的变化轨迹……路径依赖是一个限制未来选择集（future choice sets）的过程"（Kay，2005，第553页）。系统的韧性往往在过度连接或衰败且无法适应变化时最为脆弱，而连接或联系不足也会削弱其适应性。虽然路径依赖是所有系统的特征，但社会技术系统（如城镇和区域规划）与其他系统的区别在于，代理人有能力改变地点的发展轨迹，故路径依赖不必发展为路径决定性（path determinacy）。因此，代理人本身能够成为战略（非）决策制定和构建支持政策叙事证据的所谓"冲击"。

慢燃事件以及对城市和区域系统中韧性规划预期方法变化的本质，是韧性规划实践的核心要素。区域系统运作中表现出的不适应特征引发了对平衡模型在这些系统中适用性的质疑，尤其是在本章详细探讨的区域住房系统中。区域住房市场的结果和住房战略规划为我们提供了一个视角，通过这一视角，我们可以理解规划利益相关者作为代理人在监测土地利用变化中的作用，理解不同人口和经济因素如何在不同尺度上相互作用，以及这些相互作用如何反馈到政策中。

在这些政策叙事中，"自我恢复"韧性机制原则被视为构建长期区域韧性和预测慢燃过程可能引发的突发事件的核心。然而，包括经济衰退在内的各种冲击的影响往往并非瞬间或同时发生。正如本章所述，住房废弃和信贷危机是"扰沌"的结果，表现为事件的级联、滞后和系统性相互作用。系统随时间推移不断强化的适应性特征，使得慢燃事件作为一种框定工具，在横向与纵向上跨越空间/时间尺度及多系统维度，持续增强其对于韧性的解释力。

代理人的适应能力

路径依赖的作用以及住房结果在不同尺度上的滞后性质，突显了韧性的重要性，也表明韧性对于理解代理机构在诸如城市和区域经济以及区域规划等复杂适应系统中的作用至关重要。城市和区域韧性涉及代理人对突发和慢燃事件的适应能力，包括准备、响应以及知识共同体共享信念机制的达成方式。如第二章所述，社会—生态系统研究领域已出现若干批判性观点：包括韧性概念隐含的"责任转嫁"特质，其应用方式往往通过内生性路径锁定行动范围，既未能充分考虑代理机构与权力关系的作用，又将城市韧性解决方案的落实责任归于受影响群体而非外部致因要素或代理机构。

在分析低需求住房和信贷危机条件积累期间出现的政策响应时，我们已经证明了规划知识共同体内的政策行动者在应对这两种慢燃事件时缺乏足够的预见性。在英格兰，区域空间战略和战略性住房市场评估的引入是协调经济与住房互动复杂性的一种手段，旨在通过区域层面的规划来协调这些联系、"关联性和依赖性"。人们期望，战略性住房市场评估和更多的区域"干预"能够使当地的社会与经济需求和住房成果更加一致。然而，这些战略分析均未能预见信贷紧缩，也未为其做好准备，因此未能制定应对突发冲击事件的多样化战略（即"B计划"）。在不到十年的时间里，区域层面的战略住房市场政策一直在努力应对低需求的慢燃效应，并发展出看似越来越倾向于私营部门的区域住房政策战略措施。在经历信贷危机之后，政策开始转向强调包容性与可负担住房的重要性。

突发事件和慢燃事件的反应是相互影响、相互塑造的。代理人在适应事件中的作用，以及路径依赖和路径优化的作用表明，这些类型的事件仅仅是同一枚硬币的两面（图9.3）。住房和规划知识共同体的持续介入将在未来产生演进的结果（即遗留效应）。在这方面，尽管代理人并不对区域层面的结果负全责，但他们通过叙事作出了贡献，这些叙事要么未受质疑，要么是在狭隘范式观点中发展起来的。

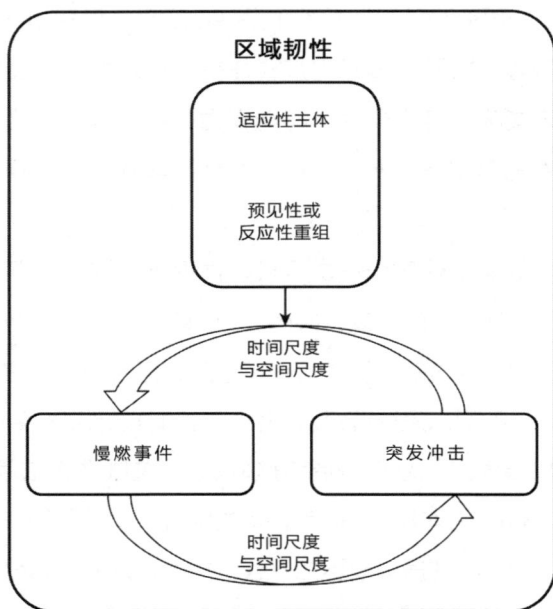

图9.3 区域韧性与代理人在应对急性冲击与慢燃事件中的作用

　　我们只能得出结论：以往的方法（例如社会—生态系统韧性）存在局限性，我们需要迈向更具变革性的道路。为了（重新）构建区域韧性的演进方法（例如本章研究的英格兰案例），需要重新制定区域战略规划，并将重点放在治理和前瞻性的组成及方法上。对于城市和区域系统政策制定者而言，关键能力在于评估区域社会—生态系统内部必要的冗余程度，以减轻未来冲击。因此，代理人如何构建叙事以及如何应对或适应事件的展开，对于区域规划系统中的韧性具有极其重要的意义。我们的分析以及其他研究者的分析（Pike，Dawley，Tomaney，2010）表明，为避免路径依赖和锁定，需要"松散耦合（loosely coupled）的网络和松散连贯（loosely coherent）的制度结构"（Boschma，2015，第733页）。这些结构对冲击事件和更持续性的"慢燃"压力展现出最强的韧性，并且理解历史趋势和决策过程是"理解区域如何发展新的增长路径，以及哪些产业、网络和制度维度的韧性会聚在一起"的关键（同上）。因此，区域规划战略和方法需要增加冗余性、新颖性和多样性。这相当于在分析中增加变化和三角验证，以反驳经济和住房市场行为的宏观层面观点和叙事。

　　慢燃事件是跨尺度空间规划的基石。规划的作用在于提出正确的问题，并在不同尺度上塑造住房市场行为，以促进对韧性演进的响应，从而超越均衡和静态的韧性观念。参与区域尺度展望的政策制定者与规划知识共同体需要将广泛的解释性分析融入对系统间互动的考量中，以检验其他可能的结果。如本研究所示，若缺乏此类机制，将导致核心因果信念体系陷入僵化——当认知共同体外部批判声音缺失时，这些信念往往未经挑战便成为既定范式。

第十章
预见未来：规划韧性的明日之城

在2014年哥伦比亚麦德林（Medellín）举办的第七届世界城市论坛上，联合国人居署在其发布的关于提高城市韧性标准的对话文件中，将韧性确定为一个能够全面应对社会、经济和环境不平等问题的跨领域主题（UN-Habitat，2014）。在不确定性和复杂性日益增加的背景下，城市和区域规划师越来越多地承担起增强韧性、保护生命、财产和基础设施的责任。为此，他们必须在横向和纵向上协调地方政府、私营部门及其他民间社会利益相关者的活动。人们普遍认为，城市和区域规划是应对当代社会中日益增多的社会经济问题、政策优先事项以及风险的有效手段，而以上这些问题、事项和风险需要预见性或预防性的韧性应对。在城市建设领域，韧性可被理解为：

> 韧性既是一种关于系统如何跨尺度行为的理论，也是一种适用于各类社会空间的规划实践或主动方法，还是一种使研

究人员能够分析某些系统如何以及为何能够应对干扰的工具
（Vale，2014，第1页）。

因此，在规划范畴内，城市韧性应被视为一个持续的过程或历
程，其作用在于界定当前问题，并通过适应、创新与合作不断寻求
制定规划流程，以缓解意外的问题。

尽管我们认为城市韧性在地方层面的部署和嵌入最为有效，但
其话语已在全球范围内引起共鸣，并通过不断推进的行动计划逐渐
成形。这一全球韧性项目正通过联合国、世界银行以及日益增多的
跨国组织进行协调。这些组织在维护和强化新自由主义城市经济
体系的同时，也在推进城市韧性（见第五章）。将这种国际韧性叙
事转化为地方规划语境的总体目标是"通过调整环境或社会实践
（Coaffee，2008）来建立抵御冲击的韧性，以减轻冲击的影响，并
确保系统功能（尤其是与全球经济的整合）得以维持"（Welsh，
2014，第21页）。

正如本书所强调的，增强城市韧性需要具备适应性和创新性。
最重要的是，规划师需要新的方式思考和行动。规划师不能孤立地
发挥作用，而必须成为更加综合的城市管理关系的一部分。在这一
关系中，有关韧性的集体想法是与一系列其他利益相关者共同制定
的（Coaffee等，2008a）。提高城市韧性还需要整合物理、社会政
治和经济方面的因素，并开发新的工具和评估框架，以评估过去、
现在和未来的韧性要求在相互交织的空间尺度上的影响和有效性。
正如我们所指出的，城市和区域规划人员正在与其他建筑环境专
业人员以及传统上不被视为规划关系一部分的其他专业人员（如

应急管理人员、警察和气候科学家）建立新的关系（例如，参见 Crawford，French，2008）。

尽管城市韧性的论述广泛存在，并且其优点已在城市和区域规划领域中得到强调，但实际情况是，在实施过程中仍存在"实施差距"（Coaffee，Clarke，2015）。在规划实践中，城市韧性论述的运用方式多样且不一致，缺乏连贯性，这限制了城市韧性理念在许多学科和组织边界之间的传播，而这正是引发变革所必需的（Coaffee，Bosher，2008；Fünfgeld，McEvoy，2012）。相反，城市和区域规划师对城市韧性议程的普遍回应往往是渐进式、临时性和反应性的，侧重于维持现状稳定，而非从根本上改变既有的行动模式。然而，韧性已被证明扩展了可持续性和风险管理作为核心规划理念的范围和内容，其重点在于管理不确定性的准备和适应能力，而不仅仅是"防御"（defence）和恢复平衡状态或"稳定状态"（steady state）。城市韧性话语实现这一目标的核心方式在于提供了一个新的综合视角，用以审视当前问题并提出新的规划解决方案。这一点在图10.1中得到了体现，图中强调了韧性框架将通常孤立的可持续性和风险管理政策论述相结合，从而将政策制定的固有保守性质转变为更加进步和灵活的解决方案。

目前，城市韧性的实践正处于平衡主义（equilibrist）和演进方法（evolutionary approaches）之间的过渡阶段。为了完成这一范式转变，需要将着眼于未来的技术和战略纳入主流，并在城市和区域规划师的日常实践中注重适应性。在本章中，我们要探讨如何最有效地将多种韧性视角整合成一个有效的整体系统韧性战略，以及如何将城市韧性嵌入作为未来地方建设活动和日益预防性治理行为的原则。这将涉及多个方面，例如，更加重视以长远眼光预测重大挑战、开发新的风险评估模式、制定个人和机构应对战略，以及尤为重要的是，为规划师和其他建筑环境专业人员提供适当的培训和建议。

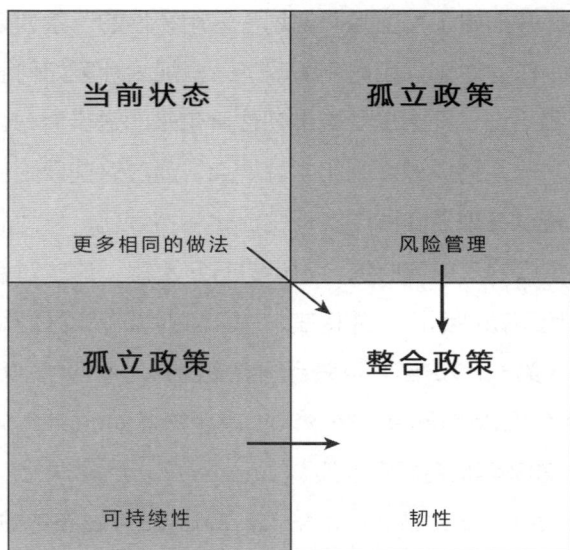

图10.1 可持续性与风险管理平衡的替代方案

本章分为三个主要部分。第一部分，我们提炼出贯穿全书的核心主题，以突出城市韧性话语在应对风险、危机和不确定性问题上的持续重要性。第二部分，重点探讨如何将城市韧性纳入城市和区域规划的核心话语与实践的主流。在此，我们将论证增强城市韧性是未来城市愿景的关键。从这个意义上说，韧性代表了一种突破，超越了以往规划历史时代对稳定的追求——即通过演绎和实证主义方法试图从过去预测未来，并使规划要求与这些预测相匹配。我们认为，韧性标志着一个全新规划时代的到来，在这个时代，不确定性和不稳定性占主导地位，需要新颖的、更加灵活的行动方式。第三部分，我们反思了城市和区域规划实践如何向更具演进性的韧性过渡。我们提出了如何缩小城市韧性实践中的实施差距的问题，并指出了目前阻碍规划中采用韧性的一系列限制或不适应现象。作为对比，我们还阐明了一些规划社区如何通过进一步的教育和培训，开始接受城市韧性所带来的进步潜力。最后，我们提出了一系列关键原则和学习要点，通过这些原则和要点，韧性思维可以在规划实践中实现主流化和持续化。作为后记，我们对2015年后的三个核心综合对话进行了反思，这些对话明确或隐含地运用了韧性话语，并将在未来几年对城市和区域规划产生重大影响：第一，2015年3月联合国会员国在日本仙台举行的世界减灾大会（World Conference on Disaster Risk Reduction）上通过的《2015–2030年仙台减灾框架》（*Sendai Framework for Disaster Risk Reduction 2015–2030*）；第二，2015年9月发布的联合国可持续发展目标（UN Sustainable Development Goals）；第三，2015年12月在巴黎气候大会（Paris Climate Conference）上签署《联合国气候变化框架公约》（United Nations Framework Convention on Climate Change）的缔约方会议（Conference of Parties，COP），旨在就气候变化适应问题达成具有法律约束力的普遍协议。

10.1　为风险、危机和不确定性作出规划

在过去的15年中，多维度、多尺度的城市韧性论述不断涌现，这些论述反映了政治优先事项和国际框架，同时也受到"批判性韧性"（critical resilience）学者日益增多的批评。在本节中，我们将这些不断扩展的研究成果与我们的实证研究结果相结合，强调规划师在实践城市韧性时需要考虑的一系列核心问题。具体而言，我们重点关注以下问题："韧性"一词的清晰度和准确含义，以及这将如何影响对规划政策议程的控制；专业化、韧性行业的发展及其背景的重要性；不适应的设计与实施；规划的转型与文化；最后是与规划在韧性演进中的作用相关的反身性概念。

清晰度与可控性

随着韧性论述越来越多地融入规划实践，许多人对其作为进步和变革议程的实用性提出了质疑。正如我们在第二章和第三章中所阐述，并通过第六章至第九章中的实证研究进一步阐明的，韧性有潜力通过将迄今为止分散的议程和利益相关者联系起来，显著影响未来的规划议程，并提出新的分析和评估框架。然而，需要特别注意的是，要确保定义的清晰度以及对政府调控（governmentalising control）的关注得到正确应对。例如，波特和达武迪（Porter，Davoudi，2012，第329页）认为，"韧性"这一新的流行词似乎正在取代可持续性，成为规划言论中的"常用词"，规划在处理这一问题时需要采用批判性视角："规划在吸收新概念并将其转化为理论和实践方面有着悠久的历史，韧性当然也不例外。"这里的问题

在于，术语的模糊性和可塑性，以及其在规划实践中的多种不一致使用，可能会阻碍韧性的有效实施，并削弱其主张的进步性。

尽管在定义问题上已经相对清晰，但城市韧性仍受到了越来越多批判学者的显著批评。这些学者致力于揭示盲目接受韧性议程所带来的危险。具体而言，批评者指出，将韧性建设的责任下放——本应使最能敏锐感知并灵活应对当地危机影响的地方社区获得赋权——实则与新自由主义治理的整体议程密切相关。在这些学者看来，韧性政策的使用和尺度化（scaling）具有明显的地理、政治和伦理属性，分别表现为权力从政府中心（以及国家本身）向外扩散，这种扩散带有保守的动机，并对各种公众产生有害的影响。正如我们在第二章中所展示的，此类批评性评论的核心在于，在一个看似永久性的危机时期，韧性如何因与新自由主义和后政治学的联系而被削弱。这一过程通过预见（anticipation）、地方化（localisation）和责任化（responsibilisation）得以体现：

> 通过政府机构动员起来的韧性话语似乎隐含了一些深层次的含义。它们强调前期准备和规划技术的重要性，将不确定性和准备的责任分散到系统的各个层面，并通过政府和治理机制将其制度化，以塑造能够自主行动的适应性主体，从而保护系统免受外源性和内源性冲击（Welsh，2014，第21页）。

此外，本书中强调的许多例子表明，规划师被视为提升城市韧性的关键角色，并且由于国家与专业群体之间的知识共享，他们实际上被赋予责任或被纳入相关行动中，以促进韧性的提升。对一些人来说，这代表了城市韧性议程"一种潜在的更具渗透性的制度化形式"（Malcolm，2013，第311页）。

　　我们的实证研究突显了许多支持这种对政府远距离控制解读的做法。在第七章中，我们强调，英国的规划师在国家试图推进要求多方利益相关者集体应对的安全政策的同时，越来越多地承担起反恐（被称为韧性）的责任。我们还注意到，由于缺乏监管"大棒"（regulatory stick），这一议程很少得到具体落实。相比之下，阿布扎比建立了一个强大的自上而下的专制规划系统，作为规划许可的条件，安全问题必须得到满足（并由开发商支付费用）。

　　在第六章中，我们再次强调了城市和区域规划师如何将适应气候变化纳入日常工作。随着规划师在制定应对城市复杂性的韧性对策中受到更多重视，以及其在韧性论述中的地位日益提升，他们在出现问题时面临诉讼的风险也随之增加。第六章探讨了"卡特里娜"飓风后的恢复工作，尽管其责任分配不如安全驱动型城市韧性那样明显，但也带来了潜在的危险法律先例——特别是美国陆军工程兵团因未妥善维护密西西比河—墨西哥湾出口运河（Mississippi River–Gulf Outlet Canal）而被起诉。2009年11月19日，法院认定陆军工程兵团应对洪灾负责，法官指出："工程兵团有机会采取大量行动来缓解或修复这一恶化状况，但却没有这样做。"（CNN，2009）法官还指控陆军工程兵团数十年来玩忽职守，并批评其表现出"漫不经心、短视和目光狭隘"。尽管这一判决在2012年上诉成功，但此类判决并非前所未有。另一个例子是，意大利科学家因未能预测2009年拉奎拉地震（L'Aquila Earthquake）以及未能正确评估和向居民传达地震风险，于2013年被判入狱。尽管此类指控在上诉中再次被推翻，但人们担心此类起诉将导致很少有科学家愿意为预测声明或结果不准确的风险评估承担责任。这种对诉讼的担忧已成为许多地区城市韧性叙述的一部分，并被用作激励规划师和其他建筑环境专业人员，确保进行适当风险分析并在必要时采取行动的一种手段。

在"控制"城市韧性议程方面，显然存在尺度上的张力。一方面，城市韧性的建设在涉及公民机构、政府部门和市民之间的合作网络，并与共同认可的战略伙伴关系下，可能最为有效（Coaffee 等，2008b）。然而，另一方面，仍然存在一种由国家政府远距离管理和指导的倾向，国家政府为城市韧性目标确定战略方向（通常是去政治化的），并在很大程度上为韧性措施的实施提供资金。总体而言，许多国家仍倾向于传统的、纵向的指挥与控制结构，而非演进城市韧性所倡导的横向综合方法。这种情况不仅导致地方愿望与自上而下要求之间的紧张关系，而且在实际操作中可能表现为快速恢复与长期可持续和公平变革之间的张力——正如我们在第六章和第八章中针对"卡特里娜"飓风和日本三重灾害所讨论的那样。

专业化与背景的重要性

正如我们在第五章中所强调的，最初的城市韧性议程往往倾向于规范化和规定化。我们认为，城市韧性评估框架正变得越来越专业化。洛克菲勒基金会的"100韧性城市"倡议中提出的首席韧性官概念，阐明了韧性评估的技术理性。而在日常实践中，规划师或其他地方官员在开展城市韧性评估过程中所需的培训和技能发展也印证了这一点。在第五章中，我们强调了城市记分卡、证据收集和长期深度监测的案例，这些表明完成和参与此类评估需要大量的承诺、技能和资源。这些评估旨在将特定标准纳入现有的城市治理结构，同时也影响高度分化城市（尤其是发展中国家的城市）的治理性质。标准设置得如此之高，以至于许多城市可能缺乏能力或专业知识来完成任务，因此被鼓励购买必要的专业知识，这进一步推动了城市韧性行业的快速发展。正如联合国国际减灾战略在制定韧性评估时所指出的："技能、知识或经验可以从专业咨询公司购买，或由援助机构一次性提供。"（UNISDR，2014b，第11页）值得注意的是，一个由国际组织和网络组成的联盟正在尝试推进一种商定的、可以说是"一刀切"的城市韧性评估方法，并将其与促进发展和增长联系起来（见第五章）。

尽管这些新出现的框架能够促进城市间分享有益的经验教训，并为寻求知识交流的地方社区和地方决策者发挥重要的宣传作用，但在城市之间进行比较却存在相当大的困难，因为许多衡量标准都是主观的，取决于评估者的判断："虽然记分卡旨在实现系统化，但单个分数往往不可避免地带有主观性。"（同上，第3页）因此，城市韧性评估的主流化并非没有问题。显而易见的是，人们对城市韧性测量的兴趣激增，恰逢国家作用大幅退却的时期。尽管人们有兴趣对那些最脆弱、最缺乏韧性的地区进行评估，以尽可能发挥有限公共投资的价值，但紧缩政策和公共部门的削减使规划变得越来越脆弱，规划的价值也受到质疑。地方当局需要想出创新的办法来应对这些削减，然而，预算和人员的缩减削弱了城市的"机构记忆"（institutional memory）和适应能力，使其难以在规划中创造和嵌入韧性实践。因此，人们对衡量城市灾害韧性的兴趣日益浓厚，这与城市企业主义或者灾害资本主义（disaster capitalism）以及识别和消除全球资本风险的需求不谋而合。这或许是一种更愤世嫉俗的观点，解释了为什么韧性已经成为新规划话语的一个关键方面。

　　日益规范化和专业化的城市韧性评估过程，也突显了关注当地环境、传统和隐性知识的重要性。正如布迪厄（Bourdieu，1977）所指出的，知识的实质决定了决策的制定，而知识生产的背景则决定了人类行动的可能性。因此，知识生产的基础条件至关重要，而这种生产的根本在于（不同的）权力关系，这种关系决定了某些社会群体所理解的应对选择、影响和行动的范围。因此，将韧性的衡量标准简化为一个指数或一套关键绩效指标的真正危险在于"可能会丢失细微差别和背景"（Weichselgartner，Kelman，2014，第9页）。此外，与其他人一样，我们也强调了地方隐性知识和记忆在创造、想象和实施韧性过程中的作用，以及如何将其融入城市和区域规划过程（另见 Beilin，Wilkinson，2015）。例如，正如我们在第八章中强调的那样，地方经验是社区韧性的一个关键特征，但令人遗憾的是，在2011年日本三重灾害中，许多地方的经验都被忽视了。更积极的是，我们在第六章中还强调了许多发展中国家如何利用这种本地化知识资源来帮助塑造气候韧性发展。摒弃"一刀切"的模式并利用当地文化历史，需要"更先进的政策和决策工具，以协调超国家和国家目标与当地情况"（Caputo等，2015，第14页）。

　　在本书中，我们强调了韧性规划过程所处环境的重要性，认为其可能比由政府、国际非政府组织和联合国等国际机构制定的国家和日益国际化的指导更为关键。规划中韧性话语所面临的张力，源于自上而下的实证主义认识论（positivist epistemologies）和价值观与更具解释性、有机的方法之间的对比。这种对比突显了在尝试集中化（centralise）和法条化（codify）韧性实践时，将环境从机制和韧性结果中剥离出来，为城市创造一种规范性框架的风险。当然，这些行动方式并非相互排斥。例如，可以在总体规划中主流化城市韧性，同时致力于参与式方法或考虑社区利益。总之，规划师需要对专业化自上而下的框架保持警惕，而实证章节也表明规划师需要发展基于本地情境的响应策略。

令人鼓舞的是，越来越多的证据表明，城市韧性方法正在与更广泛的利益相关者和社区互动，以寻求对规划干预措施的社会认可。例如，我们在第六章中强调了"卡特里娜"飓风灾后重建规划中居民参与度的逐步提升。同样，在这一案例中，工程方法在设计沿海防洪设施时，开始与自然合作而非对抗自然。BIG建筑事务所的"干线"项目也是一个典型案例。该项目旨在将曼哈顿的硬质海岸线改造成一个连续的景观公园网络，以缓冲风暴潮的影响。这一项目挑战了洪水基础设施必然破坏城市特征的假设，并突显了城市设计与提升城市韧性相结合的双重效益。正如负责"干线"项目的一位设计师所强调的那样，纽约规划史上的一段传奇正在重演：

我们喜欢将其想象成罗伯特·摩西（Robert Moses）和简·雅各布斯（Jane Jacobs）的爱情结晶……我们的项目必须兼具摩西式的宏大愿景，同时又能在社区层面细致入微地实施。它不应是城市背离水域，而应拥抱水域，鼓励人们亲近它（转引自Wainwright，2015）。

不适应的设计与实施

通过对第四章中提到的历史案例的研究，我们强调了规划过程中一些反复出现的不适应特征，这些特征突显了从过去经验中汲取教训的重要性。从过去经验中汲取教训可能类似于一种平衡主义的韧性方法。然而，为了制定适应性强且灵活的前瞻性韧性规划战略，城市和地区需要拥有一种共同的叙事方式，以便在制定应对不适应的设计措施时能够接受并理解过去的经验。我们揭示了纽约在"桑迪"飓风期间遭受破坏的根源，实际上是几十年来一系列不适应的规划程序和实践所埋下的隐患。这些做法导致脆弱性固化，因为规划实践中隐含的价值观反映了不适当的灾害缓解措施。在这次飓风中，现有的防洪墙和防御设施不堪重负，导致街道、隧道、地铁线路被淹没，最明显的是位于炮台公园的城市主要能源工厂被淹，进而引发了大面积停电。保护城市发电厂的防洪墙无法抵御百年一遇的暴雨。其他人则强调了纽约定量洪水地图的不准确性（Peterson，2014），或者错误的风险管理过程——假设冲击事件发生概率低——导致的不适宜开发选址问题（Wagner等，2014）。我们在"卡特里娜"飓风和东北地震及海啸的影响中（见第六章和第八章）也看到了类似的制度化规划失败的历史模式。在这些案例中，高度技术化的工程方法最终未能奏效，却给当地居民带来了虚假的安全感，而危险地图（hazard map）是基于低概率事件绘制的。

　　一个反复出现的主题是，这种不适应的规划过程往往在其缺陷显现之前的许多年就已经开始实施——这通常被称为路径依赖（path dependency）或锁定效应。在这种情况下，现有的机构前景、关系和配置具有顽固性，先前的规划固定不变，替代方案受到抑制。这正是经典韧性理论所指出的"僵化陷阱"，即通过命令与控制进行管理会导致机构缺乏多样性，变得高度关联、自我强化且缺乏变革灵活性（Gunderson，Holling，2002）。尽管城市韧性的新方法具有内在的灵活性，但迄今为止，很少有人尝试将社会宏观层面的结构性变化（如国家或地区经济结构调整）与微观层面的韧性战略（如社区变化）联系起来。这再次引发了人们对平衡方法与演进方法之间持续存在的张力和区别的关注。在第九章中，我们进一步论证了潜在"慢燃"事件的重要性，这表明需要采取灵活的演进方法来提高城市韧性，在理解路径依赖、过去事件和干预措施时表现出反身性，并运用前瞻性来判断未来可能如何发展，从而预测干预措施的适应性。我们对低需求（慢燃事件）和2008年次贷危机（既是"慢燃"事件，也是突发冲击事件）的分析表明，规划知识共同体在应对这两起事件时存在预见性不足的问题。住房市场在时间和空间中的路径依赖性作用，揭示了将韧性作为理解复杂适应系统（如城市和区域经济以及区域规划）中主体作用的工具的重要性。正如马丁和桑利（Martin，Sunley，2014，第110页）所指出的：从复杂系统的角度看待区域或城市韧性，能够避免夸大地方经济韧性的内生决定因素，同时避免忽视其"外部"连通性、关联性和依赖性的重要性。因此，城市韧性需要应对可互操作系统在时间和空间中对当前和未来结果（滞后效应）造成的复杂影响。地方和地方规划群体如何应对这种路径依赖并成功突破进入新的行动方向，是解释为什么某些地区比其他地区更具韧性的核心变量。

转型与文化

规划系统的性质与未来，包括规划师协调土地利用与更广泛发展目标的所有政策和程序，本质上反映了政治、经济和社会环境的综合作用。随着城市社会面临风险、危机、不确定性和变化的压力不断增加，规划系统的特征和细节在理论上也应做出相应调整，其应对方式将对其取得的成果产生重大影响。对增强城市韧性的追求日益成为推动国际规划体系转型的强大动力。这一转变是由对根本性变革的持续需求所推动的，旨在应对因一系列灾难性事件、快速城市化以及复杂且相互关联的城市挑战而不断增加的城市风险。

尽管对城市韧性的更多承诺已经开始影响世界各地城市的规划目标，并有望在未来几十年内继续对其产生影响，但在财政紧缩的时代，规划政策也面临着实现一系列其他目标的巨大压力。同样，关于规划系统的性质，必须做出明确的选择，以确保其能够最有效地实现城市韧性。例如，最有效地提供大规模基础设施解决方案的规划系统可能与最有效地提供多样化和分散化地方方法的系统存在差异。规划体系本身并不决定价值观和优先事项，但它们确实汇集了实施这些价值观和优先事项的关键机制。在这种情况下，规划体系始终是政治和制度辩论的重要舞台。

在第八章中，我们探讨了自然灾害暴露如何深刻影响（hard-wired）了强调从突发冲击事件中恢复的规划韧性方法。复杂城市系统的全局性和级联性意味着，突发性冲击能够揭示系统的潜在脆弱性，而这些脆弱性往往是慢燃事件的不同表现形式。具体而言，日本东北大地震引发的三重灾害为规划和韧性提出了许多更具普遍意义的问题。这些问题包括地震的突然冲击暴露了该地区潜在的结构性问题，这些问题仍在影响着结构调整和规划工作。此外，规划政策中的制度僵化和缺乏冗余也是问题所在，这导致无法有效应对正在发生的事件；而规划传统和"价值观"可能表现出很强的顽固性。简而言之，那些依赖减灾和降低风险传统的规划方法，或者公民社会内部缺乏多样性的规划传统，在向演进韧性路径过渡时会面临更大的困难。

日本的三重灾害揭示了一个更为根本的问题：它不仅关乎韧性转型中规划的价值，更关于规划本身的价值观。利益相关者的价值观和规划文化的取向将越来越多地推动规划文化的发展和转型，使其能够接纳解释主义（interpretivist）的实践方法，并将这些方法与传统的实证主义（positivist）方法相结合，融入预测性和规范性的规划实践中。未来并非完全确定，但基于过去消费和实践模式的决策路径依赖性往往会将规划实践锁定在一套重复过去价值观的路径上。某些规划文化更容易接受实践的转变，以接纳我们在下文中强调的演进韧性原则。例如，与强调土地管理并在近期转向高度地方化但日益自由化的价值观的英国相比，荷兰的社会融合主义方法更有能力缩小演进韧性实践的实施差距（Nadin，2010）。新的规划方法和对规划作用的思考方式对于形成新的规划价值观具有重要意义，并在此过程中对规划中的传统线性假设提出了挑战。以变化和流动为特征的韧性演化和变革性概念"挑战了规划师通过外推过去趋势进行预测和减少不确定性等传统'工具箱'的充分性"

（Davoudi，2012，第303页）。

在第三章中，我们通过案例展示了规划如何应对这一挑战，其中城市韧性方法表现为积极主动、具有长远视角，并规划多种适应途径以增强多样性和冗余性。城市和区域规划界需要新的展望方法和技术，以更好地理解不确定的未来。这一目标"不应通过预测来实现，而应通过运用结构化方法应对不确定性。城市设计和规划可以根据趋势、预测和预报制定计划，但这些通常不会为不可预见的情况留出空间"（Caputo等，2015，第13页）。第六章则重点介绍了适应性三角洲管理的灵活方法，展示了如何通过基于情景的方法推进一系列适应性途径，以应对不确定性和模糊性。我们需要推进考虑"统计不确定性、情景不确定性，甚至有时是无知"（Jabareen，2013，转引自Caputo等，2015，第13页）的规划方法，以及预测或预估未来风险的方法，这是实现"以不确定性为导向的规划"（uncertainty oriented planning）（同上）和韧性城市的先决条件。

反身性

反身性是社会科学中的一个关键概念。随着对风险和不确定性规划的日益重视，规划专业人员和规划部门需要具备反身性，即"持续监测自身行为和经验，并根据新信息进行调整"（Burgess，1999，第149页）。贝克（Beck，1992a）在其关于风险社会的论述中引入了"反身性"概念，强调个人和机构能够通过对过去和现在的反思，创造出影响当前实践的未来知识。他认为，通过反身性，社会能够适应并应对新的风险。怀特（White，2008，第154页）

将贝克的"反身性"思想扩展到城市韧性实践中，指出"具有反身性的城市能够意识到因果关系，持续进行批判性反思，并积极主动地发展积极的反馈回路，以确保其未来的福祉"。我们生活在一个风险更加突显的时代，个人和政府对一系列不良事件发生可能性的了解日益增加，例如流感大流行、经济崩溃、恐怖主义或洪水。正如我们所强调的，当务之急是吸取过去的教训，规划和设计建筑环境及相关治理过程，以避免不适应的情况。我们所概述的从技术和平衡方法向更具演进性的方法的转变，代表了这一反思性的变革过程，包括一种更加积极主动、适应性强、多利益相关方参与、具有长远视角且社会可接受的方式，为所有群体建设城市韧性。

　　将世界以这种方式纳入视野，本质上是一种认识论立场。如我们始终所强调的，迄今为止，绝大多数以城市韧性为名的工作主要通过演绎法和自上而下的方法开展，而这些方法在构成城市的复杂适应系统中难以有效运作。这种演绎式方法未能充分考虑社会、经济和政治现实，以及权力和机构等关键问题，从而削弱了韧性方法在实践中的潜力。通过我们自身的实证研究，我们试图证明归纳推理（一种自下而上的方法）是一种更有效且更细致的途径，能够因地制宜地实现城市韧性。我们的研究方法高度重视共同生产（co-production），从研究过程的初始阶段便让规划从业者、相关从业人员和政策制定者参与其中，协助确定城市抗灾能力的挑战和框架，并将其与现实世界的实践相结合。因此，我们研究城市韧性的方法以实用主义（pragmatism）为基础，特别是在地方层面，"命题的有效性只能通过付诸实践所产生的结果来判断"（Zanetti，Carr，2000，第433页）。然而，这种转变往往以主要管理者和行政人员的隐性或显性理念为前提，他们以务实的方式平衡一系列相互竞争且常常相互矛盾的优先事项，在复杂的政策领域提供"可行的方案"，并提供备选方案菜单，根据当地具体情境并按照协商民主的方式进行选择。因此，城市韧性既是一个帮助我们理解复杂性和不可预测性的概念——既涵盖规划实践，也包括规划干预的效果——也是一个以实用主义哲学为基础的政策目标（Raco，Street，2012；Majoor，2015）。

10.2 城市韧性作为一种新的规划范式

在本书中，我们强调了通过规划策略来诠释韧性的方法，同时指出了韧性这一概念在规划领域之外的可移植性问题。规划领域中韧性转型所面临的问题，是长期遗留且根植于工程和生态模型的平衡方法，以及将韧性等同于紧急情况和对突发冲击事件做准备的倾向。这种倾向既是风险行业计算理性（calculated rationality）的产物，也是防范风险的保险模式（弥补损失或恢复正常状态）的结果，同时反映了韧性方法在责任承担和尺度问题上的普遍困境。

城市韧性从根本上挑战了规划师构想世界和实践规划的传统方式。规划天然面向未来，它是"一种对未来的明确想象实践"（Healey，1996，第218页），不断协调当下的环境与过往的投资，以塑造未来的城市。然而，随着城市风险和脆弱性水平的不断上升，城市韧性代表了一种思维范式的转变——洛文塔尔（Lowenthal，1992）将其称为"连续性的断裂"（rupture of continuity）——从追求平衡、稳定和可持续性的现代主义规划模式，转向后现代形式的规划。这种规划形式强调"对相互依存性（interdeterminacy）、不可比性（incommensurability）、差异性、多样性、复杂性和不确定性等的认识，这些因素都对规划的本质提出了质疑"（Allmendinger，2002，第28页，转引自 Connell，2009，第86页）。在韧性范式中，对不确定性和复杂性的关注主导了对不确定未来的讨论，并从根本上质疑了当前的规划方法以及用于设想和预测未来的工具。

规划的核心目的始终是通过制定计划来应对不确定的未来，这些计划本质上是使未来更接近当下，并为公民和市场提供稳定性。然而，规划的目的并不仅仅依赖预测，而是侧重于积极构建一个理想的未来，突出规划师在决定建设什么、在哪里建设以及采用何种风格方面的能动性。这也反映了规划文化中固有的保守主义倾向："实证主义规划师对控制和秩序感兴趣，可预测性和对未来的规划事项与现代主义、决定论和功能主义相一致"（Connell，2009，第95页）。达武迪（Davoudi，2012，第301页）在比较平衡主义的规划韧性方法时指出："对空间平衡的追求有着悠久而持久的传统，可追溯至现代主义的'美好城市'（good city）愿景，直至实证主义规划及其对空间和时间秩序的追求。在此框架下，韧性系统是一种可能经历重大波动，但仍能恢复到原有或新的稳定状态的系统。"从本质上讲，规划的传统功能是通过增强稳定性来"规范未来"，而稳定性与控制、可预测性、整体信心以及本体论安全（ontological security）密切相关：

规划有助于应对开放未来决策所带来的后果，通过最大限度地利用已知因素，最大限度地减少未知因素……并以社会可接受的方式呈现未来的概念（Connell，2009，第92页）。

城市韧性的兴起扰乱了这种观念，并颠覆了"实证主义社会科学的假设——那些在规划中顽固坚持的确定性、蓝图、预测和平衡的标志"（Porter，Davoudi，2012，第329页）。因此，韧性越来越多地迫使规划师面对不确定性，设计一系列可供选择的未来愿景，并推进更具解释主义的方法。从这个意义上讲，城市韧性可以是变革性的：一方面，它是一种新的规范性理念，用于塑造变革、培养积极的公民和促进自我安全的机构（Welsh，2014，第21页），或者仅仅是在不确定的世界中管理复杂性；另一方面，它是一种固有的地方主义和因地制宜的方法，用于规划多种未来愿景，并促进公众的广泛参与。正如埃文斯（Evans，2011，第224页）所指出的："适应需要本地化的应用知识，以及适应性治理，放弃现代主义的全面控制梦想，承认城市固有的不可预测性和不可规划性。"

在本书中，我们始终强调，通过改造现有的管理和治理网络来务实地管理变革的种种尝试，往往受到地方根深蒂固的制度实践和政治忠诚（political allegiances）的阻碍，这些因素影响了国家和国际规划政策在地方层面的解读与实施。在这里，务实的转变与公共部门改革和文化革新等更广泛的问题交织在一起，涉及妥协、实验、创造力、创新，以及与非常规伙伴在新的战略联盟和网络中跨越传统边界合作的能力。在许多国家，城市政策和实践中的韧性转型正开始以全新且令人兴奋的方式转变规划专业传统而顽固的文化。唐纳利（Donnelly，2015）在英国《规划》（*Planning*）杂志上撰文指出："规划需要从试图预测未来（然后试图创造未来）转向以各种方式建设城市，使其更有韧性地应对未来的挑战。"他进一步引用城市学家格雷格·克拉克（Greg Clarke）教授的话指出，规划需要改变其传统结构，演变出一种新的惯用手段（modus operandi）：

> 这涉及的不是创建一个有规划的城市，而是创建一个有韧性的城市，一个灵活的城市，一个适应性强的城市，一个能够创新的城市，一个也许能够利用新形式的数据、新形式的技术、新形式的协调的城市。

10.3 城市韧性的未来

城市韧性正从"一切如常"的生存论和平衡论（由自上而下的、技术性的、往往是灾害应对性的、缺乏备选方案的反弹论）过渡到一种更进步的替代模式，即地方和社会驱动的变革，这种变革包含灵活性、适应性和多种行动路径。城市韧性的定义已变得不如其实际作用和如何成功诠释并转化为地方规划实践来得重要。正如我们自始至终所展示的，这并不是一个简单的过程，它揭示了（跨）国家政策动态与国家集权倾向（以及日益增多的国际联盟）之间的一系列张力和矛盾：前者旨在鼓励针对本地化问题制定符合本地情况的解决方案，而后者则为本地政策的实施制定了规定的"蓝图"和"模式"。

弥合实施差距

直到最近，城市韧性这一新兴领域的大部分工作尚未与规划师的日常实践紧密结合。21世纪初，围绕城市和规划的政策与政府叙事中充斥着韧性的话语——《时代》（*Time*）杂志在2013年将其评为年度流行语。当时的重点是将韧性作为一种新的风险管理形式，以应对大型综合系统的复杂性，并反映出人们对必须适应未来威胁不确定性的广泛共识。如今，随着这种共识的形成，规划师必须开始实施韧性，而不仅仅是强调其优点（Coaffee，Clarke，2015）。2012年"桑迪"飓风对纽约的影响明显揭示了实施方面的差距。例如，独立机构威尔逊中心（Wilson Center）指出：

> "韧性"一词随处可见——甚至在标榜新泽西州（New Jersey）为"韧性之州"（A State of Resilience）的公交车侧面也是如此，然而实际规划韧性的证据却少之又少。韧性是指人类和自然系统应对变化、维持人类福祉所必需的关键生活组成部分的能力，可以通过降低风险、在危机发生时快速有效地应对危机以及对此类冲击进行规划来提高（De Souza，Parker，2014，着重号为本书作者所加）。

迄今为止，许多城市韧性措施主要集中在碎片化、渐进式以及短期的缓解措施上，而非从根本上改变城市和区域规划性质的适应性长期变革行动（UN-Habitat，2011）。城市和区域规划师在增强韧性目标方面的行为，与所有规划操作一样，高度依赖组织环境，这可能对规划体系或个别规划师有效应对破坏性挑战产生重大影响。有时，规划师未能对新出现的风险和威胁采取行动并适应变化；而在其他情况下，规划响应可能被认为是不恰当或不灵活的——简而言之，就是不适应。联合国人居署（UN-Habitat，2011）将这种现象称为"适应赤字"（adaptation deficit），即缺乏提高韧性的适应能力。通常情况下，规划当局的工作方式往往是各自为政，追求近期目标，抗拒变化，职责分散，再加上需要不断提高技能和再培训以增强对现有选择方案的了解，因此在满足亟须的韧性要求方面举步维艰。在这种情况下，维持现状和回归过去的假设成为主流，并"锁定"在规划系统和过程中。从这个意义上说，从以往的方法中学习并使其适应当前的现实和未来的长期需求，对规划界至关重要。

此外，我们还必须接受风险可能无法根除的事实——从"失效安全"（fail-safe）的观念转变为"安全可失效"（safe-to-fail）的心态（Ahern，2011）。有必要以创新的方式应对不确定性的挑战；跳出传统保守的规划思维，拥抱灵活性和适应性。这不仅涉及韧性干预措施的物质设计（material design），还需要考虑多种情景。规划师需要探索一系列创新的适应性途径，以增强多样性和冗余性，并寻求将韧性干预措施与其他政策优先事项相结合的方法，从而实现共同利益。这不仅是一种创新，还能显著提高措施的有效性、社会接受度和成本效益。

正如费舍尔（Fisher，2012）所指出的，在事情出错或失败时吸取教训往往是城市发展过程中不可避免的一部分。这种反身性应作为一种学习经验，使规划师能够更好地识别那些不完善、不合适或可能导致更广泛的脆弱性的计划或决策，从而进行调整以增强韧性。然而，重要的不仅仅是干预措施的性质，行动的预期时间范围也至关重要。声称是为了适应而采取的城市韧性措施往往是短期的、临时的或改造性的。

　　因此，在城市韧性领域，从理论到实践并非没有挑战。关于城市韧性的辩论清楚地表明，规划师不能孤立地发挥作用，而必须成为更加综合的城市管理关系的一部分。这也意味着有必要推进适应性治理战略，实现连贯、透明的纵向和横向整合。传统的指挥与控制结构虽然在城市韧性周期的某些阶段有用，但不应占据主导地位。相反，应优先考虑地方一级的职能整合，同时持续努力让市民和社区积极参与城市韧性工作。当地社区需要了解它们面临的风险以及如何做好准备。我们构建韧性的方法应从社区层面开始，这样才能捕捉并利用现有数据集无法测量的因素；例如，当地的传统知识或隐性知识，这些知识对于推进社区自主的韧性计划非常宝贵。在这方面，规划师可以成为当地社区的倡导者，从而发挥关键作用，尤其是需要让社区边缘群体更充分地参与到韧性建设工作之中。

　　尽管可以相对容易地指出，建筑环境专业领域内的一系列制度惯性（institutional inertia）构成了迄今为止城市韧性合作工作的障碍（Bosher，Coaffee，2008；Coaffee，Bosher，2008），但我们不应忽视规划教育在更好地协调这一关键领域努力方面所能发挥的关键作用。培训和技能发展的核心作用在于提高所有参与决策过程或与开发项目相关的建筑环境专业人员对可选方案的认识（Chmutina等，2014）。随着城市韧性议程的进一步推进，教育和培训被视为以新兴方式重塑规划知识共同体的关键，并有助于为城市社会创造所谓的"韧性红利"（resilience dividend）（Rodin，2015）。在这一方面，增强韧性：

> 使个人、社区和组织能够更有效地抵御干扰，使他们能够改善当前的系统或状况。但它也使他们能够建立新的关系，开展新的工作和举措，并寻找新的机遇，而这些机遇可能是以前从未想象过的（同上，第316页）。

在实践中，这种红利可以通过以学生为中心的课程或持续的专业发展来实现，即在多学科和多专业的环境中培养适应能力，从而在一定程度上反映城市韧性问题的复杂现实。在不断发展的规划知识共同体，通过推进定制培训计划或开发决策支持平台，帮助城市和区域规划师以不同的方式思考风险和韧性问题，部分满足了城市韧性方面的教育需求。现有的此类培训通常针对特定的风险类型。例如，欧盟为市政规划人员和其他负责民事防护（civil protection）的人员编制了一份关于雨洪韧性的指导文件，其中强调了"雨洪韧性六步骤"（Six Steps to Flood Resilience），引导用户完成有关雨洪韧性技术引入的决策周期。这一过程突出了规划师和规划体系的关键作用，并与其他利益相关者和社区进行了互动（更多详情请参见 www.smartfloodprotection.com）。针对建筑环境专业人士，也提出了类似的决策支持框架，用于支撑安全驱动的城市韧性。这些框架特别强调了规划专业如何获取建议，以便在建筑环境中设计反恐措施。韧性设计工具（Resilient Design Tool）

旨在帮助主要决策者考虑在规划用于人群密集的公共场所（即在大量公众可进入的地点或其附近的任何地方）的新开发项目和现有开发项目中适度使用反恐设计功能。这项以英国为中心的工作试图提高规划人员的技能，也促成了由国家反恐安全办公室（National Counter Terrorism Security Office）为规划师举办的定制工作坊（bespoke workshops）的形成。在这些研讨会上，规划专业人员和安全专业人员齐聚一堂，共同探讨正式规划体系及其各种交付工具如何能够协助提高城市韧性（Coaffee，2010）。

　　从提升城市对洪水、安全及其他风险的韧性角度来看，行动的阶段性至关重要。正如前文所述，城市和区域规划师以及其他关键利益相关方在规划初期阶段的参与，对于确保最佳结果（无论是在适应措施的性能还是成本方面）具有重要意义。因此，在开发或翻新的初始阶段就考虑韧性问题，项目决策者能够以高效且经济的方式制定设计和施工策略。例如，赫姆季娜等（Chmutina 等，2014）在其"综合安全与韧性框架"（Integrated Security and Resilience Framework）中提出了一种增强城市韧性的循环方法，该方法从识别危害开始，通过评估脆弱性和风险水平，再到评估可用的风险缓解措施，并最终在特定情境下对这些措施进行优先排序。类似的，世界银行的《韧性城市计划》（*Resilient Cities Program*）推出了一种快速诊断工具——"城市力量"（City Strength），旨在帮助城市提升抵御各种冲击的能力，并鼓励城市采用全面综合的方法，建议各部门之间加强合作，以更有效、高效地解决问题，并挖掘城市内部的潜力（World Bank，2015）。

　　尽管许多国家在规划和相关专业领域采用这种综合方法的进展

较为缓慢，但我们可以从美国近年兴起的模式中汲取经验，了解如何通过培训建筑环境专业人员来实现先发制人的（pre-emptive）城市韧性。2014年5月，美国设计和建筑行业的代表（包括规划师、建筑师、特许测量师、室内设计师、景观建筑师和工程师等机构）签署了一份关于实施城市韧性的行业集体声明。声明指出："现代规划、建筑材料以及设计、施工和运营技术能够使我们的社区对这些威胁更具韧性……我们的组织共同致力于建设更具韧性的未来。"（American Institute of Architects，2014）在积极以可持续方式规划未来的基本承诺中，声明特别强调了持续专业发展的重要性：

> 我们通过持续学习来培养专业人才。通过协调一致且持续的学习，设计、施工和运营专业人员能够为客户提供经过验证的最佳实践，并利用最新的系统和材料，打造更具韧性的社区（同上）。

一种激进的、变革性的规划方法？

城市韧性有能力从根本上改变我们对未来城市的想象、分析以及规划实践的实施方式。它不仅仅是一种潮流、一个流行词或一个短暂的阶段。正如克里斯托弗森等（Christopherson等，2010，第4页）所强调的，针对风险、危机和不确定性的规划挑战了我们"对成功和失败的基本假设和衡量标准"。在反思城市和区域规划师在全球范围内采取的城市韧性措施时，我们发现了一些关键原则，这些原则对于在城市层面推进综合、全面的韧性行动至关重要：

- 超越各自为政的治理方法：政策应支持多尺度、多部门的创新行动，并植根于广泛合作伙伴的不同期望。通过采纳城市韧性原则，城市可以构建更加综合的城市和区域规划体系，例如抗灾基础设施、精明分区、完善的建筑规范和标准，或综合城市规划，以同时应对一系列风险。

- 兼顾近期与长期需求：城市韧性政策应同时解决近期和远期的问题与需求。情景规划可以借鉴以往的经验教训，帮助城市和区域规划师及其他决策者理解和应对未来城市的不确定性。特别是，规划师应更好地理解风险和韧性在空间上的不均衡性，并在政策措施中加以考虑。

- 鼓励选择的多样性：通过一系列适应途径和/或备用能力，将冗余性和灵活性融入方法设计中，以容纳与适应各种破坏性挑战或环境变化。这既可以通过技术创新实现，也可以通过重组现有实践实现。

- 积极主动的韧性规划：城市韧性应鼓励采用前置方法，尽可能在开发的初步设计阶段解决规划问题。我们必须打破被动应对危机的循环，转而预判、规划和准备未来的风险与不确定性。

- 协同效应和共同效益：政策应强调、鼓励和奖励能够产生"协同效应"和"共同效益"的创新设计与规划（即政策能够同时实现多项政策目标），从而为开发项目创造价值，在追求环境可持续性和社会公平的同时实现丰厚的经济回报。

- 社会公正与包容性：城市韧性应是一个社会公正和包容的过程，强调善治和责任分担。此外，应根据社会、政治和经济标准，制定安全、稳健且与所面临风险及可用资金相称的城市韧性措施。

- 培训与技能发展：参与培训和发展技能是提高规划师适应能力及灵活应对多种破坏性挑战的关键，也是提高所有决策过程参与者或开发项目利益相关者对可选方案认识的关键所在。
- 因地制宜的韧性策略：在推进城市韧性方面，不存在"一刀切"的模式。没有一种城市韧性政策适用于所有城市，规划和设计适当措施时应首先考虑具体情况。不同城市和地区对城市韧性的需求和能力各不相同，根据每个城市地区的风险状况和机构能力制定适合其需求的韧性计划，是取得成功的关键。
- 持续的循环过程：城市韧性是一个持续的循环过程，需要根据反馈信息采取行动。这种思考和规划方式鼓励对规划和战略进行持续重新评估，并更加重视加强备灾战略和推进适应能力建设措施。

城市韧性可以成为一项进步的议程，以社会和空间公正的方式改造我们的城市地区，赋予当地社区发言权和资源（Welsh，2014），并在必要时抵制和参与反韧性战略（counter-resilience strategies），挑战现有的权力结构（loci of power）（Shaw，2012a）。适应这种新模式可能需要在短期内接受对空间的次优利用（suboptimal use of space），同时承认未来的适应需求。

要在城市和区域规划中实现所谓的演进韧性，需要进行重大的文化变革，并将韧性实践原则和韧性思维融入日常规划实践中。规划师应在规划过程的各个环节中——从最初的开发方案概念设计、规划许可审批到施工，以及重要的建筑环境监测与维护——始终考虑韧性原则。理想情况下，这一过程应基于最佳实践，而非依赖法规和法定实践规范的合规方法（compliance-based approach）。尽管具有挑战性，但以持续和动态的方式将规划生命周期与减灾、准备、响应和恢复的韧性循环相结合，将极大地促进城市整体韧性的发展及其在规划实践中的应用（图10.2）。

城市韧性若得以有效实施，便能为城市与区域规划师提供一个实用的解释框架，助力他们应对风险、危机与不确定性，满足不断变化的需求，并真正变革其工作方式。协调一个连贯且综合的框架以应对城市韧性这一最重大挑战，或许将是规划实践——及其学术

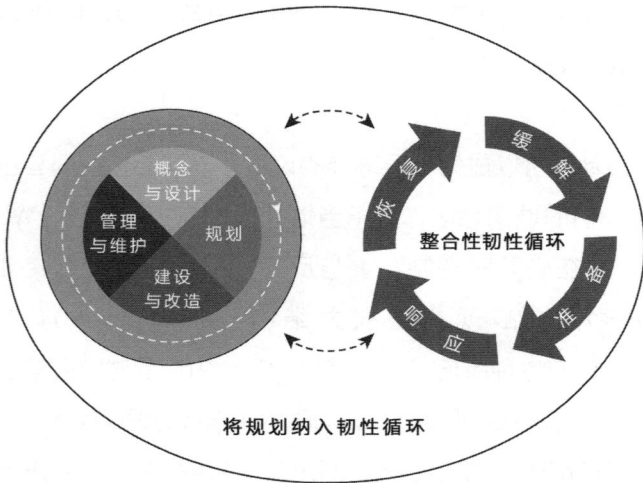

图10.2　将规划纳入韧性循环

理论家——在未来几十年中面临的最重大挑战。规划体系是否具备
能力并做好准备接纳和推广这些新方法、新技术、新评估手段以及
由此产生的新城市形态，对于实现城市韧性的演进至关重要。在极
端情况下，城市与区域规划体系以及专业规划师可能有能力抑制或
扼杀创新；而在另一个极端，他们或许能够激发新的研发思路，以
及地方和社区在塑造城市韧性实践方面的新努力。

10.4　后2015年的对话及其对规划实践的影响

　　为应对一些相互关联的全球发展议程（特别是减灾、可持续发
展和适应气候变化）的重新谈判，韧性的论述和实践已被直接或间
接地纳入一系列后2015年对话之中。这些对话旨在推进2016年及
以后生效的全球政策。

　　《仙台框架》（The Sendai Framework）是后2015年发展议程
中的第一份重要协议，包含七个目标和四个优先行动事项，并取
代了国际减灾十年计划《2005–2015年兵库行动框架：建设国家和
社区抵御灾害的韧性》（The Hyogo Framework for Action 2005 –
2015: Building the Resilience of Nations and Communities to
Disaster，HFA）。2015年3月18日，联合国会员国在日本仙台举行
的世界减灾大会（World Conference on Disaster Risk Reduction，
WCDRR）上通过了修订后的国际减灾框架《2015–2030年仙台减
灾框架》（Sendai Framework for Disaster Risk Reduction 2015–
2030）（以下简称《仙台减灾框架》）。这一新框架强调重新承诺并
促进地方灾害风险评估，并将这些政策纳入城市和区域规划等一系

列机构和专业的主流。《仙台减灾框架》强调了建设抗灾韧性和确保将灾害韧性纳入各级发展计划、政策和程序的紧迫性，以补充而非阻碍可持续发展。

《仙台减灾框架》旨在通过加强"预防、减灾、准备、响应、恢复和重建"的灾害风险治理，并促进"跨机制和机构的合作与伙伴关系"来提高实施效果（第12页，着重号为本书作者所加）。该框架还鼓励"建立必要的机制和激励措施，以确保高水平的合规，包括涉及土地利用和城市规划以及建筑法规的措施"，并"推动将灾害风险评估纳入土地利用政策［……包括城市规划］"（第15页，着重号为本书作者所加）。此外，《仙台减灾框架》强调了预见和准备的重要性，指出迫切和关键的是要预见、规划和减少灾害风险，以便"更有效地保护个人、社区和国家，以及他们的生计、健康、文化遗产、社会经济资产和生态系统，从而增强其韧性"（第3页）。该框架还认识到新技术在预警和告知当地社区风险方面的重要性，敦促增加使用具有适应性的基于自然的解决方案（nature-based solutions）来减轻气候变化的影响，并鼓励在地方层面加大测量和监测韧性的努力。

在仙台会议上，联合国减灾署委托编制的一份关于灾害经济损失的报告也得到了展示。联合国减灾署宣传与外联部门负责人杰里·贝拉斯奎斯（Jerry Velasquez）强调了城市规划的关键作用。他指出：

> 我们的发展方式正是导致经济损失如此之高的原因。发展因素是风险增加的主要驱动力，甚至比灾害本身更为显著。为

　　了限制未来的经济损失，我们需要改进城市规划，并使经济增长更具韧性（UNISDR，2015a，着重号为本书作者所加）。

　　2015年9月，联合国发布了备受瞩目的可持续发展目标（Sustainable Development Goals，SDGs），取代了之前的千年发展目标，为2030年之前的国际发展设定了目标。在可持续发展目标中，韧性话语被用来强调我们应如何主动应对各种冲击和压力，以及我们如何集体实现一个协调一致的响应。特别值得注意的是，目标11致力于实现城市和人类住区的包容性、安全性、韧性和可持续性。这一所谓的"城市可持续发展目标"标志着联合国对城市在未来世界中关键作用的最强烈表述，从而在全球对话中提升了城市地区的地位和影响力。

　　韧性话语也出现在多个其他可持续发展目标中。目标1.5关注社区韧性："到2030年，增强贫困人口和弱势群体的韧性，并减少他们对气候相关极端事件以及其他经济、社会和环境冲击和灾害的暴露和脆弱性。"可持续发展目标还承诺促进气候变化适应，"在所有国家加强应对气候相关危险和自然灾害的韧性和适应能力"（目标13.1）；以及关键基础设施的韧性："建设高质量、可靠、可持续和有韧性的基础设施"（目标9.1），"利用当地材料建造可持续和有韧性的建筑"（目标11c）。此外，目标11.b提出了更为全面的承诺，并与《仙台减灾框架》相衔接：

　　　大幅增加采纳和实施包容性、资源高效利用、气候变化减缓与适应、灾害韧性以及综合政策和规划的城市及人类住区的

　　数量，并根据《仙台减灾框架》发展和实施全面灾害风险管理。

　　这包括在可能的情况下，与联合国其他承诺更紧密地对齐，特别是2015年12月达成的《联合国气候变化框架公约》（United Nations Framework Convention on Climate Change）。该公约旨在寻求一个具有法律约束力的条约以应对气候变化问题（Kelman，2015）。

　　简而言之，可持续发展目标已开启了一场关于所需变革的转型性对话，将减贫、减灾、安全与保障以及适应和缓解气候变化相结合，融入全球城市发展讨论中。这一进程有望为城市地方政府——它们被赋予管理大部分可持续发展进程的任务——提供更多的空间和支持。值得注意的是，可持续发展目标包含了一个重新焕发活力的城市和区域规划概念，该概念倡导城市中更紧凑的形式，随着人口密度的增加而鼓励社会多样性和混合土地利用。这反映了对许多国家（尤其是发展中国家）无法有效应对可持续发展挑战的主要原因的认识，即缺乏国家城市政策和适当的城市规划体系。正如目标11.3所指出的，到2030年的目标是"增强包容性和可持续的城市化，以及提升所有国家在参与性、综合性和可持续人类住区规划与管理方面的能力"。

　　这是一种与正在兴起的城市韧性话语相一致的可持续发展愿景。这种话语正在缓慢但肯定地扩展城市和区域规划师思考未来可持续性问题的方式，进而改变城市和区域规划的性质与实践。

　　2015年12月，在巴黎举行的联合国气候变化大会（COP21）上，作为联合国后2015年对话的最后一场，也可能是最重要的一场会议，联合国气候变化框架公约的签署国汇聚一堂，推进关于未来气候变化适应的协议。达成的协议欢迎《仙台减灾框架》和《可持续发展目标》的通过，同时认识到气候变化所代表的紧迫威胁，因此需要尽可能广泛的国际合作（United Nations Framework Convention on Climate Change，2015）。与其他联合国对话一样，韧性和适应的概念在会议上以及最终达成的协议中都得到了明确表达。

在COP21的第三天，即"韧性日"（Resilience Day）当天，联合国与多个国家政府宣布了重大国际合作伙伴关系，旨在保护最易受气候影响冲击的群体。正如联合国气候变化助理秘书长所指出的：

> 韧性非常重要，因为气候已经在变化。我们需要的不仅仅是适应这些变化，而是要发展出一种考虑到未来气候仍将变化的方式……因此，我们需要调整我们的发展进程，调整我们的经济方法……并对未来将发生的变化更具韧性（UN News Centre，2015）。

秘鲁的环境部长引用了联合国减灾署和洛克菲勒基金会最近的城市韧性倡议（见第五章）中的话语"当我们谈论气候变化及其后果时，韧性是非常重要的"，并进一步指出：

> 当我们谈论韧性时，我们是在讨论我们如何能够抵御……并避免对我们的人类群体……对野生动植物、栖息地、生态系统、水和海洋的负面影响——这就是我们设立韧性日的原因。

如果气候变化将给我们带来自然灾害，我们就应该将韧性作为应对这类后果的一种目标（同上）。

COP21最终达成的协议明确了对未来城市韧性的关注，以及如何通过气候防护和气候韧性措施减少脆弱性。例如，第2条指出"应鼓励提高适应气候变化不利影响的能力，以一种不威胁粮食生产的方式促进气候韧性和低碳排放的发展"，而第7条借鉴了城市韧性的概念，将适应与缓解联系起来，指出"各方在此确立全球适应目标，即增强适应能力，加强韧性，减少对气候变化的脆弱性，以促进可持续发展"（United Nations Framework Convention on Climate Change，2015）。

总体而言，这三次后2015年对话突出了韧性思想在解决减少灾害风险、推进可持续发展以及缓解和适应气候变化这一综合复杂的城市问题中的重要性和实用性。这些核心议程及其在韧性思维中的框架，将确保城市韧性在未来几年的城市和区域规划研究中成为一个至关重要的领域。

译后记

　　《城市韧性　为风险、危机和不确定性作出规划》（原书出版于2016年）是国际上较早系统性地对城市韧性理论及其规划应对策略进行深入探讨的专著，其学术价值与实践意义不言而喻。该书作为英国帕尔格雷夫出版社"规划、环境、城市"系列丛书的组成部分，具有重要的学术地位。该丛书由伦敦大学学院巴特莱特规划学院教授、英国著名城市规划学者伊冯·赖丁担任主编，其核心宗旨在于面向"规划专业的学生和相关从业者，以及从事政治、公共与社会管理、地理学和城市研究的规划知识共同体"，深入探索"规划本质的演变，并为关于规划未来的学术辩论提供有力支持"。本书的主作者乔恩·科菲教授是一位具有战略眼光且横跨多学科的城市地理学者，同时也是英国、欧盟以及联合国相关智库和政策团体的资深实践专家。

　　本书全面总结了城市韧性在应对恐怖主义、气候变化、经济危机等一系列复杂中断情况下的理论与实践成果，深入剖析了韧性概念及其核心原则对规划形式与功能的深远影响，并提出了"韧性政治"的演进视角。作者结合丰富的案例研究，对当前公共政策在韧性方面的应用进行了细致入微的剖析。作者不仅强调了规划师在城市韧性规划制定中的重要作用，还指出规划师需要成为综合城市管理关系的关键组成部分，通过多部门协同合作以及多尺度的系统性方法，创造更具韧性的城市空间。这些内容对于中国规划界而言，具有极为重要的参考价值。随着中国城镇化进程进入2.0时代，城市公共安全问题的重要性日益凸显，韧性城市的理念已被正式纳入国家的"十四五"规划以及国土空间规划的编制要求。然而，目前的学术探讨大多集中在单一防灾减灾的技术层面，缺乏综合风险管理和空间治理的视角。本书的引入，有望为国内规划领域的研究与实践提供全新的思路与方法，并助力中国城市韧性研究的深化与发展。

本书的三位译者均为专注于城市韧性研究的青年学者，拥有在英国、美国、中国香港、日本等发达国家和地区学习与研究的丰富经历，对相关研究话题极为熟悉，并具备扎实的语言基础。尽管如此，专著的翻译工作仍然并非易事，往往是一项"吃力不讨好"的任务。一方面，韧性术语的前沿性、战略性和交叉学科属性使得本书中充满了大量新名词与新概念，准确把握这些内容需要译者频繁查阅相关资料，并具备高度自觉的求索精神；另一方面，目前国内高校的学术竞争日益激烈，译著难以作为个人成果计入所谓的学术工分。在繁杂的教学与科研压力之下，译者们仅仅只是在"理想主义"自驱力的引领下从事这样一个项目。然而，科菲教授与合著者在韧性规划理论建构方面的深厚造诣，以及旁征博引、深入浅出的写作风格，使得本书极具学术吸引力与可读性。在翻译过程中，译者们常常因书中精妙的论述而深受触动，这种深刻的认知与感悟也使得翻译工作本身成为一种独特而愉悦的体验。因此，我们热切期望能将这样一本学术专著介绍给国内读者，让更多人能够从中获得启发。

在为期一年的翻译工作中，我们有幸获得了诸多宝贵的支持与帮助。在此，我们谨向以下各方致以诚挚的感谢。首先，本书的翻译工作得到了以下项目的资助与支持：深圳市科技计划资助（项目编号：20231122160653002）、广东省哲学社会科学规划一般项目

（项目编号：GD24CGL11）、国家自然科学基金委员会青年科学基金项目（项目编号：51908362）以及中国工程院战略研究与咨询课题（项目编号：2022-JB-02）。衷心感谢香港中文大学地理与资源管理学系徐江教授，以及日本早稻田大学社会科学综合学术院早田宰教授为本书倾情作序。二位教授的专业见解，不仅极大地提升了本书的学术品位，更有力地扩大了本书的社会影响力。深圳大学建筑与城市规划学院的研究生胡锐（第二章）、姚毓敏（第三章、第五章）、许文雅（第四章）和徐蕊（第七章）参与了本译著部分章节的初译工作。姚毓敏协助整理了词汇表，胡锐则在全书的整合编辑以及部分插图的改绘工作中发挥了重要作用。他们的积极参与不仅为本书的翻译贡献了重要力量，也为他们自身的学术成长创造了宝贵的学习机会。此外，我们特别感谢中国建筑工业出版社的徐昌强编辑。他在本书的出版过程中给予了全方位的支持与协助，以其专业素养和敬业精神，确保了本书的顺利出版。他的耐心与细致在本书的编辑与校对过程中发挥了不可或缺的作用。

尽管我们在翻译过程中秉持严谨的学术态度，力求做到准确无误，但由于认知水平和个人精力的局限，书中仍可能存在一些不足之处。我们真诚地恳请广大读者对本书中的翻译错误或不当之处提出宝贵意见，以便我们在今后的工作中不断改进与完善。

最后，我们衷心希望本书能够为中国的规划知识共同体提供有益的参考与启示，为推动中国城市韧性建设的进程贡献一份绵薄之力。

译者

2025年3月

参考文献

Abu Dhabi Government (2008) *Economic Vision 2030,* www.ecouncil.ae/ PublicationsEn/economic-vision-2030-full-versionEn.pdf, accessed 12 February 2013.

Abu Dhabi Government (2011) *2030 Urban Structure Framework Plan,* www. upc. gov.ae/abu-dhabi-2030.aspx?lang=en-US, accessed 12 February 2013.

Abu Dhabi Urban Planning Council (2013) *Abu Dhabi Safety and Security Planning Manual* (SSPM) (Abu Dhabi: Abu Dhabi Urban Planning Council).

Adey, P. and Anderson, B. (2012) 'Anticipating Emergencies: Technologies of Preparedness and the Matter of Security', *Security Dialogue, 43*, 99–117.

Adger, N. (2000) 'Social and Ecological Resilience: Are They Related?', *Progress in Human Geography, 24*, 3, 347–364.

Adger, W., Arnell, N. and Tompkins, E. (2005) 'Successful Adaptation to Climate Change Across Scales', *Global Environmental Change, 15*, 77–86.

Adger, N., Brown K. and Waters J. (2011) 'Resilience', in J. Dryzek, R. Norgaard and D. Schlosberg (eds) *The Oxford Handbook of Climate Change and Society*, pp. 696–710 (Oxford: Oxford University Press).

Aerts, J. C. J. H., Lin, N., Botzen, W. J. W., Emmanel, K. and Moel, H. D. (2013) 'Low-Probability Flood Risk Modeling for New York City', *Risk Analysis, 33*, 5, 772–788.

Agamben, G. (2005) *State of Exception* (Chicago, IL: University of Chicago Press). Ahern, J. (2011) 'From Fail-safe to Safe-to-fail: Sustainability and Resilience in the New Urban World', *Landscape and Urban Planning, 100*, 341–343.

Akinci, A., Malagnini, L. and Sabetta, F. (2010) 'Characteristics of the Strong Ground Motions from the 6 April 2009 L'Aquila Earthquake, Italy', *Soil Dynamics and Earthquake Engineering, 30*, 5, 320–335.

Albers, M. and Deppisch, S. (2012) 'Resilience in the Light of Climate Change: Useful Approach or Empty Phrase for Spatial Planning?', *European Planning Studies*, http://dx.doi.org/10.1080/09654313.2012.722961, 1–13, published online 10 September 2012.

Alexander, D. E. (2013) 'Resilience and Disaster Risk Reduction: An Etymological Journey', *Natural Hazards and Earth System Science, 13*, 11, 2707–2716.

Allmendinger, P. (2002) *Planning Theory* (Basingstoke: Palgrave).

Alsnih, R. and Stopher, P. (2004) 'Review of Procedures Associated with Devising Emergency Evacuation Plans', *Transportation Research Record, 1865*, 89–97.

Ambrose, S. (2001) 'Man vs. Nature: The Great Mississippi Flood of 1927', *National Geographic*, May 1, http://news.nationalgeographic.com/news/2001/05/0501_ river4.html, accessed 1 February 2012.

American Institute of Architects (2014) *Industry Statement on Resilience*, www. aia. org/press/AIAB103807, accessed 29 May 2014.

Amin, A. (2013) 'Surviving the Turbulent Future', *Environment and Planning D, 31*, 140–156.

Anderson, B. (2007) 'Hope for Nanotechnology: Anticipatory Knowledge and the Governance of Affect', *Area, 39*, 2, 156–165.

Anderson, B. (2015) 'What Kind of Thing is Resilience?', *Politics, 35*, 1, 60–66.

Ando, M. (2011, 15 November) 'Interviews with Survivors of Tohoku Earthquake Provide Insights Into Fatality Rate', *Eos, 92*, 46, 411–412.

Argonne National Laboratory (2010) *Constructing a Resilience Index for the Enhanced Critical Infrastructure Programme* (Chicago, ANL).

Arias, G. V. (2011) 'The Normalisation of Exception in the Biopolitical Security Dispositif', *International Social Science Journal, 62*, 363–375.

Arup (2014) *City Resilience Framework*, www.arup.com/cri, accessed 15 September 2014.

Baer, M., Heron, K., Morton, O. and Ratliff, E. (2005) *Safe: The Race to Protect Ourselves in a Newly Dangerous World* (New York: HarperCollins).

Bailey, I., Hopkins, R. and Wilson, G. (2010) 'Some Things Old, Some Things New: The Spatial Representations of Politics of Change of the Peak Oil Relocalisation Movement', *Geoforum*, *41*, 595–605.

Barker K. (2004) *Delivering Stability: Securing Our Future Housing Needs* (London: HM Treasury).

Barnett, J. and O'Neill, S. (2010) 'Maladaptation', *Global Environmental Change*, *20*, 2, 211–213.

Bayley, S. (2007, 18 November) 'From Car Bombs to Carbuncles', *The Observer*.

BBC (2013) 'Bangladesh Government "Scared to Enforce Regulations"', www. bbc. co.uk/news/world-asia-22286117, accessed 24 April 2013.

BBC/Experian (2010a) 'Spending Cuts "To Hit North Harder"' www.bbc.co.uk/ news/business-11233799, accessed 15 March 2015.

BBC/Experian (2010b) 'Spending review – Resilience rankings explained', 9 September 2010, www.bbc.co.uk/news/business-11177161, accessed 6 January 2016.

Beatty, C. and Fothergill, S. (1996) 'Labour Market Adjustment in Areas of Chronic Industrial Decline: The Case of the UK Coalfields', *Regional Studies*, *30*, 627–640.

Beatty, C. and Fothergill, S. (1998) 'Registered and Hidden Unemployment in the UK Coalfields', in P. Lawless, R. Martin and S. Hardy (eds) *Unemployment and Social Exclusion: Landscapes of Labour Inequality* (London: Jessica Kingsley Publishers and The Regional Studies Association).

Beatty, C., Fothergill, S. and Lawless, P. (1997) Geographical Variation in the Labour-market Adjustment Process: The UK Coalfields 1981–91. *Environment and Planning A*, *29*, 2041–2060.

Beck, U. (1992a) *Risk Society – Towards a New Modernity* (London: Sage).

Beck, U. (1992b) 'From Industrial Society to the Risk Society: Questions of Survival, Social Structure and Ecological Enlightenment', *Theory, Culture and Society*, *9*, 97–123.

Beck, U. (1994) The Reinvention of Politics: Towards a Theory of Reflexive

Modernization', in U. Beck, A. Giddens and S. Lash (eds) *Reflexive Modernization. Politics, Tradition and Aesthetics in the Modern Social Order*, pp. 1–55 (Stanford: Stanford University Press).

Beck, U. (1996) *The Reinvention of Politics: Rethinking Modernity in the Global Social Order* (Cambridge: Polity Press).

Beilin, R. and Wilkinson, C. (2015) 'Introduction: Governing for Urban Resilience', *Urban Studies*, *52*, 1205–1217.

Béné, C., Godfrey Wood, R., Newsham, A. and Davies, M (2012) 'Resilience: New Utopia or New Tyranny? Reflection about the Potentials and Limits of the Concept of Resilience in Relation to Vulnerability Reduction Programmes', *Institute of Development Studies Working Paper* No. 405, September 2012 (IDS: Brighton).

Benton-Short, L. (2007) 'Bollards, Bunkers, and Barriers: Securing the National Mall in Washington DC', *Environment and Planning D: Society and Space*, *25*, 3, 424–446.

Berke, P., Kartez, J. and Wenger, D (1993) 'Recovery After Disaster: Achieving Sustainable Development, Mitigation, and Equity', *Disasters*, *17*, 2, 93–109.

Biermann, F. (2014) 'The Anthropocene: A Governance Perspective, *The Anthropocene Review*, *1*, 1, 57–61.

Birmingham City Council (2015) 'Social Impact Factors and Resilience of Wards in Birmingham', Presentation by Richard Browne, The University of Birmingham, 23 February 2015.

Boddy, T. (2007) 'Architecture Emblematic: Hardened Sites and Softened Symbols', in Michael Sorkin (ed.) *Indefensible Space*, pp. 277–304 (Abingdon: Routledge).

Booth, R. (2010, 24 February) 'Ambassador, You are Spoiling our View of the Thames with this Boring Glass Cube', *The Guardian*, 13.

Boschma, R. (2015) 'Towards an Evolutionary Perspective on Regional Resilience', *Regional Studies*, *49*, 5, 733–751(19).

Bosher L. S., (ed.) (2008) *Hazards and the Built Environment: Attaining Built-in Resilience* (London: Taylor & Francis).

Bosher, L. and Coaffee, J. (2008) 'Urban Resilience: an International Perspective', *Proceedings of the Institute of Civil Engineers: Urban Design and Planning*, *161*, 145–146.

Bosher, L., Dainty, A., Carillo, P. and Glass, J. (2007) 'Built-in Resilience to Disasters: A Pre-emptive Approach', *Engineering, Construction and Architectural Management*, *14*, 5, 434–446.

Bourdieu, P. (1977) *Outline of a Theory of Practice* (Cambridge: Cambridge University Press).

Boyd, E. and Folke, C. (eds) (2012) *Adapting Institutions: Governance, Complexity and Social-Ecological Resilience* (Cambridge: Cambridge University Press).

Boyd, E. and Juhola, S. (2015) 'Adaptive Climate Change Governance for Urban Resilience', *Urban Studies*, *52*, 7, 1234–1264.

Brand, F. S. and Jax, K. (2007) 'Focusing the Meaning(s) of Resilience: Resilience as a Descriptive Concept and a Boundary Object', *Ecology and Society*, *12*, 1, 23.

Brenner, N. (2004) *New State Spaces: Urban Governance and the Rescaling of Statehood* (Oxford: Oxford University Press).

Briggs, R. (2005) 'Invisible Security: The Impact of Counter-terrorism on the Built Environment', in R. Briggs (ed.) *Joining Forces: From National Security to Networked Security*, pp. 68–90 (London: Demos).

Brisbane City Council (2011a) *Brisbane Flood 2011: Independent Review of Brisbane City Council's Response*, www.brisbane.qld.gov.au/sites/default/files/ emergency_management_Independent_Review_of_BCCs_Response_Final_ Report_v4.pdf, accessed 20 July 2012.

Brisbane City Council (2011b) *Water Sensitive Urban Design: Streetscape Planning and Design Package*, www.brisbane.qld.gov.au/sites/default/files/WSUD%20 Streetscape_Brio%20New.pdf, accessed 12 December 2014.

Brisbane City Council (2013a) Brisbane Vision 2031, www.brisbane.qld.gov.au/sites/ default/files/Brisbane_Vision_2031_full_document.pdf, accessed 12 December 2014.

Brisbane City Council (2013b) *Brisbane's Total Water Cycle Management Plan*, www.brisbane.qld.gov.au/sites/default/files/brisbanes_total_water_cycle_management_plan_2013.pdf, accessed 4 January 2014.

Bristow, G. and Healy, A. (2014) Regional Resilience: An Agency Perspective, *Regional Studies*, *48*, 5, 923–935, http://dx.doi.org/10.1080/00343404.2013.854879.

Brown, G. (2007a) 'Statement on Security', 25 July 2007.

Brown, G. (2007b) House of Commons Debate, 14 November 2007. Col. 667.

Brown, K. (2012) 'Policy Discourses of Resilience', in M. Pelling, D. Manuel-Navarrete and M. Redclift (eds) *Climate Change and the Crisis of Capitalism*, pp. 37–50 (Abingdon: Routledge).

Brown, K. (2013) 'Global Environmental Change I: A Social Turn for Resilience?', *Progress in Human Geography*, *37*, 1–11.

Brown, P. L. (1995, 28 May) 'Designs in a Land of Bombs and Guns', *New York Times*, 6.

Brown, S. (1985) 'Central Belfast's Security Segment: An Urban Phenomenon', *Area*, *17*, 1, 1–8.

Bruneau, M., Chang, S. E., Eguchi, R. T., Lee, G. C., O'Rourke T. D. and Reinhorn, A. M. (2003) 'A Framework to Quantitatively Assess and Enhance the Seismic Resilience of Communities', *Earthquake Spectra*, *19*, 4, 733–752.

Buckle, P., Mars, G. and Smale, S. (2000) 'New Approaches to Assessing Vulnerability and Resilience', *Australian Journal of Emergency Management*, *15*, 2, 8–14.

Bulkeley, H. and Tuts, R. (2013) 'Understanding Urban Vulnerability, Adaptation and Resilience in the Context of Climate Change', *Local Environment*, *18*, 6, 646–662.

Bull-Kamanga, L., Diagne, K., Lavell, A., Leon, E., Lerise, F. and MacGregor, H. (2003) 'From Everyday Hazards to Disasters: The Accumulation of Risk in Urban Areas', *Environment and Urbanisation, 15*, 1, 193–203.

Burby, R. J., Deyle, R. E., Godschalk, D. R. and Olshansky R. B. (2000)

'Creating Hazard Resilient Communities Through Land-use Planning', *Natural Hazards Review*, *1*, 2, 99–106.

Burgess, J. (1999) 'Environmental Management and Sustainability', in P. Cloke, P. Crang and M. Goodwin (eds) *Introducing Human Geographies*, pp. 141–150 (London: Arnold).

Burton, C. (2014) 'A Validation of Metrics for Community Resilience to Natural Hazards and Disasters Using the Recovery from Hurricane Katrina as a Case Study', *Annals of the Association of American Geographers*, *105*, 1, 67–86.

Cabinet Office (2003) *Dealing with Disaster* (Revised Third Edition) (London: Cabinet Office).

Cabinet Office (2008) *The National Security Strategy of the United Kingdom: Security in an Interdependent World* (London: The Stationery Office).

Cabinet Office (2011) *Strategic National Framework on Community Resilience* (Cabinet Office: London).

Campanella, T. (2006) 'Urban Resilience and the Recovery of New Orleans', *Journal of the American Planning Association*, *72*, 2, 141–146.

Cannon, T. and Müller-Mahn, D. (2010) 'Vulnerability, Resilience and Development Discourses in Context of Climate Change', *Natural Hazards*, *55*, 621–635.

Caputo, S., Caserio, M., Coles, R., Jankovic L. and Gaterell, M. (2015) 'Urban Resilience: Two Diverging Interpretations', *Journal of Urbanism: International Research on Placemaking and Urban Sustainability*, *8*, 3, 1–19.

Caribbean Journal (2015, 4 March) 'Jamaica to launch $6 Million Climate Change Resilience Project', http://caribjournal.com/2015/03/04/jamaica-to-launch-6-million-climate-change-resilience-project/#, accessed 4 March 2015.

Carlson, J. and Doyle, J. (2000) 'Highly Optimized Tolerance: Robustness and Design in Complex Systems', *Phys Rev Lett*, 84, 11, 2529–2532.

Carp, J. (2012) 'The Study of Slow', in B. Goldstein (ed.) *Collaborative Resilience: Moving Through Crisis to Opportunity*, pp. 99–126 (Cambridge, MA: MIT Press).

Carpenter, S., Walker, B., Anderies, J. and Abel, N. (2001) 'From metaphor to measurement: resilience of what to what?', *Ecosystems*, *4*, 8, 765–781.

Carpenter, S., Westley, F. and Turner, M. (2005) 'Surrogates for Resilience of Social– Ecological Systems', *Ecosystems*, *8*, 941–944.

Carter, M., Little, P., Mogues, T. and Negatu, W. (2007) 'Poverty Traps and Natural Disasters in Ethiopia and Honduras', *World Development*, *35*, 5, 835–856.

Centre for the Protection of National Infrastructure (2011) *Integrated Security: A Public Realm Design Guide for Hostile Vehicle Mitigation* (London: CPNI).

Chandler, D. (2012) 'Resilience and Human Security: The Post-Interventionist Paradigm', *Security Dialogue*, *4*, 3, 213–229.

Chandler, D. (2014) *Resilience: The Governance of Complexity* (London: Routledge).

Chelleri, L. and Olazabal, M. (eds) (2012) *Multidisciplinary perspectives on Urban Resilience: A workshop report*, Basque Centre for Climate Change (BC3).

Chelleri, L., Water, J., Olazabal, M. and Minucci, G. (2015) 'Resilience trade-offs: addressing multiple scales and temporal aspects of urban resilience', *Environment and Urbanization,* doi: 10.1177/0956247814550780.

Chmutina, K. and Bosher, L. (2014) 'Disaster Risk Reduction or Disaster Risk Production: The Role of Building Regulations in Mainstreaming DRR', *International Journal of Disaster Risk Reduction*, *13*, 10–19.

Chmutina, K., Bosher, L., Coaffee, J. and Rowlands, R. (2014) 'Towards Integrated Security and Resilience Framework: A Tool for Decision-Makers', *Procedia Economics and Finance*, *18*, 25–32.

Christopherson, S., Michie, J. and Tyler, P. (2010) 'Regional Resilience: Theoretical and Empirical Perspectives', *Cambridge Journal of Regions, Economy and Society, 3*, 1, 3–10.

City of New Orleans (2013) *Greater New Orleans Urban Water Plan*, http://livingwithwater.com/blog/urban_water_plan/reports/, accessed 1 February

2014.

City of New Orleans (2015) *Resilient New Orleans*, http://resilientnola.org, accessed 1 September 2015.

Clancy, H. (2014) 'Michael Berkowitz: Community is the Secret of Urban Resilience', *GreenBizblog*,www.greenbiz.com/blog/2014/08/12/michael-berkowitz-community- secret-ingredient-urban-resilience, accessed 12 August 2014.

CML (Council of Mortgage Lenders) (2008) 'CML Research, Table MM6', www. cml.org.uk/cml/statistics, accessed 23 February 2008.

CNN (2009) 'Court: Army Corps of Engineers Liable for Katrina Flooding', http://edition.cnn.com/2009/US/11/18/louisiana.katrina.lawsuit/, accessed 14 February 2010.

Coaffee, J. (2000) 'Fortification, Fragmentation and the Threat of Terrorism in the City of London', in Gold, J. R. and Revill, G. E. (eds) *Landscapes of Defence*, pp.114–129 (London: Addison Wesley Longman).

Coaffee, J. (2003) *Terrorism, Risk and the City: The Making of a Contemporary Urban Landscape* (Aldershot: Ashgate).

Coaffee, J. (2004) 'Rings of Steel, Rings of Concrete and Rings of Confidence: Designing out Terrorism in Central London Pre and Post 9/11', *International Journal of Urban and Regional Research*, 28, 1, 201–211.

Coaffee, J. (2006) 'From Counter-Terrorism to Resilience', *European Legacy – Journal of the International Society for the Study of European Ideas* (ISSEI), *1*, 4, 389–403.

Coaffee, J. (2009) *Terrorism, Risk and the Global City – Towards Urban Resilience* (Farnham: Ashgate).

Coaffee, J. (2010) 'Protecting Vulnerable Cities: The UK Resilience Response to Defending Everyday Urban Infrastructure', *International Affairs*, 86, 4, 939–954.

Coaffee, J. (2013a) 'Rescaling and Responsibilising the Politics of Urban Resilience: From National Security to Local Place-Making', *Politics*, *33*, 4, 240–252.

Coaffee, J. (2013b) 'From Securitisation to Integrated Place Making: Towards Next Generation Urban Resilience in Planning Practice', *Planning Practice and Research*, *28*, 3, 323–339.

Coaffee, J.(2014) 'The Uneven Geographies of the Olympic Carceral: From Exceptionalism to Normalisation', *The Geographical Journal*, doi: 10.1111/geoj.12081.

Coaffee, J. and Bosher, L. (2008) 'Integrating Counter-Terrorist Resilience into Sustainability', *Proceedings of the Institute of Civil Engineers: Urban Design and Planning*, *161*, 75–84.

Coaffee, J. and Clarke, J. (2015) 'On Securing the Generational Challenge of Urban Resilience', *Town Planning Review*, *86*, 3, 249–255.

Coaffee, J. and Fussey, P. (2015) 'Constructing Resilience through Security and Surveillance: The Practices and Tensions of Security-driven Resilience', *Security Dialogue*, *46*, 1, 86–105.

Coaffee, J. and Healey P. (2003) 'My Voice My Place: Tracking Transformations in Urban Governance', *Urban Studies*, *40*, 10, 1960–1978.

Coaffee, J. and O'Hare, P. (2008) 'Urban Resilience and National Security: The Role for Planners', *Proceeding of the Institute of Civil Engineers: Urban Design and Planning*, *161*, DP4, 171–182.

Coaffee, J. and Rogers, P. (2008) 'Rebordering the City for New Security Challenges: From Counter Terrorism to Community Resilience', *Space and Polity*, *12*, 2, 101–118.

Coaffee, J. and Wood, D. (2006) 'Security is Coming Home – Rethinking Scale and Constructing Resilience in the Global Urban Response to Terrorist Risk', *International Relations*, *20*, 4, 503–517.

Coaffee, J., Moore, C., Fletcher, D. and Bosher, L. (2008a) 'Resilient Design for Community Safety and Terror-resistant Cities', *Proceedings of the Institute of Civil Engineers: Municipal Engineer*, *161*, ME2, 103–110.

Coaffee, J., Murakami Wood, D. and Rogers, P. (2008b) *The Everyday Resilience of the City: How Cities Respond to Terrorism and Disaster* (London: Palgrave Macmillian).

Coaffee, J., O'Hare, P. and Hawkesworth, M. (2009) 'The Visibility of (In) security: The Aesthetics of Planning Urban Defences Against Terrorism', *Security Dialogue*, *40*, 489–511.

Coaffee, J., Rowlands, R. and Clarke, J. (2012) *DESURBS: Deliverable D1.1 – Security incidents analysis*, http://desurbs.eu/downloads/d1-1.pdf, accessed 12 July 2012.

COAG(Council of Australian Governments) (2011) *National Strategy for Disaster Resilience*, www.ag.gov.au/EmergencyManagement/Documents/ NationalStrategyforDisasterResilience.PDF, accessed 11 December 2014.

Coleman, A. (1985) *Utopia on Trial: Vision and Reality in Planned Housing* (London: Hilary Shipman).

Collinge, C. and Gibney, J. (2010) 'Connecting Place, Policy and Leadership', *Policy Studies*, *31*, 4, 379–391.

Cornell, D. J. (2009) 'Planning and its Orientation to the Future', *International Planning Studies*, *14*, 1, 85–98.

Conzens, P., Saville, G. and Hillier, D. (2005) 'Crime Prevention Through Environmental Design (CPTED): A Review and Modern Bibliography', *Property Management*, *23*, 5, 328–356.

Conzens, P. M., Hillier, D. and Prescott, G. (2001) 'Crime and the Design of Residential Property. Exploring the Theoretical Background', *Property Management*, *19*, 2, 136–164.

Corburn, J. (2003) 'Bringing Local Knowledge into Environmental Decision Making: Improving Urban Planning for Communities at Risk, Journal of Planning Education and Research', *22*, 420–433. doi: 10.1177/0739456X03022004008.

Corner, J. (2004) 'Not Unlike Life Itself', *Harvard Design Magazine, 21*, 32–34.

Cote, M. and Nightingale, A. (2012) 'Resilience Thinking Meets Social Theory Situating Social Change in Socio-ecological Systems (SES) Research', *Progress in Human Geography, 36*, 4, 475–489.

Crawford, J. and French, W. (2008) 'A Low-carbon Future: Spatial Planning's Role in Enhancing Technological Innovation in the Built Environment',

Energy Policy, *36*, 4575–4579.

Cross, R. (2015, 30 April) 'Nepal earthquake: a disaster that shows quakes don't kill people, buildings do', *The Guardian*, www.theguardian.com/cities/2015/apr/30/ nepal-earthquake-disaster-building-collapse-resilience-kathmandu, accessed 30 April 2015.

Cross, R., Mcnamara, H. and Pokrovskii, A. (2010) 'Memory of Recessions', Working Paper 1–09, Department of Economics, University of Strathclyde.

Cutter, S. L., Barnes, L., Berry, M., Burton, C., Evans, E., Tate, E. and Webb, J. (2008) 'A Place-based Model for Understanding Community Resilience to Natural Disasters', *Global Environmental Change*, *18*, 598–606.

Cutter, S. L., Burton, C. G., and Emrich, C. T. (2010) 'Disaster Resilience Indicators for Benchmarking Baseline Conditions', *Journal of Homeland Security and Emergency Management*, *7*, 1, Article 51.

Cyranoski, D. (2012) 'Rebuilding Japan: After the Deluge', *Nature*, *483*, 7388, 141–143.

Dainty, A. and Bosher, L. (2008) 'Afterword: Integrating Resilience into Construction Practice', in L. Bosher (ed.) *Hazards and the Built Environment: Attaining Built-in Resilience*, pp.357–372 (London: Taylor & Francis).

Davidoff, P. (1965) 'Advocacy and Pluralism in Planning', *Journal of the American Institute of Planners*, 31, 4, 331–338.

Davidson, D. (2010) 'The Applicability of the Concept of Resilience to Social Systems: Some Sources of Optimism and Nagging Doubts', *Society and Natural Resources*, *23*, 12, 1135–1149.

Davis, M. (1990). *City of Quartz: Excavating the Future in Los Angeles* (London: Verso).

Davis, M. (1998) *Ecology of Fear: Los Angeles and the Imagination of Disaster* (New York: Metropolitan Books).

Davoudi, S. (2012) 'Resilience, a Bridging Concept or a Dead End?', *Planning Theory and Practice, 13*, 2, 299–307.

DCLG (Department for Communities and Local Government) (2006) Planning

Policy Statement 3 (PPS3): Housing, London: Department for Communities and Local Government.

DCLG (Department for Communities and Local Government) (2007a) *National Indicators for Local Authorities and Local Authority Partnerships: Handbook of Definitions, Draft for Consultation* (London: DCLG).

DCLG (Department for Communities and Local Government) (2007b) 'Housing Market Assessments: Practice Guidance Version 2' (London: Office of the Deputy Prime Minister).

DCLG (2007c) 'Communities and Local Government Economics Paper 1: A Framework for Intervention' (London: Department for Communities and Local Government).

DCLG (Department for Communities and Local Government) (2010) *Total Place: A Whole Area Approach to Public Services* (London: TSO).

DCLG (Department for Communities and Local Government) (2011a) 'Live Table 244 Housebuilding: Permanent Dwellings Completed, by Tenure, England, Historical Calendar Year Series', www.communities. gov.uk/housing/housingresearch/housingstatistics/housingstatisticsby/ housebuilding/livetables, accessed 24 June 2011.

DCLG (2011b) (Department for Communities and Local Government) 'Live Table 254 Housebuilding: Permanent Dwellings Completed, by House and Flat, Number of Bedroom and Tenure, England', www.communities. gov.uk/housing/ housingresearch/housingstatistics/housingstatisticsby/ housebuilding/livetables, accessed 29 June 2011.

DCLG (Department for Communities and Local Government) (2012) *National Planning Policy Framework* (London: TSO).

De Souza, R.M. and Parker, M. (2014) 'The Year That Resilience Gets Real', *New Security Beat.* www.newsecuritybeat.org/2014/01/year-resilience-real/, accessed 14 February 2014.

Dean (1999) *Governmentality: Power and Rule in Modern Society* (Thousand Oaks, CA: Sage).

de Goede, M. and Randalls, S. (2009) 'Precaution, Preemption: Arts and

Technologies of the Actionable Future', *Environment and Planning D: Society and Space*, *27*, 859–878.

Deleuze, G. (1992) 'Postscript on the Societies of Control' (trans. M. Joughin), *October, 59*, 3–7.

Delta Alliance (2014) *Towards a Comprehensive Framework for Adaptive Delta Management*, www.delta-alliance.org/media/default.aspx/emma/ org/10848051/ Towards+a+Comprehensive+Framework+for+Adaptive+Delt a+Management. pdf, accessed 30 June 2014.

Delta Programme (2011). *Working on the Delta. Investing in a Safe and Attractive Netherlands, Now and in the Future*. Published by Ministry of Transport, Public Works and Water Management, Ministry of Agriculture, Nature, and Food Quality, Ministry of Housing, Spatial Planning and the Environment.

DETR (Department of the Environment, Transport and the Regions) (2000a) 'National Strategy for Neighbourhood Renewal. Report of Policy Action Team 7: Unpopular Housing' (London: HMSO).

DETR (Department of the Environment, Transport and the Regions) (2000b) 'Responding to Low Demand Housing and Unpopular Neighbourhoods: A Guide to Good Practice' (London: HMSO).

Department of Transport (1988) *Investigation into the Kings Cross Underground Fire*, www.railwaysarchive.co.uk/documents/DoT_KX1987.pdf, accessed 12 September 2012.

Dimmer, C. (2014) 'Evolving Place Governance Innovations and Pluralising Reconstruction Practices in Post-disaster Japan', *Planning Theory & Practice*, *15*, 2, 260–265.

Dimmer, C. (2012) 'Letter from Tokyo – the challenges of creating more resilient architecture and infrastructure in earthquake- and tsunami-affected Japan', *Architectural Review Australia* (123), Special Issue 'The Resilient City', 25–35.

Doan, S., Ho Vo, B. and Collier, N. (2011) 'Tracking the Public Mood of Populations Affected by Natural Disasters as Well as an Early Warning

System', *Lecture Notes of the Institute for Computer Sciences, Social Informatics and Telecommunications Engineering*, *91*, 4, 58–66.

Doig, W (2014) 'The End of Our "Resilient Cities" Series Is Only the Beginning', https://nextcity.org/daily/entry/the-end-of-our-resilient-cities-series-is-only-the- beginning, accessed 19 September 2014.

Dolink, A. (2007) 'Assessing the Terrorist Threat to Singapore's Land Transportation Infrastructure', *Journal of Homeland Security and Emergency Management*, *4*, 2, 1–22.

Donahue, A, and Tuohy, R. (2006) 'Lessons We Don't Learn: A Study of the Lessons of Disasters, Why We Repeat Them, and How We Can Learn Them', *Homeland Security Affairs*, *2*, Article 4, www.hsaj.org/articles/167, accessed 14 September 2012.

Donnelly, M. (2015, 12 March) 'Planning "Should Focus on Resilience Rather than Trying to Predict the Future"', *Planning*, www.planningresource.co.uk/ article/1337972/planning-should-focus-resilience-rather-trying-predict-future, accessed 12 March 2015.

Donofrio, J., Kuhn, Y., McWalter, K. and Winsor, M. (2009) 'Water Sensitive Urban Design: An Emerging Model in Sustainable Design and Comprehensive Water Cycle Management', *Environmental Practice*, *11*, 3, 179–189.

Durodie, B. and Wessely, S. (2002) 'Resilience or Panic: The Public and Terrorism Attack', *The Lancet*, *130*, 1901–1902.

Economics of Climate Adaptation Working Group (2009) *Shaping Climate-Resilient Development: A Framework for Decision-Making* (Zurich: Swiss Reinsurance).

Economist Intelligence Unit (2009) *European Green City Index: Assessing the environmental impact of Europe's major cities* www.thecrystal.org/assets/download/ European-Green-City-Index.pdf, accessed 30 March 2015.

Edwards, C. (2009) *Resilient Nation* (London: Demos).

Ellin, N. (ed.) (1997) *Architecture of Fear* (New York: Princeton Architectural Press).

Elmer, G. and Opel, A. (2006) 'Surviving the Inevitable Future: Preemption in the Age of Faulty Intelligence', *Cultural Studies*, *20*, 4/5, 447–492.

Environment Agency (2007) *Review of the 2007 Floods*, www.gov.uk/government/ uploads/system/uploads/attachment_data/file/292924/geho1107bnmi-e-e.pdf, accessed 14 July 2012.

Environmental Systems Research Institute (2015) http://support.esri.com/en/knowl edgebase/GISDictionary/term/spatial%20autocorrelation, accessed 30 March 2015.

Euronews (2015) Japan a world leader in disaster prevention, http://www.euronews. com/2015/03/30/japan-a-world-leader-in-disaster-prevention/, date accessed 30 March 2015.

Evans J. (2011) 'Resilience, Ecology and Adaptation in the Experimental City', *Transactions of the Institute of British Geographers*, *36*, 223–237.

Evans, B. and Reid, J. (2014) *Resilient Life: The Art of Living Dangerously* (Cambridge: Polity Press).

Farazmand, A. (2007) 'Learning from the Katrina Crisis: A Global and International Perspective with Implications for Future Crisis Management', *Public Administration Review, 67*, s1, 149–159.

Ferrari, E. and Lee, P. (2010) *Building Sustainable Housing Markets: Lessons from a Decade of Changing Demand and Housing Market Renewal* (Coventry: Chartered Institute of Housing Practice Studies in Collaboration with the Housing Studies Association).

Finch, P. (1996) 'The Fortress City is Not an Option', *The Architects' Journal*, February 15, 2.

Fischer, F. (2009) *Democracy and Expertise: Reorienting Policy Inquiry* (Oxford: Oxford University Press).

Fisher, T. (2012) *Designing to Avoid Disaster: The Nature of Fracture-critical Design*, (London: Routledge).

Fleischhauer, M., Birkmann, J., Greiving, S. and Stefansky, A. (2009) 'Climate-Proof Planning' *BBSR-Online-Publikation*, No. 26/2009.

Flinders, M. and Wood, M. (2014) 'Depoliticisation, Governance and the State',

Policy & Politics, *42*, 2, 135–149.

Flint, J. and Raco, M. (eds) (2012) *The Future of Sustainable Cities* (Bristol: Policy Press).

Flynn, S. (2007) *The Edge of Disaster: Rebuilding a Resilient Nation* (New York: Random House).

Flyvbjerg, B. (1998) *Rationality and Power: Democracy in Practice* (Chicago, IL: University of Chicago Press).

Folke, C. (2006) 'Resilience: The Emergence of a Perspective for Social–Ecological Systems Analysis', *Global Environmental Change*, *16*, 253–267.

Folke, C., Carpenter, S., Walker, B., Chapin, T. and Rockström, J. (2010) 'Resilience Thinking: Integrating Resilience, Adaptability and Transformability', *Ecology and Society*, *15*, 4, 20. Available at: www.ecologyandsociety.org/vol15/iss4/ art20/, accessed 12 March 2015.

Forrest, R. and Murie, A. (1988) *Selling the Welfare State* (London: Routledge).

Franklin, J. (2014, 2 April) 'Chile Earthquake: Authorities Relieved at Apparent Low Levels of Casualties', *The Guardian*, www.theguardian.com/world/2014/apr/02/ chile-earthquake-apparent-low-level-casualties, accessed 2 April 2014.

Fritz, H. M., Phillips, D. A., Okayasu, A., Shimozono, T., Liu, H., Mohammed, F., Skanavis, V., Synolakis, C. E. and Takahashi, T. (2012) 'The 2011 Japan Tsunami Current Velocity Measurements from Survivor Videos at Kesennuma Bay using LiDAR', *Geophysical Research Letters*, *39*, 7, doi:10.1029/2011GL050686.

Frommer, D. (2011) 'Here's How the Japan Crisis Could Affect Apple iPad 2 Production and Other Tech Supply Chains', *Business Insider*, www.businessin sider.com/japan-supply-chain-2011-3, accessed 12 July 2011.

Fukushima Action Research (2013) 'Challenges of Decontamination, Community Regeneration and Livelihood Rehabilitation' 2nd Discussion Paper (Tokyo: Institute for Global Environmental Strategies).

Fünfgeld, H. and McEvoy, D. (2012) 'Resilience as a Useful Concept for Climate Change Adaptation?', *Planning Theory and Practice*, *13*, 2, 324–328.

Furedi, F. (2006) *Culture of Fear Revisited*, 4th Edition (Trowbridge: Continuum).

Galderisi, A. and Ferrara, F. F. (2012) 'Enhancing Urban Resilience in Face of Climate Change', *TeMA – Journal of Land Use, Mobility and Environment*, 69–87.

Gall, M. (2007) *Indices of Social Vulnerability to Natural Hazards: A Comparative Evaluation* (University of South Carolina: Columbia).

Garland, D. (1996) 'The Limits of the Sovereign State: Strategies of Crime Control in Contemporary Society', *British Journal of Criminology*, *36*, 4, 445–471.

Gibney, J., Copeland, S. and Murie, A. (2009) 'Toward a "New" Strategic Leadership of Place for the Knowledge-based Economy', *Journal of Leadership*, *5*, 1, 5–23.

Giddens, A. (1998) *The Third Way: The Renewal of Social Democracy* (Cambridge: Polity Press).

Giddens, A. (1991) *Modernity and Self-identity: Self and Society in the Late Modern Age* (Polity Press: Cambridge).

Gitay H., Wilson J. B. and Lee, W. G. (1996). 'Species Redundancy: A Redundant Concept?' *Journal of Ecology*, *84*, 121–124.

Godschalk, D. R. (2003) 'Urban Hazard Mitigation: Creating Resilient Cities', *Natural Hazards Review*, *4*, 3, 136–143.

Gold, J. R. and Revill, G. (eds) (2000) *Landscapes of Defence* (London: Prentice Hall).

Goldstein, B. (ed.) (2012) *Collaborative Resilience: Moving through Crisis to Opportunity* (Cambridge, MA: MIT Press).

Goldstein, B., Wessells, A., Lejano, R. and Butler, W. (2015) 'Narrating Resilience: Transforming Urban Systems through Collaborative Storytelling', *Urban Studies*, *52*, 7, 1285–1303.

Graham, S. (ed.) (2004) *Cities, War and Terrorism* (Oxford: Blackwell).

Greater New Orleans Urban Water Plan (2013) 'About', http://livingwithwater. com/ blog/urban_water_plan/about/, accessed 1 December 2014.

Grosskopf, K. R. (2006) 'Evaluating the Societal Response to Antiterrorism Measures', *Journal of Homeland Security and Emergency Management*, *3*, 2, 1–9.

Groves, R., Lee, P., Murie, A. and Nevin, B. (2001) 'Private Rented Housing in Liverpool: An Overview of Current Market Conditions', Research Report No. 3 (Liverpool: Liverpool City Council).

Gunderson, L. and Holling, C. S. (eds) (2002) *Panarchy: Understanding Transformations in Human and Natural Systems* (Washington: Island Press).

Gupta, K. (2007) 'Urban Flood Resilience Planning and Management Lessons for the Future: A Case Study of Mumbai, India', *Urban Water Journal*, *23*, 1, 183–194.

Haas, P. (1992) 'Introduction: epistemic communities and international policy coordination', *International Organization*, *46*,1, 1-35.

Haasnoot, M., Kwakkel, J., Walker, W., et al. (2013) 'Dynamic Adaptive Policy Pathways: A Method for Crafting Robust Decisions for a Deeply Uncertain World', *Global Environmental Change*, *23*, 2, 485–498.

Hall, P. (1980) *Great Planning Disasters* (London: Weidenfeld).

Hall, P. (2002) *Cities of Tomorrow: An Intellectual History of Urban Planning and Design in the Twentieth Century* (Oxford: Blackwell).

Harding, A., Deas, I., Evans, R. and Wilks-Heeg, S. (2004) 'Reinventing cities in a Restructuring Region? The Rhetoric and Reality of Renaissance in Liverpool and Manchester', in M. Boddy and M. Parkinson (eds) *City Matters: Competitiveness, Cohesion and Urban Governance*, pp.33–50 (Bristol: Policy Press).

Hardt, M. and Negri, A. (2002) *Empire* (Cambridge, MA: Harvard University Press).

Harris, J., Tschudi, W. and Dyer, B. (2002) *U.S. Department of Energy Federal Energy Management Program: Securing Buildings and Saving Energy: Opportunities in the Federal Sector,* Presented at the US Green Building Conference, Austin Texas (Washington DC: US Green Building Council).

Harvey, D. (1989) 'From Managerialism to Entrepreneurialism: The

Transformation in Urban Governance in Late Capitalism', Geografiska Annaler. Series B, *Human Geography*, *71*, 1, The Roots of Geographical Change: 1973 to the Present (1989), 3–17.

Hasegawa, R. (2012) *Disaster Evacuation from Japan's 2011 Tsunami Disaster and the Fukushima Nuclear Accident, IDDRI Governance Study* 5 (Paris: SciencesPo).

Haughton, G., Allmendinger, P., Counsell, D. and Vigar, G. (2010) *The New Spatial Planning: Territorial Management with Soft Spaces and Fuzzy Boundaries* (London: Routledge).

Hay, C. (2007) *Why We Hate Politics* (Cambridge: Polity Press).

Healey, P. (1996) 'The Communicative Turn in Planning Theory and its Implications for Spatial Strategy Formation', *Environment and Planning B: Planning and Design*, *23*, 217–234.

Healey, P. (1997) *Collaborative Planning: Shaping Places in Fragmented Societies.* (Basingstoke: Macmillan).

Healey, P. (1998) 'Building Institutional Capacity Through Collaborative Approaches to Urban Planning', *Environment and Planning A, 30*, 9, 1531–1546.

Healey, P. (2006) *Collaborative Planning: Shaping Places in Fragmented Societies.* 2nd edition (London: Palgrave Macmillan).

Healey, P. (2007) *Urban Complexity and Spatial Strategies: Towards a Relational Planning for our Times* (London: Routledge).

Healey, P. (2010) *Making Better Places: The Planning Project in the Twenty-First Century* (London: Palgrave Macmillan).

Health and Safety Executive (2011) *Buncefield: Why did it Happen?*, www.hse. gov. uk/comah/buncefield/buncefield-report.pdf, accessed 2 July 2012.

Heng, Y. (2006) 'The Transformation of War Debate: Through the Looking Glass of Ulrich Beck's World Risk Society', *International Relations, 20*, 1, 69–91.

Hillier, J. (ed.) (2002) *Habitus: A Sense of Place* (Aldershot: Ashgate).

Hinkel, J. (2011) ' "Indicators of Vulnerability and Adaptive Capacity": Towards a Clarification of the Science–Policy Interface', *Global Environmental Change*, *21*, 1, 198–208.

Hinman, E. E. and Hammond, D. J. (1997) *Lessons from the Oklahoma City Bombing: Defensive Design Techniques* (Reston, Virginia: American Society of Civil Engineers).

Hollander, J. B. and Whitfield, C. (2005) 'The Appearance of Security Zones in US cities after 9/11', *Property Management*, *23*, 4, 244–256.

Holling, C. S. (1973) 'Resilience and Stability of Ecological Systems', *Annual Review of Ecology Evolution and Systematics*, *4*, 1–23.

Holling, C. S. (1996) 'Engineering Resilience Versus Ecological Resilience', in P. C. Schulze, (ed.) *Engineering within Ecological Constraints*, pp.31–43 (Washington, D.C., National Academy Press).

Holling, C. S. (2001) 'Understanding the Complexity of Economic, Ecological, and Social Systems', *Ecosystems*, *4*, 390–405.

Holloway, J. (2012) 'Despite Fukushima Disaster, Global Nuclear Power Expansion Continues', http://arstechnica.com/science/2012/03/despite-fukushima-disaster-global-nuclear-power-expansion-continues/, accessed 26 May 2015.

Home Office (2006) *Countering International Terrorism: The United Kingdom's Strategy* (London: TSO).

Home Office (2009) *Working Together to Protect Crowded Places: A Consultation Document* (London: Home Office).

Home Office (2010a) *Crowded Places: The Planning System and Counter-Terrorism* (London: Home Office).

Home Office (2010b) *Protecting Crowded Places: Design and Technical Issues* (London: Home Office).

Home Office (2010c) *Working Together to Protect Crowded Places* (London: TSO).

Hopkins, R. (2008) *The Transition Handbook: From Oil Dependency to Local Resilience,* (Cambridge: Green Books).

Hopkins, R. (2011) *The Transition Companion: Making your Community More*

Resilient in Uncertain Times, (Cambridge, Green Books).

Hornbeck, R. and Naidu, S. (2014) 'When the Levee Breaks: Black Migration and Economic Development in the American South', *American Economic Review, 104*, 3, 963–990.

House of Commons (2006a) *Report of the Official Account of the Bombings in London on 7th July 2005*, www.gov.uk/government/uploads/system/uploads/attachment_data/file/228837/1087.pdf, accessed 2 July 2007.

House of Commons (2006b) 'Housing, Planning, Local Government and the Regions Committee: Affordability and the Supply of Housing' (Third Report of Session 2005–06), House of Commons, 1, 77 (London: HMSO).

Howe, J. and White, I. (2004) 'Like a Fish out of Water: The Relationship Between Planning and Flood Risk Management in the UK', *Planning Practice and Research, 19*, 4, 415–442.

Hower, M.(2015)'Miami'sClimateVice:BudgetWoesStuntUrbanResilience', *GreenBiz*, www.greenbiz.com/article/miamis-vice-cash-flow-problems-curb-climate-resilience, accessed 17 September 2015.

HSSA (2011) Housing Strategy Statistical Appendix, www.communities.gov.uk/housing/housingresearch, accessed 14 June 2011.

Hurricane Sandy Rebuilding Task Force (2013) *Hurricane Sandy Rebuilding Strategy* (Washington: US Department of Housing and Urban Development).

Hussain, M. (2013, 5 March) 'Resilience: Meaningless Jargon or Development Solution?', *The Guardian,* www.theguardian.com/global-development-professionals-network/2013/mar/05/resilience-development-buzzwords, accessed 5 March 2013.

Hutter, G., Leibenath, M. and Mattissek, A. (2014) 'Governing Through Resilience? Exploring Flood Protection in Dresden, Germany', *Social Science, 3*, 272–287.

ICLEI (2011) *Financing the Resilient City: A Demand Driven Approach to Development, Disaster Risk Reduction and Climate Adaptation*, An ICLEI White Paper, ICLEI Global Report, http://resilient-cities.iclei.org/fileadmin/sites/ resilient-cities/files/Frontend_user/Report-Financing_Resilient_City-

Final.pdf, accessed 12 July 2012.

IPCC – Intergovernmental Panel on Climate Change (2007) *Climate Change 2007: The Scientific Basis. Contribution of Working Group I to the Fourth Assessment Report of the Intergovernmental Panel on Climate Change*, edited by S. Solomon *et al.* (New York: Cambridge University Press).

IPCC – Intergovernmental Panel on Climate Change (2012) *Managing the Risks of Extreme Events and Disasters to Advance Climate Change Adaptation*: *Special Report of the IPCC*, www.ipcc.ch/pdf/special-reports/srex/SREX_Full_Report. pdf, accessed 1 December 2012.

IPCC – Intergovernmental Panel on Climate Change (2014) *Climate Change 2014: Impacts, Adaptation, and Vulnerability. Part A: Global and Sectoral Aspects. Contribution of Working Group II to the Fifth Assessment Report of the Intergovernmental Panel on Climate Change*, https://ipcc-wg2.gov/AR5/images/ uploads/WG2AR5_SPM_FINAL.pdf, accessed 13 January 2015.

Isin, E. (2004) 'The Neurotic Citizen', *Citizenship Studies*, *8*, 3, 217–235.

Jabareen, Y. (2013) 'Planning the Resilient City: Concepts and Strategies for Coping with Climate Change and Environmental Risk', *Cities*, *31*, 220–229.

Japan Cabinet Office (2011) *Disaster Management in Japan, Director General for Disaster Management* (Tokyo: Cabinet Office, Government of Japan).

Japan Statistics Bureau (1999) *Japan Statistical Yearbook 1999* (Tokyo: Ministry of Internal Affairs and Communications).

Japan Times (2015, 11 March) 'Survivors mark four years since 3/11 disasters', www.japantimes.co.jp/news/2015/03/11/national/survivors-mark-4-years-since- 311-disasters/#.Vo_SXvmLTVZ, accessed 15th March 2015.

Japan Water Forum (2005) *Typhoon Isewan* (*Vera*) *and its Lessons* (Tokyo: Japan Water Forum).

Jeffery, C. R. (1971) *Crime Prevention through Environmental Design* (Beverley Hills: Sage).

Jerneck A. and Olsson L. (2008) 'Adaptation and the Poor: Development, Resilience and Transition', *Climate Policy*, *8*, 170–182.

Jha, A. K. and Brecht, H. (2012) 'Building Urban Resilience in East Asia'. *An*

Eye on East Asia and Pacific, 8 (Washington, DC: World Bank).

Jha, A. K., Miner, T. W. and Stanton-Geddes, Z. (eds) (2013) *Building Urban Resilience: Principles, Tools, and Practice* (Washington: International Bank for Reconstruction and Development).

Johnson, C. and Blackburn, S. (2012) 'Advocacy for Urban Resilience: UNISDR's Making Cities Resilient Campaign', *Environment and Urbanization*, *26*, 1, 29–52.

Jones, L., Ludi, E. and Levine, S. (2010) 'Towards a Characterisation of Adaptive Capacity: A Framework for Analysing Adaptive Capacity at the Local Level', *Overseas Development Institute*, www.odi.org/publications/5177-adaptive-capacity-framework-local-level-climate, accessed 28 January 2015.

Joseph, J. (2013) 'Resilience as Embedded Neoliberalism: A Governmentality Approach', *Resilience: International Policies, Practices and Discourses*, *1*, 38–52.

Kay, A. (2005) 'A Critique of the Use of Path Dependency in Policy Studies', *Public Administration*, *83*, 3, 553.

Keck, M. and Sakdapolrak, P. (2013) 'What is Social Resilience? Lessons Learned and Ways Forward', *Erdkunde*, *67*, 1, 5–18.

Kelman, I. (2015) 'Climate Change and the Sendai Framework for Disaster Risk Reduction', *International Journal of Disaster Risk Science*, *6*, 117–127.

Klein, N. (2007) *The Shock Doctrine: The Rise of Disaster Capitalism* (London: Penguin).

Klijn F., Kreibich, H., de Moel, H. and Penning-Rowsell, E. (2015) 'Adaptive Flood Risk Management Planning Based on a Comprehensive Flood Risk Conceptualisation', *Mitigation and Adaptation Strategies for Global Change*, *20*, 845–864.

Kuhlicke, C. and Steinfuhrer, A. (2013) 'Searching for Resilience or Building Social Capacities for Flood Risks?', *Planning Theory & Practice*, *14*, 1, 114–120.

Landscape Institute (2011) 'Caldew and Carlisle City Flood Alleviation

Scheme', www.landscapeinstitute.co.uk/casestudies/casestudy.php?id=70, accessed 14 July 2012.

Lee, P. (1999) 'Where are the Socially Excluded? Continuing Debates in the Identification of Poor Neighbourhoods', *Regional Studies*, *33*, 5, 483–486.

Lee, P. (2010) 'Competitiveness and Social Exclusion: The Importance of Place and Rescaling in Housing and Regeneration Policies', in P. Malpass and R. Rowlands (eds) *Housing, Markets and Policy*, pp. 184–202 (London: Routledge).

Lee, P. and Murie, A. (1999) 'Spatial and Social Divisions within British Cities: Beyond Residualisation', *Housing Studies*, *14*, 5, 625–640.

Lee, P. and Nevin, B. (2003) 'Changing Demand for Housing: Restructuring Markets and the Public Policy Framework', *Housing Studies*, *18*, 1, 65–86.

Lee, P., Murie, A. and Gordon, D. (1995) 'Area Measures of Deprivation: A Study of Current Methods and Best Practices in the Identification of Poor Areas in Great Britain' (Birmingham: Centre for Urban and Regional Studies/Joseph Rowntree Foundation).

Lee, P., Nevin, B., Murie, A., Goodson, L. and Phillimore, J. (2001) 'The West Midlands Housing Markets: Changing Demand, Decentralisation and Urban Regeneration', West Midlands Housing Corporation.

Leichenko, R. (2011) 'Climate Change and Urban Resilience', *Current Opinion in Environmental Sustainability*, *3*, 164–168.

Leverhulme Trust (2010) 'Application Material for a Research Programme Grant on Resilience' (London: Leverhulme Trust).

Lewis, M. and Conaty, P. (2012) *The Resilience Imperative: Cooperative Transitions to a Steady-state Economy* (Philadelphia: New Society Publishers).

Linkov, I., Bridges, T., Creutzig, F., Decker, J., Fox-Lent, C., Kröger, W. and Thiel- Clemen, T. (2014) 'Changing the Resilience Paradigm', *Nature Climate Change, 4*, 6, 407–409.

London Resilience Partnership (2013) 'Strategy Document', www.london. gov.uk/ sites/default/files/gla_migrate_files_destination/London%20

Resilience%20Partnership%20Strategy%20v1%20web%20version.pdf, accessed 1 February 2014.

Lowenthal, D. (1992) 'The Death of the Future', in S. Wallman (ed.) *Contemporary Futures: Perspectives from Social Anthropology*, pp. 23–35 (London, UK: Routledge).

Ludwig, D., Walker, B. and Holling, C. S. (1997) 'Sustainability, Stability, and Resilience', *Conservation Ecology*, *1*, 1, 7. Available at: www.consecol.org/vol1/iss1/art7/, accessed 1 January 2012.

Luers, A., Lobell, D., Sklar, L. S., Addams, C. L. and Matson, P. M. (2003) 'A Method for Quantifying Vulnerability, applied to the Yaqui Valley, Mexico', *Global Environmental Change*, *13*, 4, 255–267.

Lupton, D. (1999) *Risk* (London: Routledge).

Lyon, D. (2003) *Surveillance after September 11* (Cambridge: Polity).

MacKinnon, D. and Derickson, K. D. (2013) 'From Resilience to Resourcefulness: A Critique of Resilience Policy and Activism', *Progress in Human Geography*, *37*, 2, 253–270.

Majoor, S. (2015) 'Resilient Practices: A Paradox-Oriented Approach for Large-Scale Development Projects', *Town Planning Review*, *86*, 3, 257–277.

Malcolm, J. (2013) 'Project Argus and the Resilient Citizen', *Politics*, *33*, 4, 311–321.

Manuel-Navarrete, D., Pelling, M. and Redclift, M. (2011) 'Critical Adaptation to Hurricanes in the Mexican Caribbean: Development Visions, Governance Structures, and Coping Strategies', *Global Environmental Change*, *21*, 1, 249–258.

Marcuse, P. (2006) 'Security or Safety in Cities? The Threat of Terrorism after 9/11', *International Journal of Urban and Regional Research*, *30*, 4, 919–929.

Martin, R. (2012) 'Regional Economic Resilience, Hysteresis and Recessionary Shocks', *Journal of Economic Geography*, *12*, 1–32.

Martin, R. and Sunley, P. (2015) 'On the Notion of Regional Economic Resilience: Conceptualization and Explanation', *Journal of Economic*

Geography, *15*, 1, 1–42 doi:10.1093/jeg/lbu015.

Massumi, B. (ed) (1993) *The Everyday Politics of Fear* (Minneapolis: University of Minnesota Press).

Massumi, B. (2005) 'Fear (The Spectrum Said)', *Positions*, *13*, 1, 31–48.

Matanle, P. and Rausch, A. (2011) *Japan's Shrinking Regions in the 21st Century: Contemporary Responses to Depopulation and Socioeconomic decline* (Amherst, NY: Cambria Press).

Mazur, L. (2015) 'Meet Obama's Chief Resilience Officer', *Grist*, http://grist. org/ climate-energy/meet-obamas-chief-resilience-officer/, accessed 26 February 2015.

Mazur, L. and Fairchild, D. (2015) 'Is "resilience" the new sustainababble?', *Grist*, http://grist.org/article/is-resilience-the-new-sustainababble/, accessed 14 January 2015.

McEvoy, D., Fünfgeld, H. and Bosomworth, K. (2013) 'Resilience and Climate Change Adaptation: The Importance of Framing', *Planning Practice & Research*, *28*, 3, 280–293.

McEvoy, D., Lindley, S. and Handley, J. (2006) 'Adaptation and Mitigation in Urban Areas: Synergies and Conflicts', *Proceedings of ICE, Municipal Engineer Special Issue: Climate Change*, *159*, 4, 185–191.

McInroy, N. and Longlands, S. (2010) *Productive Local Economies: Creating Resilient Places* (Manchester: Centre for Local Economic Strategies).

Meyer H., Morris D. and Waggonner, D. (2009) *Dutch Dialogues – New Orleans– The Netherlands – Common Challenges in Urban Deltas* (Amsterdam: SUN).

Mguni, N. and Bacon, N. (2010) *Taking the Temperature of Local Communities: The Wellbeing and Resilience Measure* (London: The Young Foundation).

Minca, C. (2006) 'Giorgio Agamben and the New Biopolitical *Nomos*', *Geografiska Annaler: Series B, Human Geography*, *88*, 4, 387–403.

Miyake, S. (2014) 'Post-disaster Reconstruction in Iwate and New Planning Challenges for Japan', *Planning Theory & Practice*, *15*, 2, 246–250.

Mouffe, C. (2005) *On the Political* (Abingdon: Routledge).

Moynihan, D. (2009) *The Response to Hurricane Katrina, International Risk Governance Council,* http://irgc.org/wp-content/uploads/2012/04/Hurricane_ Katrina_full_case_study_web.pdf, accessed 12 February 2010.

Murakami, K. and Murakami Wood, D. (2014) 'Planning Innovation and Post-disaster Reconstruction: The Case of Tohoku, Japan', *Planning Theory & Practice, 15*, 237–265.

Murie A., Nevin, B. and Leather P. (1998) 'Changing Demand and Unpopular Housing', Working Paper 4 (London: Housing Corporation).

Mustafa, D. (2005) 'The Terrible Geographicalness of Terrorism: Reflections of a Hazards Geographer', *Antipode, 37*, 1, 72–92.

Mythen, G. and Walklate, S. (2006) 'Communicating the Terrorist Risk: Harnessing a Culture of Fear', *Crime, Media and Culture, 2*, 2, 123–144.

NaCTSO (National Counter Terrorism Security Office) (2010) 'Argus Professional', http://designforsecurity.org/cpd-request-form/argus, accessed 14 July 2012.

Nadin, V. (2010) *European Spatial Planning and Territorial Cooperation* (London: Routledge).

National Academies (2012) *Disaster Resilience: A National Imperative* (Washington: National Academies Press).

National Academies of Science and Engineering (2014) *Resilien-Tech: 'Resilience by Design': A Strategy for the Technology Issues of the Future* (Berlin: acatech).

National Capital Planning Commission (2001) *The National Capital Urban Design and Security Plan: Designing and Testing of Perimeter Security Elements,* www. ncpc.gov/DocumentDepot/Publications/SecurityPlans/ NCUDSP/NCUDSP_ Section1.pdf, accessed 23 September 2002.

National Diet of Japan (2012) *The Fukushima Nuclear Accident Independent Investigation Commission* (Tokyo: The National Diet of Japan).

Neocleous, M. (2013) 'Resisting Resilience', *Radical Philosophy, 178*, 2–7.

Nevin, B., Lee, P., Goodson, L., Phillimore, J. and Murie, A. (2001) Changing Housing Markets and Urban Regeneration in the M62 Corridor, Housing

Corporation, Manchester.

Newman, O. (1972) *Defensible Space: Crime Prevention through Urban Design* (New York: Macmillan).

Newman, O. (1973) *Defensible Space: People and Design in the Violent City* (London: Architectural Press).

New York Times (2012, 3 March) 'Mission Control, Built for Cities: I.B.M. Takes "Smarter Cities" Concept to Rio de Janeiro', www.nytimes. com/2012/03/04/business/ibm-takes-smarter-cities-concept-to-rio-de-janeiro. html?pagewanted= all&_r=0, accessed 3 March 2012.

Nirupama, N. and Simonovic, S. (2007) 'Increase of Flood Risk due to Urbanisation: A Canadian Example', *Natural Hazards*, *40*, 1, 25–41.

Number 10 Press Briefing (2007, 14 November) 'Afternoon press briefing'.

NYS (2013) 'New York State 2100 Commission: Recommendations to Improve the Strength and Resilience of the Empire State's Infrastructure', www. rebuildbydesign. org/research/resources/36-resources/70/70, accessed 12 December 2013.

O'Malley, P. (2010) 'Resilient Subjects: Uncertainty, Warfare and Liberalism', *Economy and Society*, *39*, 488–509.

O'Brien, G. and Read, P. (2005) 'The Future of UK Emergency Management: New Wine, Old Skin?', *Disaster Prevention and Management, 14*, 3, 353–361.

O'Hare, P. and White, I. (2013) 'Deconstructing Resilience: Lessons from Planning Practice', *Planning Practice & Research*, *28*, 3, 275–279.

O'Hare, P., White, I. and Connelly, A. (2015) 'Insurance as Maladaptation: Resilience and the "Business as Usual" Paradox', *Environment and Planning C*, doi: 10.1177/0263774X15602022.

ODPM (Office of the Deputy Prime Minister) (2004) Housing Market Assessment Manual, London: Office of the Deputy Prime Minister.

Olshansky, R. (2011) 'Review of Designing Resilience: Preparing for Extreme Events', *Journal of Comparative Policy Analysis: Research and Practice, 13*, 2, 233–235.

Olshansky, R. and Johnson, L. (2010) *Clear as Mud: Planning for the Rebuilding of New Orleans* (Chicago and Washington, DC: American Planning Association, Planners Press).

Olshansky, R. B. and Chang, S. (2009) 'Planning for Disaster Recovery: Emerging Research Needs and Challenges', in H. Blanco and M. Shaken Alberti (eds) 'Shrinking, Hot, Impoverished and Informal: Emerging Research Agendas in Planning', *Progress in Planning*, 72, 200–209.

Olshansky, R. B., Johnson, L. A. and Topping, K. C. (2006) 'Rebuilding Communities Following Disaster: Lessons from Kobe and Los Angeles', *Built Environment*, *32*, 4, 354–374.

Onishi, N. (2011, 24 June) 'Safety Myth' Left Japan Ripe for Nuclear Crisis, *New York Times*, www.nytimes.com/2011/06/25/world/asia/25myth.html?_r=0, accessed 24 May 2015.

Osborne, D.and Gaebler,T.(1993) *Reinventing Government: How the Entrepreneurial Spirit is Transforming the Public Sector* (New York: Plume Publications).

Ougo, J. (2015, 26 January) 'Kenya: Why Urban Planning Is a National Security Priority', *The Star*, http://allafrica.com/stories/201501260326.html, accessed 27 September 2015.

Paganini, Z. (2015, April) 'Underwater: The Production of Informal Space though Discourses of Resilience in Canarsie, Brooklyn', address to the session on Planning for Resilience in a Neoliberal Age at the 2015 *Annual Meeting of the Association of American Geographers*, 25 April, 2015.

Parkinson, M., Ball, M., Blake, N. and Key, T. (2009) *The Credit Crunch and Regeneration: Impact and Implications*, London: Department for Communities and Local Government.

Pawley, M. (1998) *Terminal Architecture* (London: Reaktion).

Pawson, R. and Tilley, N. (1997) *Realistic Evaluation* (London: Sage).

Pelling, M. (2003) *The Vulnerability of Cities: Natural Disasters and Social Resilience*. (London: Earthscan).

Pelling, M. (2011) 'Urban Governance and Disaster Risk Reduction in the

Caribbean: The Experiences of Oxfam GB', *Environment and Urbanization*, *23*, 2, 383–400.

Pelling, M. and High, C. (2005) 'Understanding Adaptation: What Can Social Capital Offer Assessments of Adaptive Capacity?', *Global Environmental Change*, *15*, 4, 308–319.

Pendall, R., Foster, K. and Cowell, M. (2010) 'Resilience and Regions: Building Understanding of the Metaphor', *Cambridge Journal of Regions Economy and Society*, *3*, 1, 71–84.

Peterson, S. (2014) 'An Unflinching Look at Flood Risk', *Urban Land* http://urban-land.uli.org/sustainability/unflinching-look-flood-risk/, accessed 21 November 2015.

Pike, A., Dawley, S. and Tomaney, J. (2010) 'Resilience, Adaptation and Adaptability', *Cambridge Journal of Regions, Economy and Society, 3*, 1, 59–70.

Planning Commission General Economic Department (2014) Bangladesh Delta Plan 2100 Inception Report, Dhaka 2014, http://bangladesh.nlembassy.org/binaries/ content/assets/postenweb/b/bangladesh/netherlands-embassy-in-dhaka/import/ water-management/project-documents/bangladesh-delta-plan-2100/delta-plan- inception-report-version-3wf-30-09-2014.pdf, accessed 14 September 2014.

Planning Institute of Jamaica (2009) *Vision 2030: The National Development Plan — Planning for a Secure & Prosperous Future*, www.vision2030.gov.jm/Portals/0/ NDP/Vision%202030%20Jamaica%20NDP%20Full%20No%20Cover%20 (web).pdf, accessed 1 February 2014.

Porter, L. and Davoudi, S. (2012) 'The Politics of Resilience for Planning: A Cautionary Note', *Planning Theory & Practice*, *13*, 2, 329–333.

Power, A. (1997) *Estates on the Edge: The Social Consequences of Mass Housing in Northern Europe* (London: Palgrave Macmillan).

Power, A. and Mumford, K. (1999) *The Slow Death of Great Cities? Urban Abandonment or Urban Renaissance* (York: Joseph Rowntree Foundation).

Prasad, N., Ranghieri, F., Shah, F., Trohanis, Z., Kessler, E. and Sinha, R. (2009)

Climate Resilient Cities: A Primer on Reducing Vulnerabilities to Disasters (Washington, DC: International Bank for Reconstruction and Development/ World Bank).

Prior, T. and Hagmann, J. (2013) 'Measuring Resilience: Methodological and Political Challenges of a Trend Security Concept', *Journal of Risk Research*, *17*, 3, 281–298, http://dx.doi.org/10.1080/13669877.2013.808686.

Pyati, A. (2015) 'Real Returns for Investing in Resilience', *Urban Land*, http://urban-land.uli.org/sustainability/real-returns-investing-resilience/, accessed 7 October 2015.

Raco, M. and Street, E. (2012) 'Resilience Planning, Economic Change and The Politics of Post-recession Development in London and Hong Kong', *Urban Studies*, *49*, 5, 1065–1087.

Ravilious, K. (2015) 'Nepal Quake: Why Are Some Tremors so Deadly?', www.bbc.co.uk/news/32549706, accessed 1 May 2015.

Rebuild by Design (2014) www.rebuildbydesign.org/, accessed 18 December 2014.

Restemeyer, B., Woltjer, J. and van den Brink, M. (2014) *Exploring Adaptive Strategic Spatial Planning to Make Urban Regions More Flood Resilient: Adaptive Delta Management in the Netherlands and the Rotterdam Region*, paper presented at the AESOP conference, Utrecht, June.

Reuters (2015) 'Britain Needs Complete Rethink on Flood Defences after Swathes of England Hit', http://uk.reuters.com/article/us-britain-floods-idUKK- BN0UB16I20151229, accessed 29 December 2015.

Roberts, D. (2010) 'Prioritizing Climate Change Adaptation and Local Level Resilience in Durban, South Africa', *Environment and Urbanization*, *22*, 397–413.

Robertson, D., McIntosh, I. and Smyth, J. (2010) 'Neighbourhood Identity: The Path Dependency of Class and Place', *Housing, Theory and Society*, *27*, 3, 258–273.

Robertson, J. (2015, 23 March) 'Queensland to Create Permanent Disaster Recovery Agency', *The Guardian*, www.theguardian.com/australianews/2015/mar/23/ queensland-to-create-permanent-disaster-recovery-agency?CMP=share_btn_fb, accessed 23 March 2015.

Rockefeller Foundation (n.d) 'Rotterdam's Resilience Challenge', www. 100resilientcities.org/cities/entry/rotterdams-resilience-challenge, accessed 14 September 2015.

Rockefeller Foundation (2013) *About 100 Resilient Cities*, www. 100 resilientcities. org/pages/about-us#/-_/, accessed 18 December 2013.

Rockefeller Foundation (2014a) *City Resilience Framework, April 2014* (New York and London:The Rockefeller Foundation: with OveArup& Partners International) http://publications.arup.com/~/media/Publications/Files/Publications/ C/City_Resilience_Framework_pdf.ashx, accessed 10 March 2015.

Rockefeller Foundation (2014b) *City Resilience Index: Research Report Volume 1 Desk Study, April 2014* (New York and London: The Rockefeller Foundation: with Ove Arup & Partners International), http://publications. arup.com/~/media/ Publications/Files/Publications/C/Volume_1_Desk_Study_Report.ashx, accessed 13 March 2015.

Rockefeller Foundation (2014c) *City Resilience Index: Research Report Volume 2 Fieldwork Data Analysis, April 2014* (New York and London: The Rockefeller Foundation: with Ove Arup & Partners International), http://publications.arup. com/~/media/Publications/Files/Publications/C/ Volume_2_Fieldwork_Report. ashx , accessed 31 March 2015.

Rockefeller Foundation (2014d) *City Resilience Index: Research Report Volume 3 Urban Measurement Report, May 2014* (New York and London: The Rockefeller Foundation with Ove Arup & Partners International), http:// publications.arup. com/Publications/C/City_Resilience_Framework.aspx, accessed 31 March 2015.

Rodin, J. (2015) *The Resilience Dividend: Being Strong in a World Where Things Go Wrong* (New York: Public Affairs).

Rogers, P. (2011)'Development of Resilient Australia: Enhancing the PPRR Approach with Anticipation, Assessment and Registration of Risks', *The Australian Journal of Emergency Management, 26*, 1, 54–58.

Romão, X., Costa, A. A., Paupério, E., Rodrigues, H., Vicente, R., Varum, H. and Costa, A. (2013) 'Field Observations and Interpretation of the Structural Performance of Constructions After the 11 May 2011 Lorca Earthquake', *Engineering Failure Analysis*, *34*, 670–692.

Romer, R. (2001) *Advanced Macroeconomics*. (New York: McGraw Hill).

Rose, N. (2000) 'Government and Control', *British Journal of Criminology*, *40*, 2, 321–339.

Rose, N. (2007) 'Government and Control', in J. Muncie (ed.) *Criminal Justice and Crime Control* (London: Sage).

Roy, A., Wenger, S., Fletcher, T., Walsh, C., Ladson, A., Shuster, W., Thurston, H. and Brown, R. (2008) 'Impediments and Solutions to Sustainable, Watershed-scale Urban Stormwater Management: Lessons from Australia and the United States', *Environmental Management*, 42, 344–359.

Royal Society (2014) *Resilience to Extreme Weather* (London: Royal Society).

Rutter, M. (1985) 'Resilience in the Face of Adversity: Protective Factors and Resistance to Psychiatric Disorder', *British Journal of Psychiatry*, *147*, 598–611.

Rydin, Y. (2010) *Governing for Sustainable Urban Development* (London: Earthscan).

Savitch, H. (2005) 'An Anatomy of Urban Terror: Lessons from Jerusalem and Elsewhere', *Urban Studies*, *42*, 3, 361–395.

Schumpeter, J. (1976) *Capitalism, Socialism, and Democracy* (London: Allen and Unwin).

Scott, M. (2013) 'Living with Flood Risk,' *Planning Theory and Practice*, *14*, 103–140.

Sendai City Council (2014) 'Sendai City Earthquake Disaster Reconstruction Plan, December 2011', www.city.sendai.jp/language/English.html, accessed 20 September 2014.

Serre, D. and Barroca, B (2013) 'Natural Hazard Resilient Cities', *Natural Hazards and Earth System Science*, *12*, 2675–2678.

Shaw, K. (2012a) 'Reframing Resilience: Challenges for Planning Theory and Practice', *Planning Theory & Practice,* *13*, 2, 308–312.

Shaw, K. (2012b) 'The Rise of the Resilient Local Authority?', *Local Government Studies*, *38*, 3, 281–300.

Shirlow, P. and Murtagh, B. (2006) *Belfast: Segregation, Violence and the City* (London: Pluto Press).

Siemens (2013) *Toolkit for Resilient Cities*, http://w3.siemens.com/topics/global/en/sustainable-cities/resilience/Documents/pdf/Toolkit_for_Resilient_Cities_Summary.pdf, date accessed 14 January 2014.

Simmie, J. and Martin, R. (2010) 'The Economic Resilience of Regions: Towards an Evolutionary Approach', *Cambridge Journal of Regions, Economy and Society*, *3*, 1, 27–43.

Smit, B. and Wandel, J. (2006) 'Adaptation, Adaptive Capacity and Vulnerability', *Global Environmental Change, 16*, 3, 282–292.

Smith, A., Stirling, A. and Berkhout, F. (2005) 'The Governance of Sustainable Sociotechnical Transitions', *Research Policy*, *34*, 1491–1510.

Smith, J. (2007) 'House of Commons Debate', 14 Nov 2007, Col 45WS.

Soffer, A. and Minghi, J. V. (1986) 'Israel's Security Landscapes: The Impact of Military Considerations on Land-use', *Political Geographer*, *38*, 1, 28–41.

Stern, N. (2006) *Stern Review on the Economics of Climate Change* (London: HM Treasury).

Sternberg, E. and Lee, G. C. (2006) 'Meeting the Challenge of Facility Protection for Homeland Security', *Journal of Homeland Security and Emergency Management*, *3*, 1, 1–19.

Strunz, S. (2012) 'Is Conceptual Vagueness an Asset? Arguments from Philosophy of Science Applied to the Concept of Resilience', *Ecological Economics*, *76*, 112– 118. doi:10.1016/j.ecolecon.2012.02.012.

Supkoff, L. M. (2012) 'Situating Resilience in Developmental Context', in M. Ungar (ed.) *The Social Ecology of Resilience: A Handbook of Theory and Practice*, pp. 127–142 (New York: Springer).

Suzuki, H. (2015) 'Interview with Professor Hiroshi Suzuki, Institute for Global Environmental Strategies', Kanagawa, Japan, Tuesday 3 March 2015.

Swyngedouw, E. (2005) 'Governance Innovation and the Citizen: The Janus

Face of Governance-Beyond-the-State', *Urban Studies*, *42*, 11, 1991–2006.

Swyngedouw, E. (2009) 'The Antinomies of the Postpolitical City: In Search of a Democratic Politics of Environmental Production', *International Journal of Urban and Regional Research*, *33*, 3, 601–620.

Taleb, N. (2007) *The Black Swan: The Impact of the Highly Improbable* (London: Penguin).

Tewdwr-Jones, M. (1999) 'Discretion, Flexibility, and Certainty in British Planning: Emerging Ideological Conflicts and Inherent Political Tensions', *Journal of Planning Education and Research 18*, 3, 244–256.

Thoits, P. A. (1995) 'Stress, Coping, and Social Support Processes: Where Are We? What Next?', *Journal of Health and Social Behavior*, *35*, 53–79.

Timmerman, P. (1981) *Vulnerability, Resilience and the Collapse of Society: A Review of Models and Possible Climatic Applications* (Toronto: Institute for Environmental Studies, University of Toronto).

Tomita, H. (2014) 'Reconstruction of Tsunami-devastated Fishing Villages in the Tohoku Region of Japan and the Challenges for Planning', *Planning Theory & Practice*, *15*, 2, 242–246.

Trickett, L. and Lee, P. (2010) 'Leadership of "Sub-regional" Places in the Context of Growth', *Policy Studies*, *31*, 4, 429–440.

Tricks, H. (2012, 9 August) 'Disaster and Demography in Japan - Generational Warfare', *The Economist*, www.economist.com/node/21559932, accessed 20 September 2014.

Ubauru, M. (2015, March) Reconstruction Initiatives Against the Great East Japan Earthquake and City Shrinkage, Presentation to Symposium on '*Challenges for Shrinking Cities–Land Use Planning, Resilience, Green Infrastructure*', The Japan Institute of Architects, Tokyo, Japan, 4–6 March 2015.

Uehara, M., Tadayoshi, I. and Gen, S. (2015) 'The Favorable Settlement Relocation Process after the 2011 Earthquake and Tsunami Disaster in Japan by Evaluating Site Environments and Accessibility'. *International Review for Spatial Planning and Sustainable Development*, *3*, 1, 119–130.

UK Resilience Guidance (2005) *Central Government Arrangements for*

Responding to an Emergency (UK Resilience: London).

UN-Habitat (2011) *Cities and Climate Change: Global Report on Human Settlements* (London: Earthscan).

UN-Habitat (2014) *Raising Standards of Urban Resilience – Dialogue 5 WUF7 Concept Note* (New York: UN Habitat).

UN-Habitat Press Release (2014) 'New Global Collaboration for Urban Resilience Announced at WUF7', http://unhabitat.org/new-global-collaboration-for-urban-resilience-announced-at-wuf7/, accessed 11 April 2014.

UNISDR (2012a) *How to Make Cities More Resilient: A Handbook for Local Government Leaders* (Geneva: International Strategy for Disaster Reduction), www.uclg.org/sites/default/files/toolkit_on_how_to_make_cities_resilient_0.pdf, accessed 20 January 2015.

UNISDR (2012b) Making Cities Resilient Report 2012 (New York: The United Nations Office for Disaster Risk Reduction), www.unisdr.org/files/28240_rcreport.pdf, date accessed 20 January 2015.

UNISDR (2014a) *UNISDR Disaster Resilience Scorecard for Cities: Frequently-Asked Questions* (New York: UNISDR with IBM and AECOM), www.unisdr. org/2014/campaign-cities/Scorecard%20FAQs%20March%20 10th%202014. pdf, accessed 25 March 2015.

UNISDR (2014b) *Disaster Resilience Scorecard for Cities: Based on the "Ten Essentials" defined by the United Nations International Strategy for Disaster Risk Reduction (UNISDR) for Making Cities Resilient Developed for UNISDR by IBM and AECOM*, www.unisdr.org/2014/campaign-cities/Resilience%20 Scorecard%20V1.5.pdf, accessed 25 March 2015.

UNISDR (2015a) *New Study Shows Little Prospect of Reducing Economic Losses from Disasters*, www.unisdr.org/archive/43261, accessed 18 March 2015.

UNISDR (2015b) *What is Disaster Risk Reduction?* www.unisdr.org/who-we-are/ what-is-drr, accessed 7 April 2015.

UNISDR Press Release (2015) 'ISO Standard for Disaster-Proof Cites', announced at UN Conference, www.unisdr.org/archive/43015, accessed 13 March 2015.

United Nations (1987) *Our Common Future – Brundtland Report* (Oxford: Oxford University Press).

United Nations (2012) *United Nations Secretary-General's High-Level Panel on Global Sustainability. Resilient people, resilient planet: a future worth choosing* (New York: United Nations).

United Nations (2014a) *Resilient Cities Acceleration Initiative,* www.un.org/climat echange/summit/wp-content/uploads/sites/2/2014/09/RESILIENCE-Resilient- Cities-Acceleration-Initiative.pdf, accessed 1 September 2014.

United Nations (2014b) *Compact of Mayors,* www.un.org/climatechange/summit/wp–content/uploads/sites/2/2014/09/CITIES-Mayors-compact.pdf, date accessed 1 September 2014.

United Nations (2015) 'Sendai Framework for Disaster Risk Reduction 2015–2030, www. preventionweb.net/files/43291_sendaiframeworkfordrren.pdf, accessed 2 December 2015.

United Nations Development Programme(UNDP)(2015)'Sustainable Development Goals', www.undp.org/content/dam/undp/library/corporate/brochure/SDGs_Booklet_ Web_En.pdf, accessed 2 December 2015.

United Nations Framework Convention on Climate Change (2015). *Adoption of the Paris Agreement,* http://unfccc.int/resource/docs/2015/cop21/eng/l09r01.pdf, accessed 12 December 2015.

UN News Centre (2015) 'COP21: on "Resilience Day", UN and partners launch initiatives to protect millions of people', www.un.org/apps/news/story. asp?NewsID= 52710#.VnKiA2fnmUl, accessed 2 December 2015.

Unsworth, R. (2007) *City Living in Leeds* (Leeds: University of Leeds).

Urban Green Council (2013) *Building Resiliency Task Force: Report to Mayor Michael R. Bloomberg & Speaker Christine C. Quinn,* http://urbangreencouncil.org/sites/default/files/2013_brtf_summaryreport_0.pdf, accessed 27 September 2013.

Urban Land Institute (2015) *Returns on Resilience: The Business Case* (Washington: Urban Land Institute).

Urban Task Force (1999) *Towards an Urban Renaissance* (London: Department of Environment, Transport and the Regions).

USAID (2014) *Climate-Resilient Development: A Framework for Understanding and Addressing Climate Change* (Washington: USAID).

Valdes, H. M. and Purcell, H. P. (2013) 'Guidance on Resilience in Urban Planning', *International Journal of Disaster Resilience in the Built Environment*, *4*, 1.

Vale, L. J. (2014) 'The Politics of Resilient Cities: Whose Resilience and Whose City? *Building Research & Information*, *42*, 2, 191–201.

Vale, L. J. and Campanella, T. J. (eds) (2005) *The Resilient City: How Modern Cities Recover from Disaster* (Oxford: Oxford University Press).

Van Assche, K. (2007) 'Planning as/and/in Context: Towards a New Analysis of Context in Interactive Planning', *Journal of the Faculty of Architecture*, METU, *24*, 2, 105–117.

van den Honert, R. and McAneney, J (2011) 'The 2011 Brisbane Floods: Causes, Impacts and Implications', *Water*, *3*, 1149–1173.

Vanlandingham, M. (2015, 14 August) 'Post-Katrina, Vietnamese Success', *New York Times*, www.nytimes.com/2015/08/16/opinion/sunday/post-katrina-vietnamese- success.html?_r=0, accessed 14 August 2015.

Vernon, P. (2013) 'Is Resilience Too Accurate to Be Useful?', *New Security Beat blog*, www.newsecuritybeat.org/2013/06/resilience-accurate-useful/, accessed 15 June 2013.

Wagenaar, H. and Wilkinson, C. (2015) 'Enacting Resilience: A Performative Account of Governing for Urban Resilience', *Urban Studies*, *52*, 7, 1265–1284.

Wagner, M., Chhetri, N. and Sturm, M. (2014). 'Adaptive Capacity in Light of Hurricane Sandy: The Need for Policy Engagement', *Applied Geography*, *50*, 15–23.

Wainwright, O. (2015, 9 March) Bjarke Ingels on the New York Dryline: 'We Think of it as the Love-child of Robert Moses and Jane Jacobs', *The Guardian*, www. theguardian.com/cities/2015/mar/09/bjarke-ingels-new-york-dryline-park-flood- hurricane-sandy, accessed 9 March 2015.

Walker, B. and Salt, D. (2006) *Resilience Thinking: Sustaining Ecosystems and*

People in a Changing World (Washington: Island Press).

Walker, B. and Salt, D. (2012) *Resilience Practice: Building Capacity to Absorb Disturbance and Maintain Function* (Washington: Island Press).

Walker, B., Holling, C. S., Carpenter, S. R. and Kinzig, A. (2004) 'Resilience, Adaptability and Transformability in Social–Ecological Systems', *Ecology and Society, 9*, 2, 5. Available at: www.ecologyandsociety.org/vol9/iss2/art5/, accessed 12 September 2014.

Walker, J. and Cooper, M. (2011) 'Genealogies of Resilience: From Systems Ecology to the Political Economy of Crisis Adaptation', *Security Dialogue, 42*, 2, 143–160.

Walsh, B.(2013)'Adapt or Die: Why the environmental buzzword of 2013 will be resil-ience.' *Time: Science and Space*, http://science.time.com/2013/01/08/adapt-or-die-why-the-environmental-buzzword-of-2013-will-be-resilience/#ixzz2JeE6rFwE, accessed 8 January 2013.

Weichselgartner, J. and Kelman, I. (2014) 'Geographies of Resilience: Challenges and Opportunities of a Descriptive Concept', *Progress in Human Geography*, doi: 10.1177/0309132513518834.

Weizman, E. (2007) *Hollow Land: Israel's Architecture of Occupation* (London: Verso).

Welsh, M. (2014) 'Resilience and Responsibility: Governing Uncertainty in a Complex World', *The Geographical Journal, 180*, 1, 15–26.

White, I. (2008) 'The Absorbent City: Urban Form and Flood Risk Management', *Proceedings of the Institution of Civil Engineers: Urban Design and Planning, 161*, 151–161.

White, I. (2010) *Water and the City: Planning for Risk, Residence and a Sustainable Future* (London: Routledge).

White, I.(2013)'The More We Know, the More We Know We Don't Know: Reflections on a Decade of Planning, Flood Risk Management and False Precision', *Planning Theory and Practice, 14*, 1, 106–112.

White, I. and Howe, J. (2002) 'Flooding and the Role of Planning in England and Wales: A Critical Review', *Journal of Environmental Planning and*

Management, *45*, 5, 735–745.

White, I. and O'Hare, P. (2014) 'From Rhetoric to Reality: Which Resilience, Why Resilience, and Whose Resilience in Spatial Planning?', *Environment and Planning C: Government and Policy*, *32*, 934–950.

Wilbanks, T. and Kates, R. (2010) 'Beyond Adapting to Climate Change: Embedding Adaptation in Response to Multiple Threats and Stresses', *Annals of the Association of American Geographers*, *100*, 4, 719–728.

Wilkinson, C. (2011) 'Social–Ecological Resilience: Insights and Issues for Planning Theory', *Planning Theory*, *11*, 148–169.

Wilkinson, C. (2012) 'Urban Resilience: What Does it Mean in Planning Practice?', *Planning Theory and Practice*, *13*, 2, 319–324.

Wilkinson, D. and Appelbee, E. (1999) *Implementing Holistic Government: Joined-up Action on the Ground* (London: Associated University Press).

Woods, D. and Branlat, M. (2011) 'Basic Patterns of How Adaptive Systems Fail', in E. Hollinagal, J. Paries, D. Woods and J. Wreathall (eds) *Resilience Engineering in Practice*, pp. 127–141 (Farnham: Ashgate).

World Bank (2015) *City Strength – Resilient Cities Program* www.worldbank.org/en/topic/urbandevelopment/brief/citystrength, date accessed 20 October 2015.

The Young Foundation (2010) *The State of Happiness: Can Public Policy Shape People's Wellbeing and Resilience?* (London: The Young Foundation).

Zanetti, L. A. and Carr, A. (2000) 'Contemporary Pragmatism and Public Administration: Exploring the Limitations of the 'Third Productive Reply', *Administration and Society*, *32*, 4, 433–452.

Zebrowski, C. (2013) 'The Nature of Resilience', *Resilience: International Policies, Practices and Discourses*, *1*, 159–173.

Žižek, S. (2008) *In Defence of Lost Causes* (London: Verso).

Zolli, A. (2012, 2 November) 'Learning to Bounce Back', *New York Times,* www. nytimes.com/2012/11/03/opinion/forget-sustainability-its-about-resilience. html?_r=1, accessed 4 November 2012.

Zolli, A. and Healy, A. (2013) *Resilience: Why Things Bounce Back* (London: Headline).

词汇表

- "7·7" 2005年7月7日伦敦公共交通爆炸事件
- "9·11" 2001年9月11日纽约与华盛顿特区恐怖袭击事件
- 100 Resilient Cities 100韧性城市
- absorption 吸收
- Abu Dhabi 阿布扎比
- bu Dhabi Safety and Security Planning Manual（SSPM）阿布扎比安全与安保规划手册
- Abu Dhabi Urban Planning Council 阿布扎比城市规划委员会
- adaptation 适应
- adaptive cycle 适应性循环
- Adaptive Delta Management programme（Netherlands）荷兰适应性三角洲管理
- adaptive pathways（also adaptation pathways）适应性路径（适应路径）
- Adey, P. 阿迪
- Adger, N. 阿杰
- AECOM 艾奕康
- a framing device 框定工具
- agency 代理机构
- Alexander, D. 亚历山大

- Alfred P. Murrah Federal Building, Oklahoma City 俄克拉荷马城艾尔弗雷德·P. 穆拉联邦大楼
- Allmendinger, P. 阿尔门丁格
- American Planning Association（APA）美国规划协会
- a metaphor 隐喻
- Amin, A. 阿明
- Anderson, B. 安德森
- Ando, M. 安藤
- anticipation 预见
- anticipatory 预见的
- ARUP 奥雅纳
- austerity 经济紧缩
- Barnett, J. 巴内特
- Basic Act on Reconstruction 重建基本法
- Beck, U. 贝克
- Beilin, R. 贝林
- Birmingham, UK 英国伯明翰
- 'Black Swan' events "黑天鹅" 事件
- Bosher, L. 波舍尔
- bounce back 反弹
- bounce forward 跃进
- bridging concept 桥接概念
- Brisbane 布里斯班
- Brown, K. 布朗

- building codes 建筑规范
- Bulkeley, H. 布尔克利
- business as usual 一切如常
- business case 商业论证
- Campanella, T. 坎帕内拉
- Cannon, T. 坎农
- Caputo, S. 卡普托
- Carlisle 卡莱尔
- Carpenter, S. 卡彭特
- cascade failure 级联故障
- CCTV 闭路电视监控系统
- Centre for Local Economic Strategies（CLES）地方经济战略中心
- Chandler, D. 钱德勒
- Chelleri, L. 切尔里
- Chief Resilience Officer 首席韧性官
- Chmutina, K. 赫姆季娜
- Clarke, J. 克拉克
- climate change 气候变化
- Coaffee, J. 科菲
- collaborative planning 协作规划
- command and control 指挥与控制
- Department for Communities and Local Government（DCLG）

社区与地方政府部

- community resilience 社区韧性
- Connell, D. 康奈尔
- CONTEST（UK counter terrorism stategy）英国反恐战略
- context-mechanism-outcome 背景—机制—结果
- Cooper, M. 库珀
- Cote, M. 科特
- counter-terrorism 反恐
- Crime Prevention through Environmental Design（CPTED）通过环境设计预防犯罪
- crisis management/response 危机管理/响应
- culture of fear 恐惧文化
- Cutter, S. 卡特
- Daiichi nuclear power plant, Japan 日本福岛第一核电站
- Dainty, A. 丹迪
- Davidoff, P. 达维多夫
- Davis, M. 戴维斯
- Davoudi, S. 达武迪
- defensible space 可防御空间
- Derickson, K. 德里克森
- devolution 分权
- Disaster Area Relocation Zones 灾区搬迁区域
- disaster mitigation 减灾
- disaster resilience 灾害韧性

- Disaster Resilience of Place（DROP）model 地方灾害韧性模型
- Disaster Resilience Scorecard for Cities 城市灾害韧性记分卡
- disaster risk reduction（DRR）减灾
- disease pandemic 疾病大流行
- diversity 多样性
- Dryline, New York 纽约干线
- Dutch Delta Programme 荷兰三角洲计划
- economic crisis 经济危机
- Edwards, C. 爱德华兹
- emergency preparedness 应急准备
- endogenous shock 内源性冲击
- engineering approach 工程方法
- epistemic community 知识共同体
- equilibrium（also equilibrist）平衡（平衡型）
- ethic of prevention 预防伦理
- evacuation 疏散
- evolutionary economics 演化经济学
- evolutionary resilience 演进韧性
- exogenous shock 外生冲击
- Experian 益博睿
- Federal Emergency Management Agency（FEMA）联邦紧急事务管理局
- feedback loops 反馈回路
- Fisher, T. 费舍尔

- flood resilience/flood risk 洪水韧性/洪水风险
- Folke, C. 福尔克
- foresight 远见
- fracture-critical design 断裂临界设计
- Frommer, D. 弗罗默
- Fukushima 福岛
- Funfgeld, H. 芬夫格尔德
- Fussey, P. 弗西
- Giddens, A. 吉登斯
- Godschalk, D. 戈兹查克
- Gold, J. 戈尔德
- Goldstein, B. 戈尔茨坦
- governance 治理
- Great East Japan earthquake 东日本大地震
- Gunderson, L. 冈德森
- Haas, P. 哈斯
- Hall, P. 霍尔
- Healey, P. 希利
- Healy, A. 希利
- Holling, C. S. 霍林
- housing 住房
- Housing Market Renewal 住房市场更新
- Hurricane Katrina "卡特里娜" 飓风
- Hurricane Sandy "桑迪" 飓风

- Hyogo Framework for Action 兵库行动框架
- hysteresis 滞后
- IBM 国际商用机器公司
- implementation gap 实施差距
- inequality 不平等性
- institutional/institutionalism 制度/制度主义
- insurance 保险
- interconnectedness 相互关联性
- Intergovernmental Panel on Climate Change（IPCC）政府间气候变化专门委员会
- Ishinomaki 石卷
- Ise-wan typhoon 伊势湾台风
- Jamaica 牙买加
- Japan 日本
- Jax, K. 贾克斯
- Johnson, C. 约翰逊
- Joseph, J. 约瑟夫
- Keck, M. 凯克
- Kelman, I. 凯尔曼
- Kesennuma City 气仙沼市
- L'Aquila, Italy 意大利拉奎拉
- Land Readjustment Policy 土地区划整理政策
- large-scale disaster 大规模灾害
- Lee, P. 李

- Leichenko, R. 雷琴科
- Linkov, I. 林科夫
- Liverpool 利物浦
- lock-in 锁定
- London 伦敦
- low demand 低需求
- Machizukuri 社区营造
- MacKinnon, D. 麦金农
- Majoor, S. 梅杰
- Making Cities Resilient campaign 让城市更具韧性运动
- maladaptation 不适应
- Martin, R. 马丁
- Massumi, B. 马苏米
- McEvoy, D. 麦克沃伊
- McInroy, N. 麦金罗伊
- Ministry of Agriculture, Forestry and Fisheries（MAFF）农林水产省
- mitigation 缓解
- more for less 少花钱多办事
- Murakami, K. 村上
- Murie, A. 穆里尔
- National Counter Terrorism Security Office（NaCTSO）国家反恐安全办公室
- National Flood Resilience Review 国家洪水韧性审查

- National Housing and Planning Advice Unit（NHPAU）国家住房和规划咨询机构
- national security 国家安全
- natural disasters 自然灾害
- neighbourly surveillance 邻里监控
- Neocleous, M. 尼克劳斯
- neoliberalism 新自由主义
- neoliberal decentralisation 新自由主义分权
- Nepal 尼泊尔
- nested adaptive cycles 嵌套适应性循环
- new normal 新常态
- New Orleans 新奥尔良
- new spatial planning 新空间规划
- New York 纽约
- Newman, Oscar 奥斯卡·纽曼
- Nightingale, A. 南丁格尔
- non-linear systems 非线性系统
- O'Hare, P. 奥黑尔
- Olshansky, R. 奥尔尚斯基
- Panarchy 扰沌
- paradigm shift 范式转变
- participatory planning 参与式治理
- path dependency 路径依赖（轨迹）
- path determinacy 路径决定性

- Pawson, R. 鲍森
- peak oil 石油峰值
- Pelling, M. 佩林
- permeable surfacing 透水铺装
- persistence 持久性
- Pike, A. 派克
- place-making 场所营造
- planning imaginaries 规划想象
- politics of scale 尺度政治
- Porter, L. 波特
- positivist planning 实证主义规划
- post-politics 后政治
- poverty 贫困
- power/agency 权力/代理机构
- precautionary governance 预防性治理
- preparedness and persistance 准备与持久性
- prevention 预防
- professionalisation 专业化
- progressive approach 渐进式方法
- public policy debates 公共政策辩论
- public-private partnerships 公私合作伙伴关系
- Purcell, H. 珀塞尔
- Queensland floods 昆士兰洪水
- Raco, M. 拉科

- rebound 恢复
- Rebuild by Design 以设计推动重建
- Reconstruction Agency 复兴厅
- redundancy 冗余
- reflexivity 反身性
- regional spatial strategies（RSS）区域空间战略
- Registered Social Landlords（RSL）注册社会房东
- reimagining of planning 重新构想规划
- remanence 残留
- rescaling 尺度重构
- research methodologies 研究方法
- Resilience Alliance 韧性联盟
- resilience and 'boundary object' 韧性与"边界对象"
- rhetoric 修辞
- resilience indicators, weighting of 韧性指标，权重
- resilience indices 韧性指数
- Resilience Turn 韧性转向
- Resilient Design Tool 韧性设计工具
- resourcefulness 资源利用能力
- responsibilised 被赋予责任
- responsibilising 责任化
- Restemeyer, B. 雷斯特迈尔
- Right to Buy（RTB）购房权
- rigidity trap 僵化陷阱

- Rikuzentakata City 陆前高田市
- Rio de Janeiro 里约热内卢
- risk assessment 风险评估
- risk management 风险管理
- 'robust yet fragile' systems（RYF）"稳健但脆弱"系统
- robustness 稳健性
- Rockefeller Foundation 洛克菲勒基金会
- Rodin, J. 罗丹
- Rogers, P. 罗杰斯
- Rotterdam 鹿特丹
- Royal Institute of British Architects（RIBA）英国皇家建筑师学会
- Royal Society 英国皇家学会
- Royal Town Planning Institute（RTPI）英国皇家城市规划学会
- Rydin, Y. 赖丁
- Sakdapolrak, P. 萨卡达波尔拉克
- Salt, D. 索尔特
- scales 尺度
- scenario planning 情景规划
- Schumpeter, J. 熊彼特
- Scott, M. 斯科特
- Secure by Design（SBD）以设计促安全
- securitisation 安保化

- security discourse 安保话语
- securityscape 安全景观
- self-organisation 自组织
- self-restoring equilibrium dynamics 自我恢复平衡动态
- Sendai Framework 仙台框架
- Seventh World Urban Forum, Medellín 2014 2014年麦德林第七届世界城市论坛
- Shaw, K. 肖
- shock cities 冲击型城市
- silos 条块化
- Simmie, J. 西敏
- slow-burn events 慢燃事件
- smart urban resilience 智慧型城市韧性
- social and economic systems 社会与经济系统
- social breakdown 社会崩溃
- social cohesion 社会凝聚力
- social construction 社会建构
- social dynamics 社会动态
- social exclusion 社会排斥
- social impact 社会影响
- social infrastructure 社会基础设施
- social justice 社会正义
- social turn 社会转向
- sociocultural approach 社会文化方法

- socio-ecological systems（SES）社会—生态系统
- soft shorelines 软质海岸线
- spatial justice 空间正义
- steady state 稳定状态
- strategic housing market assessments（SHMA）战略性住房市场评估
- stress cities 压力型城市
- studentification 学生化
- subsidiarity 辅从性
- substitutability 可替代性
- sudden shocks 突发性事件
- Superstorm Sandy "桑迪" 飓风
- surveillance systems 监控系统
- sustainability 可持续性
- sustainable development 可持续发展
- Sustainable Development Goals（SDGs）可持续发展目标
- system dynamics 系统动力学
- tacit knowledge 隐性知识
- Taleb, N. 塔勒布
- technical approach 技术方法
- techno-rational approach 技术理性方法
- terrorism 恐怖主义
- Tewdwr-Jones, M. 图德沃尔-琼斯
- Tilley, N. 蒂利

- tipping points 临界点
- Tohoku earthquake 东北地震
- Tokyo Electric Power Company（TEPCO）东京电力公司
- Tokyo Metropolitan Disaster Prevention Centre 东京大都市防灾中心
- top-down 自上而下的
- TOSE（technical, operational, social and economic）requirements TOSE（技术、操作、社会与经济）要求
- Total Place 全面地方
- training and skills 培训与技能
- trajectories 轨迹
- Transition Towns Movement 转型城镇运动
- transnational networks 跨国网络
- tsunami-resistant planning 抗海啸规划
- Tuts, R. 图茨
- Ubauru, M. 姥浦
- UK fuel protests 2000 2000年英国燃油抗议
- UN Framework Convention on Climate Change 联合国气候变化框架公约
- UN Sustainable Development Goals, 2015 2015年联合国可持续发展目标
- uncertainty 不确定性
- uneveness of resilience 韧性的不均衡性
- uneveness of space 空间的不均衡性

- UN-Habitat 联合国人居署
- unintended consequences, of resilience 韧性的意外后果
- United Nations Office for Disaster Risk Reduction（UNISDR）联合国减少灾害风险办公室（联合国国际减灾战略）
- unpredictability 不可预测性
- urban and regional planning 城市与区域规划
- urban futures 城市未来
- Urban Land Institute 城市土地学会
- urban management nexus 城市管理关系
- Urban Task Force 城市特别工作组
- urbanism 城市主义
- US Embassy bombings Nairobi, Kenya 肯尼亚内罗毕美国大使馆爆炸事件
- USAID 美国国际开发署
- Valdes, H. 巴尔德斯
- Valdivia, Chile, earthquake 智利瓦尔迪维亚地震
- Vale, L. 维尔
- value for money 资金价值
- values of planning 规划的价值观
- vulnerability 脆弱性
- Wagenaar, H. 瓦格纳尔
- Walker, B. 沃克
- Walker, J. 沃克
- War on Terror 反恐战争

- Washington 华盛顿
- water sensitive design strategies 水敏感设计策略
- water sensitive urban design 水敏感城市设计
- Water Smart 智慧水资源
- Weichselgartner, J. 魏克斯尔加特纳
- Welsh, M. 韦尔什
- West Bank 西岸
- West Review, the（national security, UK）英国国家安全韦斯特报告
- Westphalian 威斯特伐利亚
- White, I. 怀特
- whole-systems 整体系统
- Wilkinson, C. 威尔金森
- Woods, D. 伍兹
- World Bank 世界银行
- World Conference on Disaster Risk Reduction, Sendai, Japan 2015 2015年日本仙台世界减灾大会
- World Trade Center 世界贸易中心
- World Urban Forum 世界城市论坛
- Young Foundation 扬基金会
- Zolli, A. 佐利